Solid Waste Treatment and Pollution Control

固体废物处理与污染控制

马文超 ◎主编

吕学斌　韩智勇　纪　娜　◎副主编

北京大学出版社
PEKING UNIVERSITY PRESS

图书在版编目（CIP）数据

固体废物处理与污染控制/马文超主编. —北京：北京大学出版社，2023.9
ISBN 978-7-301-34380-7

Ⅰ.①固…　Ⅱ.①马…　Ⅲ.①固体废物处理 – 教材②固体废物 – 污染控制 – 教材　Ⅳ.①X705

中国国家版本馆 CIP 数据核字（2023）第 160645 号

书　　　　名	固体废物处理与污染控制
	GUTI FEIWU CHULI YU WURAN KONGZHI
著作责任者	马文超　主编
责 任 编 辑	赵旻枫
标 准 书 号	ISBN 978-7-301-34380-7
出 版 发 行	北京大学出版社
地　　　址	北京市海淀区成府路 205 号　　100871
网　　　址	http://www.pup.cn　　新浪微博: @北京大学出版社
电 子 邮 箱	编辑部 lk2@pup.cn　　总编室 zpup@pup.cn
电　　　话	邮购部 010-62752015　　发行部 010-62750672　　编辑部 010-62764976
印 刷 者	北京市科星印刷有限责任公司
经 销 者	新华书店
	787 毫米×1092 毫米　16 开本　18.25 印张　456 千字
	2023 年 9 月第 1 版　2023 年 9 月第 1 次印刷
定　　　价	55.00 元

前　言

进入 21 世纪以来,全球固体废物产生量激增至 20 亿吨,预计到 2050 年将增长至 34 亿吨。固体废物包括生活垃圾、工业固体废物、农业固体废物、危险废物和建筑垃圾五大类,其无害化处理及污染控制是影响城市可持续发展的重要因素。

本教材内容贯穿固体废物处理、处置的全流程系统。从固体废物的定义和分类出发,介绍了固体废物的产生及处理现状,也具体介绍了固体废物的概念和管理理念;详细讲解了固体废物的预处理技术(压实、破碎、分选、脱水)、生物处理(好氧堆肥和厌氧发酵)、焚烧技术、化学与热化学处理方法(热解、气化等)以及固体废物终端处置技术(填埋)。其中,重点介绍了各种处理、处置技术的污染控制。

本教材编写团队立足教材思政、新工科人才培养、固体废物行业需求,结合经典案例,带动原理、知识点的讲解。利用线上课程作为辅助,将立体的动画引入扁平的知识体系,丰富案例教学,形成三维知识结构,为学生了解实际项目应用提供知识媒介。梳理繁多复杂的相关专业数据及案例,结合相关领域前沿研究热点,使学生掌握翔实数据、了解固体废物管理与处理的前沿动态。

本教材在编写过程中,参考并吸纳了很多相关教材、专著和论文等的研究成果。限于篇幅,恕不一一列出,特此说明并致谢。同时,对北京大学出版社编辑的辛勤工作深表感谢!

本教材由马文超任主编,吕学斌、韩智勇、纪娜任副主编,陈冠益、胡利华、颜蓓蓓、程占军、马文臣等参编。全书共 7 章,由马文超总体策划,各章编写分工如下:马文超等编写第 1 章和第 5 章;纪娜编写第 2 章和第 3 章;吕学斌等编写第 4 章;陈冠益、颜蓓蓓、程占军等编写第 6 章;韩智勇编写第 7 章。

受资料、编者水平及其他条件限制,书中肯定存在一些缺憾,恳请同行专家及读者指正。

本教材同名线上课程可以到中国大学 MOOC 平台(https://www.icourse163.org/)搜索观看。

编　者

2023 年 7 月

目　　录

第1章 绪 论

进入 21 世纪以来,固体废物产生量激增,2016 年全世界固体废物年产生量约 2.01×10^9 t,预计到 2050 年将达到 3.4×10^9 t。根据《中华人民共和国固体废物污染环境防治法》(以下简称《固废法》),固体废物包括生活垃圾(municipal solid waste,MSW)、工业固体废物(industrial solid waste/commercial solid waste)、建筑垃圾(construction waste,CW)、农业固体废物(agricultural waste,AW)、危险废物(hazardous waste,HW),其无害化处理及污染控制是影响城市可持续发展的重要因素。

1.1 固体废物的定义和分类

随着社会经济的发展,固体废物定义在《固废法》中几经变化,这有助于相关部门的监督执法,通过对固体废物分类,明确不同种类固体废物的特征和危害,开展针对性的科学有效管理。本节将主要对固体废物的定义、特征和分类、污染控制等内容展开讲解。

1.1.1 固体废物的定义

《固废法》对固体废物进行了明确的法律定义。1995 年,《固废法》首次颁布,对固体废物的定义为:"固体废物,是指在生产建设、日常生活和其他活动中产生的污染环境的固态、半固态废物质。"

2004 年,为了解决我国工业化和城市化进程中出现的固体废物产生量持续增长与处理要求偏弱和处置能力不足之间的矛盾,以及大量农村固体废物和新型固体废物(如废弃电子产品)未得到妥善处置带来的新的环境问题,《固废法》经历了第一次修订[1]:"固体废物,是指在生产、生活和其他活动中产生的丧失原有利用价值或者虽未丧失利用价值但被抛弃或者放弃的固态、半固态和置于容器中的气态的物品、物质以及法律、行政法规规定纳入固体废物管理的物品、物质。"这里所指的生产包括基本建设、工农业以及矿山、交通运输、财政电信等各种工矿企业的生产建设活动;生活包括居民的日常生活活动,以及为保障居民生活所提供的各种社会服务、设施,如商业、医疗、园林等;其他活动则指国家各级事业及管理机关、各级学校、各种研究机构等非生产性单位的日常活动。

2020 年,由于我国经济社会的发展情况和固体废物的管理内容都发生了巨大的变化,《固废法》进行了第二次修订,从生态文明建设和经济社会可持续发展的全局出发,强化危险废物全过程精细化管理[2],其中固体废物的定义在 2004 年修订版的基础上添加了:"经无害化加工处理,并且符合强制性国家产品质量标准,不会危害公众健康和生态安全,或者根据固体废物鉴别标准和鉴别程序认定为不属于固体废物的除外。"

　　据此,固体废物具有如下特征:① 产生于人类的活动之中;② 废的或者被弃的物质;③ 固态、半固态和置于容器中的气态的物质;④ 对环境有可能产生污染。因此,只有同时具备以上 4 个条件才是我国现行法律所规定的固体废物。

　　发达国家开展固体废物管理工作早,不同国家和地区对固体废物的定义见表 1.1。

表 1.1　不同国家和地区关于固体废物的定义

国家/地区	固体废物定义
欧盟	固体废物是指下面列举的被拥有者抛弃或打算抛弃或需要报废的物质:① 丧失原有利用价值的产品类废物;② 生产过程中产生的副产物类固体废物;③ 环境治理过程中产生的固体废物;④ 其他类固体废物
美国	固体废物是指来自废水处理厂、水供给处理厂或者空气污染控制设施产生的任何垃圾、废渣、污泥,以及其他来自工业、商业、矿业和农业生产与团体活动产生的丢弃的物质,包括固态、液态、半固态和装在容器内的气态物质
日本	固体废物指呈液态或固态的垃圾、粗大的废弃物、燃烧灰烬污泥、粪便、废油、废酸、废碱、动物尸体以及其他的污染物或废弃物,放射性废弃物以及受其污染的物质除外

1.1.2　固体废物的特征及分类

1. 固体废物的特征

（1）资源和"废物"的相对性

由固体废物定义可知,此处的"废物"由特定时间和地点的情景所决定,它是在特殊的时间和地点丧失利用价值的物质,换言之,是"放错地方的资源"。固体废物既是"废物",又可被转化为可利用的资源。

（2）成分的多样性和复杂性

固体废物的产生源多种多样,来源于社会生产活动的各行各业。来源的不同使得固体废物的性质复杂,无机、有机物质并存,金属、非金属物质同在,物质毒性、元素种类、存在形态不尽相同。

（3）危害的潜在性、长期性和灾难性

固体废物迁移性差、不可迅速消失,即便产生源消失,其对环境的危害依旧存在,且会对堆放地点周边的土壤、水体、大气环境造成不良影响。这种危害可能不会立刻体现,而是要经过一定的时间或反应后有毒物质才会逐渐释放。大多数固体废物的环境影响是一个缓慢的过程,其危害在污染源消失后可能会持续数年甚至数十年。而有些固体废物如危险固体废物则具有水、气、固的多体系危害。因此,固体废物处理不当,其潜在的环境危害对人类社会环境的影响将是灾难性的。

（4）污染"源头"和富集"终态"的双重性

固体废物通常都是污染成分的最终富集状态。例如燃煤或固体废物燃烧排放的烟气,通过烟气净化工艺后,其含有的诸多有毒有害的污染物质,如重金属等,最终到达净化工艺末端,吸附富集于活性炭表面;对于特定行业如造纸厂产生的废水,其中的有害溶质和悬浮物,在经过一系列水体净化工艺后,与水体分离,成为污泥或者废渣等污染物的富集"终态"。这些固体废物排放到环境中后,又转化为水体、土壤、大气的污染"源头"。

2. 固体废物的分类

固体废物种类繁多复杂,分类依据不同,也具有不同的类别,主要分类依据有固体废物的组成、来源、形态等,也可根据其污染特性、燃烧特性、危险性等进行分类。目前应用较多的分类方式有:① 根据其来源分为工业固体废物、农业固体废物、生活垃圾等;② 根据其化学组成分为有机固体废物和无机固体废物;③ 根据其形态分为固态废物(如玻璃制品、纸质、塑料制品、木屑等)、半固态废物(如油泥、粪便等)、液态(如废油、有机溶剂等)或气态废物(如废煤气罐、废氢气罐);④ 根据其污染特性分为危险固体废物、一般固体废物和放射性废物;⑤ 根据其燃烧特性分为可燃固体废物(低于 1000℃ 可燃烧)和不可燃固体废物(在 1000℃ 的环境中仍不可燃烧)。

生活垃圾、工业固体废物和危险废物产生量大、面广,处理不当将对生态环境产生巨大的潜在风险。在 1995 年首次颁布的《固废法》中对以上三类固体废物及其污染防治进行单独分章规定。随着我国农业发展,2004 年修订的《固废法》将“城市生活垃圾”改为“生活垃圾”,将农业固体废物管理纳入其中。而后伴随我国基础建设速度加快以及对农村环境的逐渐重视,建筑垃圾和农业固体废物不断增多,2020 年《固废法》修订后将其合并为一章“建筑垃圾、农业固体废物等”进行单独规范,本章将依据 2020 年修订的《固废法》,重点介绍以下 5 类固体废物。

(1) 生活垃圾

生活垃圾是指在城市日常生活或者为城市日常生活服务过程中产生的固体废物,以及法律和行政法规规定作为生活垃圾的固体废物。为方便叙述,本书中“垃圾”即指生活垃圾。城市人口密集、物质生活丰富,是产生生活垃圾最为集中的地方。根据生活垃圾的定义,其来源主要分为两类,一类是居民生活,另一类是城市日常生活的服务过程,包括商业活动、餐饮娱乐、交通运输、行政事业单位活动、工业企业活动等。进入 21 世纪以来,我国城市化进程不断加快,居民物质生活水平不断提升,生活垃圾的产生量也在连年攀升。生活垃圾清运量是指在生活垃圾产生量中能够被清运至垃圾消纳场所或转运场所的量,受生活垃圾产生量、生活垃圾回收比率、清运率等影响,全国 1979—2019 年生活垃圾清运量变化见图 1.1。

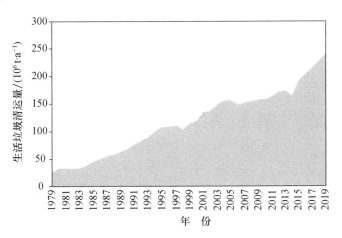

图 1.1　全国生活垃圾清运量变化(1979—2019 年)

在经济发展水平之外,生活垃圾的产生还与诸多因素有着密切的关系,如当地居民的生活习惯、饮食习俗、气候等。根据《住房和城乡建设部等部门关于在全国地级及以上城市全面开展生活垃圾分类工作的通知》,生活垃圾可分为四类:可回收物、有害垃圾、湿垃圾(厨余垃圾)、干垃圾(其他垃圾)。可回收物是指适宜回收利用和资源化利用的生活废弃物,细分为纸类、塑料、金属、玻璃、织物等;有害垃圾是指生活垃圾中的有毒有害物质,主要有灯管、家用化学品和电池三小类等;湿垃圾是指居民家庭日常生活过程中产生的菜帮、菜叶、瓜果皮壳、剩菜剩饭、废弃食物等易腐性垃圾;干垃圾是指由个人在单位和家庭日常生活中产生,除有害垃圾、可回收物、厨余垃圾(或餐厨垃圾)等的生活废弃物。生活垃圾的来源与种类详见表 1.2。

表 1.2　生活垃圾的主要来源与种类

产生主体	产生来源及过程	产生种类
居民生活	产生于城镇居民生活过程	餐厨垃圾、纸质、塑料及炉渣等
商业活动	购物、餐饮及商务办公等活动	包装废物、餐厨垃圾等
公共地区	公路、公园及其他公共区域的活动	塑料、纸质、草木及灰土等

（2）工业固体废物

工业固体废物一般是指工业生产活动中产生的固体废物,包括轻工业、重工业的生产、加工及精制等过程产生的固态、半固态废物。近年来,工业固体废物还囊括了使用后报废的轻工业、重工业产品和零部件。

与生活源等社会源固体废物相比,工业固体废物主要具有如下 3 种特征:

① 产生源集中。工业固体废物在工业生产过程中产生,产生源集中于工业企业中,相对分散式的生活垃圾产生源更为集中。

② 种类复杂。由于不同工业生产行业所需要的原料不同,生产过程工艺往往涉及多种工业试剂及反应过程。我国是工业大国,工业体系包含世界所有工业类别,工业固体废物种类繁多且复杂。

③ 行业、地域差异显著。工业固体废物产生量、组分及特性与行业生产工艺和原料等密切相关,如电器制造业产生的工业固体废物主要为金属碎屑、废橡胶、废陶瓷品等,食品加工业产生的主要工业固体废物则为废木质素、废纸、废塑料、废纸浆等。而不同地区的工业结构不同导致工业固体废物的产生种类及占比也不尽相同。如黑龙江是我国重要的煤炭产地和产粮地区,其工业固体废物中的煤矸石、尾矿、粉煤灰和粮食及食品加工废物占地区工业固体废物总量的 90%;云南是我国重要矿藏地区,地区工业固体废物中的尾矿占工业固体废物总量的 41%。

（3）危险废物

危险废物是指列入《国家危险废物名录》或者根据国家规定的危险废物鉴别标准和鉴别方法认定的具有危险特性的固体废物。区别于普通固体废物,危险废物中含有有害成分,并能通过大气、水体、土壤等环境媒介,导致人罹患严重的、难以治愈的、致死率高的疾病,并可能由于管理、贮存、运输、处置和处理不当,导致环境恶化,进而对人体产生明显的或潜在的危害。

危险废物的判别,首先,应搜索《国家危险废物名录》,查看其是否属于名录之内,名录包含的则确定为危险废物,现行名录见表 1.3。其次,对名录中不包含的固体废物,应当按照国家规定的危险废物鉴别标准和鉴别方法进行鉴别,经认定具有危险特性的,则属于危险废物。该类危险废物应当根据鉴别出的危害成分及其特性,确定其类别进行分类管理。

危险废物的特征主要包括腐蚀性(corrosivity,C)、毒性(toxicity,T)、易燃性(ignitability,I)、反应性(reactivity,R)和感染性(infectivity,In)。

表 1.3 现行《国家危险废物名录》

编 号	废物类别	编 号	废物类别
HW01	医疗废物 2	HW24	含砷废物
HW02	医药废物	HW25	含硒废物
HW03	废药物、药品	HW26	含镉废物
HW04	农药废物	HW27	含锑废物
HW05	木材防腐剂废物	HW28	含碲废物
HW06	废有机溶剂与含有机溶剂废物	HW29	含汞废物
HW07	热处理含氰废物	HW30	含铊废物
HW08	废矿物油与含矿物油废物	HW31	含铅废物
HW09	油/水、烃/水混合物或乳化液	HW32	无机氟化物废物
HW10	多氯(溴)联苯类废物	HW33	无机氰化物废物
HW11	精(蒸)馏残渣	HW34	废酸
HW12	染料、涂料废物	HW35	废碱
HW13	有机树脂类废物	HW36	石棉废物
HW14	新化学物质废物	HW37	有机磷化合物废物
HW15	爆炸性废物	HW38	有机氰化物废物
HW16	感光材料废物	HW39	含酚废物
HW17	表面处理废物	HW40	含醚废物
HW18	焚烧处置残渣	HW45	含有机卤化物废物
HW19	含金属羰基化合物废物	HW46	含镍废物
HW20	含铍废物	HW47	含钡废物
HW21	含铬废物	HW48	有色金属采选和冶炼废物
HW22	含铜废物	HW49	其他废物
HW23	含锌废物	HW50	废催化剂

资料来源:据《国家危险废物名录(2021 年版)》整理。

(4)农业固体废物

1995 年制定《固废法》时并未定义农业固体废物及其处理要求。随着我国经济的发展,农村物质水平明显提高,农业固体废物和农村生活垃圾的产量不断增长,无序堆放、露天燃烧、偷排直排等不合理的处理方式造成的农村环境问题日益凸显。且随着居民生活水平的提升,其对美好生活环境的需求逐渐增强,对农村固体废物的处理提出了更高的要求。

因此,《固废法》在 2004 年修订时将农村生活垃圾扩充进生活垃圾管理体系,将"城市生活垃圾污染环境的防治"一节修改为"生活垃圾污染环境的防治",并将农村固体废物的管理主体落实到地方政府。2020 年修订时明确:"县级以上人民政府农业农村主管部门负责指导农业固体废物回收利用体系建设,鼓励和引导有关单位和其他生产经营者依法收集、贮存、运输、利用、处置农业固体废物,加强监督管理,防止污染环境。"鉴于农村废物的可再生利用性,2020 年修订版《固废法》规定:"产生秸秆、废弃农用薄膜、农药包装废弃物等农业固体废物的单位和其他生产经营者,应当采取回收利用和其他防止污染环境的措施。"而对于我国近年来严重的秸秆焚烧和农用薄膜的污染问题,2020 年修订版《固废法》要求:"禁止在人口集中地区、机场周围、交通干线附近以及当地人民政府划定的其他区域露天焚烧秸秆。国家鼓励研究开发、生产、销售、使用在环境中可降解且无害的农用薄膜。"

(5)建筑垃圾

建筑垃圾是指建设单位、施工单位新建、改建、扩建和拆除各类建筑物、构筑物、管网等,以及居民装饰装修房屋过程中产生的弃土、弃料和其他固体废物。进入 21 世纪以来,我国城市化进程不断加快,城市基础设施建设、旧城改造、新农村建设等一系列举措,在促进民生发展、提高居民生活质量的同时,也产生了大量的建筑垃圾。2020 年《固废法》修订后,将建筑垃圾、农业固体废物等列为单独的一章,要求:"县级以上地方人民政府应当加强建筑垃圾污染环境的防治,建立建筑垃圾分类处理制度。"鼓励建筑垃圾回收利用,推进建筑垃圾的综合利用。相比于发达国家,我国建筑垃圾的管理和利用起步晚,但面临的处理量巨大,加快推进科学有效的建筑垃圾资源化利用刻不容缓。

1.1.3　固体废物的污染及控制

1. 固体废物污染途径

固体废物产生后,在一定环境条件下,会发生物理、化学和生物等转化,由于环境的整体性,如果处理方法不当,其中包含的有毒有害成分会释放到环境中,通过大气、水体或土壤等媒介进入生态系统,不仅会对环境造成危害,还可能通过食物链、食物网等传递至人体内,危害人体健康。

由于固体废物种类繁多,不同的固体废物成分不同,造成的环境污染类型也不尽相同,主要包括:化学型污染、物理型污染和生物型污染。化学型污染主要指固体废物中含有的污染性成分如重金属等物质,排放入环境后在雨水淋洗、风化等过程后,进入水体或土壤环境中的类型。如电器报废后产生的电子废物,其中包含的多种化学成分会形成化学型污染,污染途径详见图 1.2。物理型污染则主要指固体废物无序堆放造成土地占用等污染环境的类型。如建筑垃圾无序堆放造成土地侵占,形成的物理型污染,见图 1.3。生物型污染则指

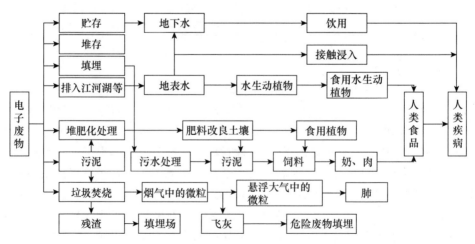

图 1.2　电子废物化学型污染的污染途径

固体废物中含有的多种虫蝇及微生物等,随着固体废物一同进入环境中,危害环境安全,造成固体废物对环境的生物型污染。如人畜粪便、餐厨垃圾等有机质丰富的固体废物,会滋生各类病原微生物,形成病原体型污染,污染途径详见图 1.4。

图 1.3　建筑垃圾无序堆放的物理型污染

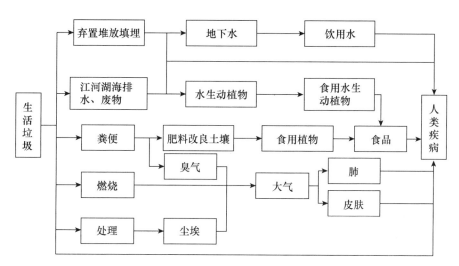

图 1.4　病原体型污染的污染途径

2. 固体废物对人体与环境的危害

固体废物迁移性差,但其类型繁多,性质复杂,处理不当会对环境造成严重危害,其环境污染主要体现在如下几个方面:

(1) 污染水体

世界上不少国家和地区,由于陆地面积缺乏但濒临大江大海,在固体废物处置时,会将其直接倒入江河湖海之中,我国早期固体废物处理也存在严重的直接倾倒入水体的问题。然而固体废物进入水体之后,会在水环境中发生降解甚至生物化学反应,进而对水体环境造成严重破坏。很多投弃在海洋中的固体废物甚至会造成一片海域生物的死亡,而投弃在陆地河流、湖泊中的固体废物则会减少水体面积,还会对水质造成危害,加剧淡水资源匮乏的现状,危害淡水生物的生存。

（2）污染大气

固体废物对大气的污染与其自身的性质、成分和特质有关。粒径小或质量轻的固体废物在一定气象条件下会进入大气中,造成视线遮挡,甚至通过呼吸进入生物体内。如粉煤灰、尾矿堆放场,遇4级以上风力可剥离$1\sim41.5\text{ cm}$,灰尘飞扬高度达$20\sim50\text{ m}$,在多风季节平均视程降低$30\%\sim70\%$。对于含有特殊成分的固体废物,则会发生自燃或者挥发扩散等途径,进入气体环境,进而造成大气污染。如长期堆放的煤矸石中如含硫量达1.5%即会自燃,达3%即会着火,散发大量的二氧化硫。多种固体废物本身可能在焚烧时会散发毒气和臭味,恶化环境。

（3）侵占土地

固体废物中很大一部分难以通过直接减量化技术进行处理,如建筑垃圾,这类固体废物往往体积大,环境危害性较强,常规的固体废物处理方法如填埋、焚烧等对其体积和质量的减少作用小。如果不通过资源化的技术手段进行处置,大量的固体废物需要大量的土地堆放,而且其降解性能差,产生量远大于降解量,随着其不断地产生,其堆放的占地也越多。截至2019年年底,我国仅大宗工业固体废物的累计堆存量就已经超过$6\times10^{10}\text{ t}$。许多城市在市郊设置垃圾堆场,也侵占了大量农田。

（4）污染土壤

固体废物堆置或填埋处理后经雨淋或发酵、降解,渗出液及沥滤液中含有的有害成分会改变土质和土壤结构,影响土壤中的微生物活动,妨碍周围植物的根系生长。一般受污染的土地面积往往大于固体废物堆置占地的$1\sim2$倍。城市固体垃圾弃在城郊,使土壤碱度增高、重金属富集,过量堆置后会使土质和土壤结构遭到破坏。一般冶炼厂附近的土壤中有色金属含量为正常土壤的$10\sim40$倍,其中铜含量为$5\sim200$倍,锌含量为$5\sim50$倍。这些有毒物质一方面以土壤作为媒介进入水体,造成水体污染;另一方面以土壤为受体,在其中富集,不仅污染土壤,还会被土壤中生长的植物吸收,通过食物链和食物网进入生物圈,甚至危害人体健康。

（5）影响环境卫生

固体废物因其产生源广泛分布于人类社会,未经处理直接露天堆放或者处理方式不当、不及时,对环境景观、卫生都会有很大影响。根据《中国统计年鉴2017》,2016年我国城市粪便无害化处理率不足50%,多数只是经过化粪池简单处理就被直接排放,粪便未得到妥善处理。而且医院,特别是传染病院的粪便、垃圾也混入普通粪便、垃圾之中,广泛传播肝炎、肠炎、痢疾以及各种蠕虫病（即寄生虫病）等,成为严重的环境污染源。

（6）对人体的危害

生活在环境中的人,以大气、水体、土壤为媒介,可以将环境中的有害废物直接由呼吸道、消化道或皮肤摄入体内,使人致病。美国拉夫运河（Love Canal）污染事件是固体废物危害人体健康的典型事例[3]。20世纪40年代,美国胡克电化学公司在美国纽约州尼亚加拉瀑布城,利用拉夫运河废弃的河谷将生产有机氯农药、塑料等产生的残余有害废物$2\times10^4\text{ t}$进行填埋处理。10多年后该地区陆续发生如井水变臭、婴儿畸形、人患怪病等现象。经化验研究,当地空气、用作水源的地下水和土壤中都含有六氯环己烷、三氯苯、三氯乙烯、二氯苯酚等 82 种有毒化学物质,其中有 27 种包含在美国环境保护局优先污染清单中,11 种被怀疑是人类致癌物质。许多住宅的地下室和周围庭院里渗进了有毒化学浸出液。事件发生后,时任美国总统吉米·卡特在 1978 年 8 月宣布该地区处于"卫生紧急状态",当地居民先后两次被迫搬迁。胡克化学的母公司西方石油公司为清除污染物、撤离居民等事项累计投入了4 亿多美元,造成了极大的社会问题和经济损失。

3. 固体废物污染控制

随着经济的不断发展,人民物质生活水平逐步提升,固体废物产生量日益增多。产生量巨大的固体废物若处理不当,则会造成严重的环境问题,甚至重大的经济损失。因此,严格的控制和科学的管理必不可少。根据固体废物的特点,对其进行污染控制主要可从如下两个方面着手:一是控制固体废物的产生,即源头控制;二是综合利用固体废物资源,即资源化利用。

(1) 清洁生产

清洁生产是指在生产过程和产品中不断采用综合预防的环境保护策略,以降低对人类和环境的风险,其定义包含两个全过程控制:生产全过程和产品从原料的提取到产品的最终处置整个生命周期过程[4]。

对生产过程而言,清洁生产包括原材料的节约和节能,淘汰生产中的有毒有害物质,在生产过程中产生的所有排放物和废物之前尽可能减少其排放量和毒性。如无氰电镀工艺取代氰化物电镀工艺,从源头淘汰有毒氰化物的使用;流化床气化加氢制苯胺工艺代替铁粉还原工艺,避免了铁泥废渣的产生,固体废物排出量减少 99.8%,还大大降低了能耗,真正实现节能减排。对产品而言,清洁生产旨在减少产品整个生命周期过程中对人类和环境的影响,通过采用清洁生产工艺、选用可再生材料、生产质量高和使用寿命长的产品来实现。

(2) 物质循环利用

传统的物质生产是一种"原材料—产品—污染排放"单向流动的线性过程,其特征是高开采、低利用、高排放。在这种工艺中,对物质的利用是粗放的和一次性的,物质经过一次生产过程就成为废物被抛弃,进入环境中。与此不同,物质循环利用倡导的是一种与环境和谐的生产模式。它要求生产过程组成一个"原材料—产品—再生资源"的反馈式流程,第一种产品的废物,可以被资源化利用成为第二种产品的原料,第二种产品的废物又可成为第三种产品的原料,依此类推,经过多个流程,最后只剩下少量废物进入环境中,其特征是低开采、高利用、低排放。所有物质和能源都能在这个不断进行的物质循环中得到合理和持久的利用,该生产工艺对自然环境的影响可以降低到尽可能小的程度。

(3) 资源综合利用技术

废物是"放错地方的资源",开发固体废物资源的综合利用技术具有重要意义。高炉水渣制水泥和混凝土、高炉重矿渣做骨料和路材、利用磷膏石制造半水石膏和石膏板、粉煤灰制备化肥、煤矸石发电等都是固体废物资源化利用的典型例子。再如,硫铁矿烧渣、废胶片、废催化剂中含有的金、银、铂等贵金属,只要采取适当的物理、化学熔炼等加工方法,就可以将其中有价值的物质回收利用。

（4）无害化处理

无害化处理是指通过焚烧、热解、氧化还原等方式或利用改进技术等，改变固体废物中有害物质的性质，可使之转化为无害物质或使有害物质含量达到国家规定的排放标准。

例如，废塑料在传统的焚烧处理过程中会产生大量有毒气体，污染环境。而利用现有成熟的焦化工艺和设备大规模处理废塑料，使废塑料在高温、全封闭和还原气氛下转化为焦炭、焦油和煤气，使废塑料中的有害元素氯以氯化铵可溶性盐的方式进入炼焦氨水中，不产生剧毒物质二噁英（dioxin）和腐蚀性气体，不产生二氧化硫、氮氧化物（NO_x）及粉尘等常规燃烧污染物，彻底实现废塑料大规模无害化处理和资源化利用。目前该技术已实现商业化。

1.1.4　固体废物的产生量预测

固体废物产生量的预测计算是固体废物收运、处理、处置以及资源化综合利用等后端管理设施设计、运行的重要依据。由于生活垃圾和工业固体废物的产生有较大的区别，在此分开进行讨论。

1. 生活垃圾产生量及预测

生活垃圾产生量是一个城市或地区居民生活产生的垃圾总量，与当地的人口数量、经济发展水平、居民收入与消费结构等关系密切。随着我国城市化水平的提高，社会经济不断发展、居民物质水平显著提高，能源结构也在逐渐发生变化，市政管理部门准确地预测居民生活垃圾产生量，对其设计固体废物处理设施、制定相关管理政策十分重要。

目前估算生活垃圾产生量通用的公式为：

$$Y_n = y_n \times P_n \times 10^{-3} \times 365 \tag{1.1}$$

式中，Y_n 为第 n 年生活垃圾产生量，单位 $t \cdot a^{-1}$；y_n 为第 n 年生活垃圾产率或垃圾产生系数，单位千克·人$^{-1}$·天$^{-1}$；P_n 为第 n 年城市人口数，单位人。

式（1.1）表明，生活垃圾产生量与 y_n 和 P_n 直接相关。其中，y_n 与能源结构、居民收入水平、生活消费习惯等因素有关；P_n 与人口基数、机械增长率、自然增长率直接相关，机械增长率受移民、城市化等因素影响，计算时可根据当地的城市规划进行选择，自然增长率的预测则有不同的方法。

目前运用统计与数理模型对人口数进行预测的方法主要有 5 种，分别是算术增长法、几何增长法、饱和曲线法、最小平方法和曲线延长法，其基本特性见表 1.4。

表 1.4　人口数预测方法说明

方　法	使用说明	适用情况
算术增长法	假设人口增长趋势呈一次函数	适用于短期预测（1～5 年），其结果较实际情况偏低
几何增长法	假设未来人口增长与过去人口增长状况相同	适用于短期（1～5 年）或新兴城市预测，预测时间若过长，较实际情况偏高
饱和曲线法	假设人口增长分为 3 个时期——增长较快的初期、平稳的中期以及饱和的终期，增长曲线近似 S 形曲线	适用于较长期预测，目前较为常用
最小平方法	以过去每年平均增加人口数为基础，以最小平方法进行预测	该法与算术增加法类似，但较之更为精确
曲线延长法	参考上述方法，根据历史人口增长状况结合城市发展规划，延长原有人口增长曲线	适用于新兴城市

2. 工业固体废物产生量及预测

工业固体废物产生量的预测一般使用废物产生率,废物产生率又称废物产率,即废物产生因子:

$$R_w = \frac{M_w}{G} \qquad (1.2)$$

式中,R_w 指废物产生率,单位多为%,具体随 G 而定;M_w 指废物产生量,单位为 kg 或 t;G 指产生源活动强度,可为原料使用量也可为产生源总盈利等。

由于废物产生率是根据已有行业调查资料统计得出的代表性平均值,受取样调查的影响会存在误差,因此对废物产生量进行短期预测时,通常可忽略废物产生率因工艺改良或者生产过程变化所产生的影响。

在工业发达国家,如德国,工业固体废物产生率为每年 2%~4%,不同行业中,冶金、煤炭、火力发电三大行业的固体废物产生量最高,其次为化工、原子能工业、石油等。我国工业固体废物的年增长率约为 5%,主要有四类,分别为粉煤灰和煤矸石、金属废渣、工业副产石膏、工业生物质废物。

粉煤灰和煤矸石是煤炭资源开发利用产生的主要废物,2016 年我国粉煤灰和煤矸石产生量超过 1.3×10^9 t。我国金属废渣主要来源于有色金属选冶、黑色金属冶炼过程,因原生资源品位较低和选冶工艺落后,废渣排放量大、成分复杂、有害成分含量高。工业副产石膏主要包括磷石膏、脱硫石膏、盐石膏、氟石膏等副产石膏。我国工业生物质废物占整个工业固体废物的 11%,食品加工、酿造、纺织等行业是主要来源。

工业固体废物产生量与产品的产值或产量密切相关,目前普遍使用的预测公式为:

$$P_t = P_r \times M \qquad (1.3)$$

式中,P_t 为工业固体废物产生量,单位为 t 或 10^4 t;P_r 为固体废物产生率,单位为吨·万元$^{-1}$ 或 t·10^{-4} t;M 为产品产值或产量,单位为万元或万吨。

上述公式使用需要满足以下两个假设:

(1)相同产业使用相同的技术,且假设在预测期间没有进行技术改造,在生产经营过程中第 j 产品(或产业)部门的单位总产出所直接消耗的第 i 产品部门货物或服务的价值量不变,即投入系数一定;

(2)假设各个产业的工业固体废物产生量与产值或产品产量成正比,在生产经营过程生产第 j 产品部门的单位总产出所产生的工业固体废物量不变,即产出系数一定。

1.2 固体废物管理

固体废物管理(solid waste management,SWM),主要是探讨固体废物从产生到最终处置对环境的影响及对策。对固体废物实行环境管理,是指运用环境管理的理论和方法、相关的技术经济政策和法律法规,通过对固体废物从源头到最终处置的各个环节都实行控制管理,具体包括产生、收集、运输、贮存、处理、利用和处置及其各相关流程,开展污染防治,鼓励固体废物资源化利用,以促进社会经济和生态环境的可持续发展。本节将主要对固体废物管理及目标、管理原则和国内外固体废物管理等内容展开讲解。

1.2.1 固体废物管理及目标

对固体废物实行有效的管理,包括产生源控制、处理处置端控制。产生源控制是指从固体废物源头,控制其产生量、固体废物构成。如通过公众宣传禁止多重包装减少包装使用量;再如逐步推进城市能源结构改革、提高环境标准、实行垃圾分类回收等,控制固体废物的构成,便于后端处理。处理处置端控制是指从运输、贮存到最终处置,通过管理政策规范各个环节,减少对环境的危害,降低二次污染出现的风险,提倡固体废物的二次利用,实现固体废物的物质能量循环,建设一个资源闭合的循环系统。

对固体废物源头减量、过程控制和末端处理的全过程管理,目标是基本实现减量化、资源化、无害化原则的现代管理目标。

1.2.2 固体废物管理原则

固体废物有效管理是环境保护的一项重要内容,2004年修订的《固废法》首先确立了固体废物管理的减量化、资源化、无害化原则,并确立了对固体废物进行全过程管理的原则。近年来,上述原则逐渐形成了按照循环经济模式对固体废物进行管理的基本框架。

循环经济(circular economy,CE)是一种以资源的高效利用和循环利用为核心,以减量化、再利用、资源化为原则,以低消耗、低排放、高效率为基本特征,符合可持续发展理念的经济增长模式,是对大量生产、大量消费、大量废弃的传统增长模式的根本变革。2004年修订的《固废法》将循环经济理念融入政府对固体废物的相关管理中,2020年修订的《固废法》中将循环经济发展与绿色发展、清洁生产作为固体废物管理的三大关键方式。

2021年7月,国家发展改革委发布《"十四五"循环经济发展规划》。规划部署了"十四五"时期循环经济领域的五大重点工程和六大重点行动,包括城市废旧物资循环利用体系建设工程、园区循环化发展工程、大宗固废综合利用示范工程、建筑垃圾资源化利用示范工程、循环经济关键技术与装备创新工程五大重点工程,以及再制造产业高质量发展行动、废弃电器电子产品回收利用提质行动、汽车使用全生命周期管理推进行动、塑料污染全链条治理专项行动、快递包装绿色转型推进行动、废旧动力电池循环利用行动六大重点行动。规划提出,到2025年,循环型生产方式全面推行,绿色设计和清洁生产普遍推广,资源综合利用能力显著提升,资源循环型产业体系基本建立。废旧物资回收网络更加完善,再生资源循环利用能力进一步提升,覆盖全社会的资源循环利用体系基本建成。资源利用效率大幅提高,再生资源对原生资源的替代比例进一步提高,循环经济对资源安全的支撑保障作用进一步凸显。

1. 减量化、资源化、无害化管理原则

我国于20世纪80年代中期提出了以减量化、资源化、无害化作为控制固体废物污染的技术政策,并确定今后较长一段时间内应以无害化为主。明确将减量化、资源化、无害化作为原则规定下来的政府规范性文件是《城市生活垃圾处理及污染防治技术政策》(2000年5月29日发布)和《城市生活垃圾管理办法》(2007年7月1日起施行)。前者规定:"应按照减量化、资源化、无害化的原则,加强对垃圾产生的全过程管理,从源头减少垃圾的产生。对已经产生的垃圾,要积极进行无害化处理和回收利用,防止污染环境。"后者第三条规定:"城市生活垃圾的治理,实行减量化、资源化、无害化和谁产生、谁依法负责的原则。"2020年修订的《固废法》在"总则"第四条明确规定:"固体废物污染环境防治坚持减量化、资源化和无害化的原则。任何单位和个人都应当采取措施,减少固体废物的产生量,促进固体废物的

综合利用,降低固体废物的危害性。"我国固体废物处理利用的发展趋势必然是从无害化走向资源化,资源化是以无害化为前提的,无害化和减量化则应以资源化为条件。

（1）减量化

减量化是通过适宜的手段减少固体废物数量、体积,并尽可能地减少固体废物的种类,降低危险废物的有害成分浓度,减轻或清除其危险特性等,从源头上直接减少或减轻固体废物对环境和人体健康的危害,最大限度地合理开发和利用资源、能源。政府提倡民众践行绿色生活方式,推动生活垃圾源头减量;引导企业实现绿色生产,推进工业固体废物源头减量;加强危险废物管控,打造全过程、规范化安全管控体系。

（2）资源化

资源化是指采用适当的技术从固体废物中回收有用组分和能源,加速物质和能源的循环,再创经济价值的方法。我国积极推行垃圾分类,加强建筑垃圾去向监管,提升建筑垃圾综合利用水平。

（3）无害化

无害化是指对已产生又无法或暂时不能资源化利用的固体废物,利用物理、化学或生物方法,进行对环境无害或低危害的安全处理、处置,达到固体废物的消毒解毒或稳定化,以防止并减少固体废物的污染危害。但各种无害化技术并不适用于所有固体废物,选择某种处理技术须满足相关要求。

2. 全过程管理原则

我国《固废法》第十五条到第十七条对贯彻固体废物的全过程管理原则做出了一系列具体规定,即对固体废物产生、收集、运输、利用、贮存、处理和处置的全过程及各个环节都实行控制管理和开展污染防治。

固体废物的污染控制与其他环境问题一样,经历了从简单处理到全面管理的发展过程。在初期,各国都把注意力放在末端治理上。在经历了许多事故与教训之后,人们越来越意识到对固体废物实行前端控制的重要性,于是出现了"从摇篮到坟墓"(cradle to grave)的固体废物全过程管理的新概念。目前,在世界范围内取得共识的解决固体废物污染控制问题的基本对策是避免产生(clean)、综合利用(cycle)和妥善处置(control)的"3C 原则"。

固体废物管理全过程示意如图 1.5 所示。首先,从产生源着手,产生固体废物的单位和个人应当采取措施,防止或者减少固体废物对环境的污染。其次,减少清运处理过程的二次污染,收集、贮存、运输、利用、处理固体废物的单位和个人,必须采取防扬散、防流失、防渗漏或者其他防止污染环境的措施,不得在运输过程中沿途丢弃、遗撒固体废物。最后,对于可能成为固体废物的产品,规定应当采用易回收利用、易处置或者在环境中易消纳的包装物。

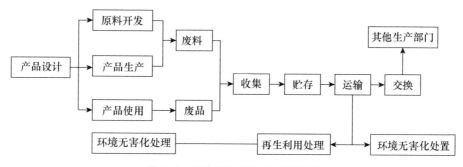

图 1.5 固体废物管理全过程示意

3. 固体废物层级效应管理原则

目前,国际上关于固体废物管理通用层级效应,是指对常见的各类固体废物处置技术从资源和能源消耗方面进行环境影响优先性排序的管理原则[5],具体见图 1.6。固体废物产生后,处理技术的优先顺序由高到低依次为源头减量(reduce)、回收利用(recycling)、能源回收(energy recovery),最后是处理处置(disposal)。

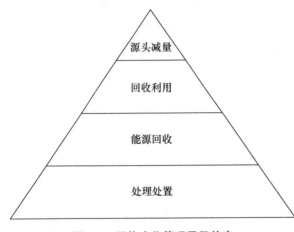

图 1.6　固体废物管理层级效应

源头减量,也称废物预防,意味着从源头上减少固体废物,是最环保的策略。它可以采取许多不同的形式,包括重复使用或捐赠物品、批量购买、减少包装、重新设计产品和减少毒性。回收利用是一系列活动,包括:收集使用过的、重复使用的或未使用的物品,否则这些物品会被视为废物;将可回收产品分类加工成原材料;并将回收的原材料再制造成新产品。消费者通过购买由回收成分制成的产品,提供了回收利用的最后一个环节。回收还可以包括食物残渣、庭院修剪物和其他有机材料的堆肥。能源回收是指从固体废物中回收能源,是将不可回收的固体废物材料通过各种过程转化为可用的热量、电力或燃料,包括燃烧、气化、热解、厌氧发酵和垃圾填埋气体回收,这个过程通常被称为固体废物转化为能源。将不可回收的固体废物材料转化为电能和热能可产生可再生能源,通过抵消对化石能源的需求来减少碳排放,并减少垃圾填埋场产生的甲烷。能量回收后,大约 10% 的体积以灰渣的形式保留,通常被送往垃圾填埋场。处理处置可以是物理的(例如切碎)、化学的(例如焚烧)和生物的(例如厌氧发酵)。垃圾填埋场是最常见的固体废物处置形式,是固体废物综合管理系统的重要组成部分。

1.2.3　国外固体废物管理

随着区域经济发展和民众生活水平的提高,发达国家固体废物的产生量也迅速增长,各国固体废物处理工作都面临着严峻挑战。虽然美国、日本和欧洲等发达国家和地区不断新建填埋场和焚烧厂,但是仍无法消纳日益增长的固体废物产生量。20 世纪 90 年代,美国、日本和一些欧洲国家陆续提出"实现经济活动生态化"的循环经济全新思路,从单一的固体废物的末端处置转变为从源头开始减量,并通过政策引导和法律制定,构建固体废物处理管理体系[6]。

20 世纪 70 年代,西方各国开始关注电子废料和其余有毒废物带来的健康隐患,垃圾就地弃置常遭到民众强烈反对,于是一些发达国家开始将废料输出到环境法规相对宽松的发展中国家。但是到了 20 世纪 80 年代,这种做法开始引发争议,固体废物越境转移倾倒和不当处理引发的环境和健康问题受到国际社会的普遍关注,促成 1989 年通过《控制危险废物越境转移及其处置巴塞尔公约》(以下简称《巴塞尔公约》),严格控制越境转移。《巴塞尔公约》是有效控制有害物质毒害的重要国际公约,具有国际法的效力,是现行规模最大的固体废物国际公约。本小节将以《巴塞尔公约》以及在固体废物管理领域收效显著的美国、欧盟和日本为例说明目前国际社会、国外发达国家的固体废物管理体系。

1.《巴塞尔公约》

《巴塞尔公约》于 1989 年 3 月通过,其总体目标是保护人类健康和环境免受危险废物和其他废物的产生、转移和处置可能造成的不利影响,确立了危险废物和其他废物减量化、产生地就近处理和环境无害化、越境转移最少化的三项核心原则。1990 年 3 月 22 日,我国签署并加入《巴塞尔公约》,自 1992 年 8 月 20 日《巴塞尔公约》对我国生效。1995 年,《巴塞尔公约》的修正案在日内瓦通过。修正案禁止发达国家以最终处置为目的向发展中国家出口危险废物,并规定发达国家在 1997 年年底前停止向发展中国家出口用于回收利用的危险废料。截至 2019 年,全球有 187 个签约国,除美国未在国内通过外,共 186 个缔约方。

随着社会经济和技术的发展,《巴塞尔公约》发展的重心从限制危险废物转移的环境危害开始转向强调废物减量化和环境无害化管理。2011 年,《巴塞尔公约》缔约方大会第十次会议通过了关于废物减量化的重要决定《卡塔赫纳宣言》,此后陆续通过了"《卡塔赫纳宣言》实施行动路线图",开发了《废物预防和减量技术准则》,等等。

为控制全球危险废物和其他废物的越境转移,《巴塞尔公约》制定了管控程序和要求。其中,最重要的就是事先知情同意程序。首先,《巴塞尔公约》要求尽量减少废物的越境转移,出口国没有技术能力和必要的设施或适当的处置场所无害化处置(包括回收利用和最终处置)某一类废物,或者进口国需要有关废物作为再循环或回收工业的原材料的情况下,废物的越境转移才被许可。其次,程序规定,出口国需要向进口国和过境国发送书面通知,内容包括危险废物的种类、数量、危险特性、出口企业和接收企业、转移路线、过境地点、处置方式等详细信息。再次,出口国只有得到进口国和过境国的全部书面同意后,才能启动越境转移,每次装运必须伴有转移文件。最后,处置企业完成废物处置后,须向出口国发出确认书,确认按照契约处置完毕。书面通知程序必须是所涉缔约方官方职能部门之间的通信,其他机构一律不具备法律效力。

2019 年 4 月 28 日—5 月 10 日,《巴塞尔公约》缔约方会议第十四次会议在瑞士日内瓦召开。其中,由于全球面临严峻的海洋垃圾和塑料废物污染问题,本次会议审议通过了《巴塞尔公约》塑料废物相关附件的修订,因修订提案由挪威提出,又被称为《挪威提案》。相比较《巴塞尔公约》现行规定而言,《挪威提案》扩大了《巴塞尔公约》管控的塑料废物的范围,对部分是否受控的塑料废物进行了明确。

《对巴塞尔公约修正》即禁运修正案,历时 25 年磋商,已于 2019 年 12 月 5 日起对批准禁运修正案的国家生效,禁止附件七国家(属于经合组织、欧共体成员的缔约方和其他国家,列支敦士登)以任何目的向非附件七国家出口危险废物,迈出了禁止发达国家向发展中国家越境转移危险废物的重要一步,有力推动了《巴塞尔公约》将废物越境转移降至最低这一核心目标的实现。

2. 美国固体废物管理

1965 年,美国制定并通过了第一部有关固体废物管理的联邦政府立法《固体废物处置法案》。1970 年通过的《资源回收法案》及 1976 年通过的《资源保护和回收法案》(*Resource Conservation and Recovery Act*)分别对《固体废物处置法案》进行了修正[7]。被修正的《固体废物处置法案》,实际上是《固体废物处置法案》与所有后来的修正案的集合体,常被称为 RCRA,初步构建了美国固体废物管理法律体系。

RCRA 确定了美国固体废物管理的新思路,即废物预防(源头削减)、回收利用、焚烧和填埋处置。RCRA 属于废物预防型法律,美国各州固体废物管理计划在 RCRA 的基础上制定方可获取联邦政府财政援助。

RCRA 的管理范围包括一般固体废物和危险废物两大类,实行国家和地方的分级管理:美国国家环境保护局负责管理危险废物,各州政府对一般固体废物进行管理,州政府制订的固体废物管理计划需要经美国国家环境保护局批准。同时,美国国家环境保护局按照每月危险废物产生量及危害程度,将产生者划分为 3 类(大源、小源、豁免小源),实施差别化管理。此外,随着对危险废物风险评估能力的不断提高,美国国家环境保护局认为 RCRA 中相关法规对低风险的危险废物实行了过于严格的管理,给社会和危险废物生产者增加了不必要的、高额的处理处置费用,1995 年颁布《危险废物鉴别法规》对 RCRA 管理的部分低风险危险废物做了部分豁免排除。

为鼓励固体废物实现充分利用、控制固体废物填埋处置对环境造成的污染,美国在城市固体废物管理中还广泛利用市场力量,充分发挥许可、税收、抵押等经济杠杆作用。例如,美国各州普遍实行生产者付费(pay-as-you throw,PAYT)制度,例如明尼苏达州针对居民产生的生活垃圾征收 9.75% 的回收服务税,针对商业垃圾征收 17% 的服务税,并对建筑垃圾、医疗垃圾和工业废物按照体积征收固体废物税。

3. 欧盟固体废物管理

20 世纪 80 年代,欧盟固体废物管理由早期单纯处理转向综合治理战略,开始重视源头控制和综合利用,从而有效控制污染、回收资源,从根本上转变了固体废物管理的内涵。欧盟固体废物管理法规体系由条例、指令、决定等构成。1975 年欧盟理事会颁布的《废物框架指令》是欧盟固体废物管理的基础,此外配套有《废油处置指令》《包装废物指令》《废汽车指令》《废物焚烧指令》《废物填埋指令》等多项专项法规。《废物框架指令》在 2008 年修订后实施,作为欧盟境内所有废弃物处理工作的最高指导原则和法律规范基础。2018 年修订后,针对封闭物质流的管理环境进行了强化。如同欧盟其他法律,《废物框架指令》自动适用于所有成员国,且必须分别转化为国内法。各成员国皆可在不违背欧盟指令和共同目标的前提下,按当地的发展条件、需求和治理结构,制定因地制宜的固体废物管理方案,设定量化目标与行动方案。

德国、荷兰和芬兰皆将生活废物的管理工作交由市级政府负责,并鼓励通过跨越城市和区域边界的合作,以最具经济和资源效益的方式审视废物与原料配制。其中,德国的各级政府将废物、再生资源和循环经济相关议题一并交由环境部门统筹管理,促进"欧盟—中央—地方政府"的垂直整合,确保各级政府部门间的政策沟通顺畅、行动目标一致。

欧盟《废物框架指令》要求成员国明确"污染者付费原则",并至少实施最低程度的"生产者责任延伸制",强调废物制造者须承担相应的管理费用,而产品的制造商、分销商、进货商则有义务负责产品和包装废物的回收与处置。

为增加固体废物回收和再利用比重,欧盟委员会特别强调固体废物管理中的循环经济原则和零废弃理念。2020 年 3 月通过了新版《循环经济行动计划》,该计划提出并制定了可持续产品政策框架,优先系统构建关键产品价值产业链,强化固体废物源头防控和高价值利用三大核心任务。目前,欧盟固体废物管理战略确立了层级效应管理原则,即遵循"预防或减量—重复使用—循环利用—用于发电或者其他回收项目—处置"的顺序,将管理目标逐步从末端治理向前端生态设计和绿色制造转变,强调资源化是固体废物处理的首选方式和最终发展目标;全面且综合地考虑固体废物的生命周期,实现物质产生、流通、消费的全过程良性循环。

4. 日本固体废物管理

1970 年,日本颁布《废物处理和公共清洁法》,确立了日本固体废物管理的主要法律依据。20 世纪 90 年代之前,日本固体废物管理的方式以末端处理为主。2000 年,日本颁布了《循环型社会形成推进基本法》,提出了建立循环型经济社会的根本原则,并在此基础上颁布了一系列行业、过程废物回收利用和安全处置的专项法[8]。《循环型社会形成推进基本法》为日本各级公私部门提供了有关固体废物处理和资源循环利用的指导性原则,要求利益相关者遵循"3R"——抑制产生(reduce)、重复使用(reuse)和回收再利用(recycle)的优先顺序对废弃物品进行处置,并只有在上述措施确实无法实践时,才考虑将废弃物品用于能源再生或送往最终处置。具体的执行细则和管理规范则详载于《资源有效利用促进法》和《废弃物处理法》中。

日本固体废物管理相关法律体系可以分为三个层面:第一层指基本法,即《循环型社会形成推进基本法》;第二层指综合性法律,《废物处理和公共清洁法》和《资源有效利用促进法》分别具体管理固体废物合理处置和再生资源循环利用;第三层指与综合性法律配套的专项法,如图 1.7。

日本在固体废物的分类和管理上采取了"排除原则",首先对 20 项重点工业固体废物进行严格管理,其次挑出具有危险性和危害的固体废物项进行管理。未被纳入上述两项清单中的固体废物,最后再依来源分为一般事业废物和一般家庭废物。若废物本身具有特殊危险性,则视为须特别管理的一般废物。另外,日本政府也针对包装容器、家电、食品、建筑材料、车辆等制定了专项法进行管理。

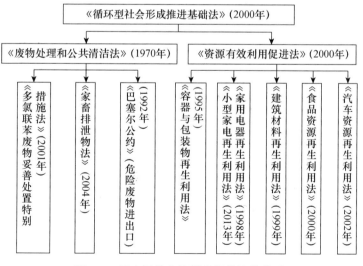

图 1.7 日本固体废物管理相关法律体系

此外,日本固体废物管理充分发挥了经济政策和市场的作用。日本的 27 个省对工业废物征收产业税,以促进工业固体废物的减量化和资源化。

　　为鼓励固体废物循环利用,日本推出了法人税(所得税)、不动产购置税、固定资产税等固体废物处理设备税收优惠。

　　即在购买汽车时就预先交付报废费用,包括汽车破碎残渣、安全气囊、氟利昂的处理费;根据《家用电器再生利用法》,电视机、空调器、电冰箱、洗衣机的消费者也必须缴纳废家电处理费;生活垃圾方面,采取废处理费和税并存模式,通过强制使用收费袋和处理票的方式收取生活垃圾处理费;部分地方政府还对产业废物课税[9]。

1.2.4　我国固体废物管理

　　我国固体废物管理工作始于 20 世纪 70 年代末,1979 年颁布《中华人民共和国环境保护法(试行)》。1989 年颁布《中华人民共和国环境保护法》,是我国环境保护的基本法,对我国环境保护起着重要的指导作用。此后相继颁发的多项法规主要是关于废水和废气的标准及有关放射性废物标准。固体废物相关的管理法规则分散在包括《农用污泥污染物控制标准》、《中华人民共和国海洋环境保护法》和《中华人民共和国水污染防治法》等在内的有关防治固体废物污染和其他危害的法规中。

　　1995 年 10 月颁布的《固废法》是第一部固体废物领域的相关法律,明确地规定了固体废物防治的监督管理、固体废物(特别是危险废物)的防治、固体废物污染环境责任者应负的法律责任等,制定了一系列行之有效的管理制度。我国固体废物管理虽较西方发达国家起步较晚,但各级政府高度重视,目前已建立起较为完善的管理体系,如图 1.8 所示,我国固体废物管理体系是:以环境保护主管部门为主,结合有关的工业主管部门以及城市建设主管部门,共同对固体废物实行全过程管理。

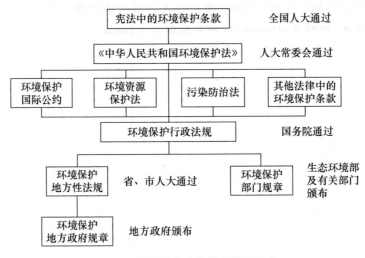

图 1.8　我国固体废物管理体系示意

　　我国目前固体废物管理体系主要为各级环境保护主管部门对固体废物污染环境的防治工作实施统一监督管理。其主要工作包括:① 指定有关固体废物管理的规定、规则和标准;② 建立固体废物污染环境的监测制度;③ 审批产生固体废物的项目以及建设贮存、处置固体废物的项目的环境影响评价;④ 验收、监督和审批固体废物污染环境防治设施的"三同时"及其关闭、拆除;⑤ 对与固体废物污染环境防治有关的单位进行现场检查;⑥ 对固体废物的转移、处置进行审批、监督;⑦ 进口可用作原料的固体废物的审批;⑧ 制定防治工业固体废物污染环境的技术政策,组织推广先进的防治工业固体废物污染环境的生产工艺和设备;⑨ 制定工业固体废物污染环境防治工作规划。

固体废物管理过程需要遵循的方法标准主要有以下四类:

(1) 方法标准

方法标准主要包括固体废物样品采样、处理及分析方法的标准。如《固体废物浸出毒性测定方法》《固体废物浸出毒性浸出方法》《工业固体废物采样制样技术规范》等。

(2) 综合利用标准

为推进固体废物的资源化,并避免在废物资源化过程中产生二次污染,原国家环境保护总局制定了一系列有关固体废物综合利用的规范和标准,如电镀污泥、磷石膏等废物综合利用的规范和技术规定。

(3) 分类标准

分类标准主要包括《国家危险废物名录》《危险废物鉴别技术规范》《城市垃圾产生源分类及垃圾排放》以及《进口可用作原料的固体废物环境保护控制标准》等。

(4) 污染控制标准

污染控制标准是固体废物管理标准中最重要的标准,是环境影响评价制度、"三同时"制度、限期治理和排污收费等一系列管理制度的基础。它可分为废物处置控制标准和设施控制标准两类。

我国固体废物的现状是产生量大、处理处置率低、环境污染严重。国务院在 2013 年 9 月、2015 年 4 月和 2016 年 5 月,相继出台《大气污染防治行动计划》《水污染防治行动计划》《土壤污染防治行动计划》。固体废物管理相对水环境污染管理和大气环境污染管理起步晚、水平低。近年来,虽然在固体废物管理方面制定了《固废法》,开展了固体废物的申报登记,颁布了《国家危险废物名录》和《危险废物转移联单管理办法》,但目前我国固体废物的管理工作仍有不足。尤其随着我国经济的不断发展,公共基础设施日趋完备,包括医疗废物、废旧电池、电子废物等特殊固体废物的产生量不断增长,因其中含有病原微生物、各类重金属等重大环境危险物质,2020 版的《固废法》制定了完善的医疗废物管理制度和电器电子、铅蓄电池、车用电动电池等产品的生产者责任延伸制度。

2020 版的《固废法》就工业固体废物、生活垃圾、危险废物、建筑垃圾、农业固体废物等的防治和管理的详细要求[2],具体如下:

(1) 固体废物零进口制度

《固废法》规定:"禁止中华人民共和国境外的固体废物进境倾倒、堆放、处置。""禁止经中华人民共和国过境转移危险废物。"为贯彻这些规定,国家环境保护局、对外贸易经济合作部等部门于 1996 年联合颁布《废物进口环境保护管理暂行规定》以及《国家限制进口的可用作原料的废物目录》。

自 2017 年以来,我国对《进口废物管理目录》实施了 3 次调整,将 56 种固体废物分批禁止进口,修订了 11 项进口固体废物环境保护控制标准,不断抬高进口门槛,从严审查进口申请,严控进口量。在 2017 年将生活来源废塑料、未经分拣废纸、废纺织品、钒渣 4 类 24 种固体废物调整为禁止进口的基础上,2018 年 4 月调整了第二批、第三批目录:将废五金、废船、废汽车压件、冶炼渣、工业来源废塑料等 16 种固体废物调整为禁止进口,自 2018 年 12 月 31 日起执行;将不锈钢废碎料、钛废碎料、木废碎料等 16 种固体废物调整为禁止进口,自 2019 年 12 月 31 日起执行。从 2017 年到 2020 年,我国固体废物的进口量从 4.227×10^7 t 降低到了 8.79×10^6 t,直至 2020 年年底清零,累计减少固体废物进口量 10^8 t。2020 年,生态环境部、商务部、国家发展改革委、海关总署联合发布《关于全面禁止进口固体废物有关事项的公告》,公告要求自 2021 年 1 月 1 日起,禁止以任何方式进口固体废物,禁止我国境外的固体废物进境倾倒、堆放、处置,生态环境部停止受理和审批限制进口类可用作原料的固体废物进口许可证的申请。

（2）"三同时"制度及固体废物污染环境影响评价制度

"三同时"制度是指建设项目的环境影响评价文件确定需要配套建设的固体废物污染环境防治设施,应当与主体工程同时设计、同时施工、同时投入使用。固体废物污染环境影响评价制度是指建设项目的初步设计,应当按照环境保护设计规范的要求,将固体废物污染环境防治内容纳入环境影响评价文件,落实防治固体废物污染环境和破坏生态的措施以及固体废物污染环境防治设施投资概算。

（3）污染担责制度

固体废物污染环境防治坚持的污染担责原则是指产生、收集、贮存、运输、利用、处置固体废物的单位和个人应当采取措施,防止或者减少固体废物对环境的污染,对所造成的环境污染依法承担责任。

地方各级人民政府对本行政区域固体废物污染环境防治负责。国家实行固体废物污染环境防治目标责任制和考核评价制度,将固体废物污染环境防治目标完成情况纳入考核评价的内容。

（4）环境保护税制度

环境保护税法立法,指的是环境保护费领域的"清费立税",即主要指将原来法律、行政法规、行政规章中针对生产过程中出现的排污费从征收环境保护费的行政收费制度转变成税收制度的立法设计。从规范层面来看,环境保护费以行政法规和行政规章为主,法律位阶比较低,强制性比较弱,还存在与上位法冲突的情况。这就导致环境保护法缺乏强制力的保障,而且本身存在合法性问题。从制度设计层面来看,环境保护费存在超标排污费异化为污染权、征收标准偏低、单因子收费、征收范围狭窄、收费覆盖面不够等问题。环境保护税具有一般税收的特征——强制性、无偿性、固定性、公共目的性以及非罚性等,又具有环境目的性、专用性、技术性、间接性等自身特点。根据环境保护费领域"清费立税",取消由原环境保护部负责的建设项目竣工环境保护验收、机构改革等,2020 年修订的《固废法》删除了危险废物排污费、建设项目环境保护设施验收等内容。

（5）信息公开制度

《固废法》规定:国务院生态环境主管部门应当会同国务院有关部门建立全国危险废物等固体废物污染环境防治信息平台,推进固体废物收集、转移、处置等全过程监控和信息化追溯。生态环境主管部门应当会同有关部门建立产生、收集、贮存、运输、利用、处置固体废物的单位和其他生产经营者信用记录制度,将相关信用记录纳入全国信用信息共享平台。设区的市级人民政府生态环境主管部门应当会同住房城乡建设、农业农村、卫生健康等主管部门,定期向社会发布固体废物的种类、产生量、处置能力、利用处置状况等信息。产生、收集、贮存、运输、利用、处置固体废物的单位,应当依法及时公开固体废物污染环境防治信息,主动接受社会监督。利用、处置固体废物的单位,应当依法向公众开放设施、场所,提高公众环境保护意识和参与程度。

（6）生产者责任延伸制度

生产者责任延伸制度是指将生产者对其产品承担的资源环境责任从生产环节延伸到产品设计、流通消费、回收利用、废物处置等全生命周期的制度。《固废法》规定：国家建立电器电子、铅蓄电池、车用动力电池等产品的生产者责任延伸制度。电器电子、铅蓄电池、车用动力电池等产品的生产者应当按照规定以自建或者委托等方式建立与产品销售量相匹配的废旧产品回收体系，并向社会公开，实现有效回收和利用。国家鼓励产品的生产者开展生态设计，促进资源回收利用。

为落实生产者责任延伸制度推行方案，国家发展改革委办公厅、住房和城乡建设部办公厅、商务部办公厅、市场监督管理总局办公厅起草制定了《饮料纸基复合包装生产者责任延伸制度实施方案》，该实施方案提出到 2025 年，饮料纸基复合包装领域生态设计更广泛开展，废弃饮料纸基复合包装的资源化利用率力争达到 40%；明确了开展生态设计、加强信息公开、规范回收利用和发布履责报告四项主要延伸责任。

（7）排污许可制度

《固废法》明确提出"产生工业固体废物的单位应当取得排污许可证"，并要求产生工业固体废物的单位执行排污许可管理制度的相关规定，为将工业固体废物纳入现行排污许可制度提供了法律支撑。

2016 年 11 月，国务院办公厅印发《控制污染物排放许可制实施方案》，明确要建立以排污许可制为核心的固定污染源管理制度体系，将排污许可证作为企事业单位和其他生产经营者在生产运营期间污染防治的唯一行政许可，实现将污染物排放落到排放口管控的精细化管理，落实企业环境管理主体责任。

将工业固体废物、危险废物纳入排污许可管理，实现对水、大气、土壤及固体废物污染管控的全覆盖和"一证式"管理，可有效避免为降低某一类污染物排放而导致的污染物跨介质转移，同时可在系统中收集统计各排污单位的工业固体废物产生、利用、处置和贮存等信息，推进实现固体废物全过程管理。

1.3 国内外固体废物产生及处理现状

固体废物的产生量和产生种类因世界不同国家和地区的社会经济、文化等因素而不同，因而当地的固体废物产生及处理现状也不尽相同。我国由于地域辽阔，不同省市的经济水平、人口数量和饮食习惯等不同，固体废物的产生量和组分也存在较大差异。本节主要对国内外的固体废物产生及处理现状进行介绍。

1.3.1 国外固体废物产生及处理现状

1. 固体废物产生基本概况

根据世界银行发布的《2050 年全球固体废物管理一览》（*What a Waste 2.0：A Global Snapshot of Solid Waste Management to 2050*；图 1.9、图 1.10），2016 年全世界固体废物年产生量约 2.02×10^9 t，估计到 2050 年，固体废物年产生量将达到 3.4×10^9 t。

根据以上数据结合世界人口统计，2016 年全球每人每天会产生 0.74 kg 固体废物。高收入国家和地区，如北美、欧洲和中亚地区，人口约为全球总人口的 16%，固体废物产生量却

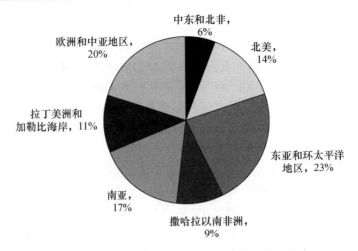

图 1.9　全球各地区固体废物产生量质量占比

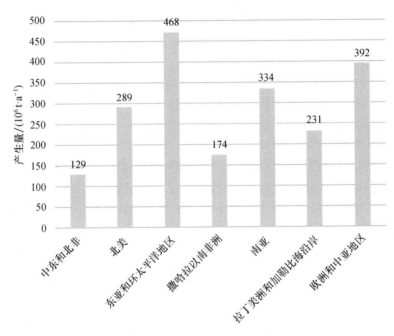

图 1.10　全球各地区固体废物产生量(2016 年)

占了全球总产生量的 34%。然而由于经济发展水平会影响固体废物能否得到妥善处理,据估算,低收入国家和地区有 93% 的固体废物管理不当,而高收入国家和地区仅有 2%[①]。

高收入国家和地区预计到 2030 年固体废物产生量增长最少,因为它们已达到一个经济发展点,即材料消耗与国内生产总值增长的联系变小。而低收入国家和地区的经济活动和人口增长速度最大,预计到 2050 年,固体废物产生量将增加 3 倍以上。在人均水平上,两者的趋势类似,即低收入和中低收入、中高收入国家和地区的固体废物产生量增长最大。

---

① 世界银行根据美元现值人均国民总收入(GNI)将全世界经济体划分为 4 个收入组别,即高收入国家和地区(>12 535 美元)、中高收入国家和地区(4046~12 535 美元)、中低收入国家和地区(1036~4045 美元)和低收入国家和地区(<1036 美元)。

2. 生活垃圾成分及全球各地区对比

生活垃圾成分是城市固体废物中物质种类的分类。生活垃圾成分通常通过标准废物审计来确定,在审计过程中,从垃圾制造者或最终处置场所采集垃圾样本,按预先确定的类别分类并称重。在国际层面上,产生量最大的生活垃圾类别是餐厨垃圾,占全球生活垃圾的44%[图 1.11(a)]。干性可回收物(塑料、纸张卡片、金属和玻璃)占全球生活垃圾的 38%。生活垃圾成分因收入水平而有很大差异[图 1.11(b)~(e)],生活垃圾中有机物的占比随着收入水平的提高而减少。与低收入国家和地区相比,高收入国家和地区的消费品包括更多的材料,如纸张卡片和塑料。

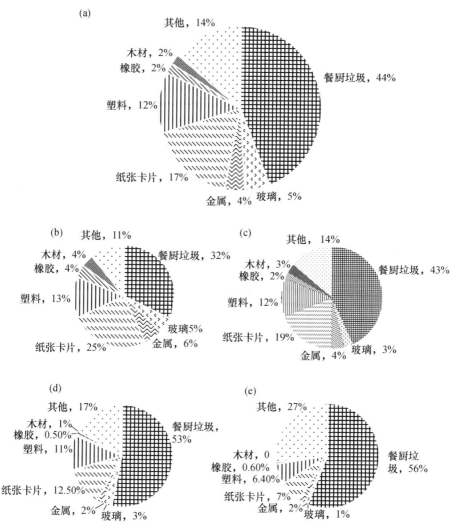

图 1.11 生活垃圾质量分数成分:(a) 全球生活垃圾成分;(b) 高收入国家和地区生活垃圾成分;(c) 中高收入国家和地区生活垃圾成分;(d) 中低收入国家和地区生活垃圾成分;(e) 低收入国家和地区生活垃圾成分

3. 全球固体废物清运现状

固体废物收集是市政府一级提供的最常见的服务之一。最常见的垃圾收集方式是挨家挨户收集。在这种模式下,常使用卡车或小型车辆收集,或者在环境更受限制的地方,使用手推车或牲畜以预定的频率将垃圾收集到户外。在某些地方,社区可在中央容器或收集点处理废物,由市政府收集并运至最终处置场。在其他不太经常收集的地区,社区可以通过铃声或其他信号通知社区居民收集车辆已经到达附近。

　　高收入国家和地区的固体废物收集率接近100%(图1.12)。在中低收入国家和地区固体废物收集率约为51%,而在低收入国家和地区大约为39%。在低收入国家和地区,未被收集的固体废物通常由家庭独立管理,可能会被公开倾倒、焚烧,或者堆肥(不太常见)。改善固体废物收集服务是减少污染、改善人类健康的关键步骤,而且由于固体废物管理通常是中低收入国家和地区的一项城市服务,城镇地区的固体废物收集率往往大大高于乡村地区,是乡村地区的2倍多(图1.13)。

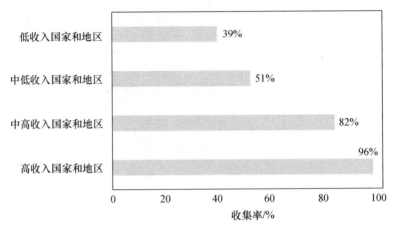

图1.12　不同收入国家和地区固体废物收集率

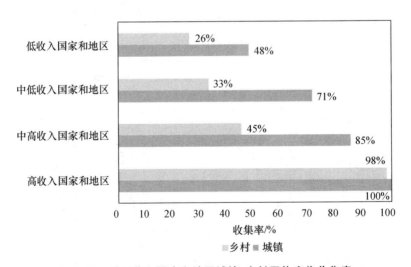

图1.13　不同收入国家和地区城镇、乡村固体废物收集率

4. 全球固体废物处理现状

　　在世界范围内,将近40%的固体废物被填埋(图1.14),大约19%的固体废物通过资源回收和堆肥进行回收,11%通过现代焚烧处理。尽管仍有33%的固体废物是露天倾倒的,但各国政府逐渐认识到垃圾场的风险和成本,并寻求可持续的固体废物处理方法。固体废物处理实践因收入水平而有很大差异,而且在尚未提供垃圾填埋场的地区,露天倾倒非常普遍。在低收入国家和地区(图 1.15),大约 93％的固体废物被倾倒在道路、空地或水道上,而高收入国家和地区只有 2％的固体废物被露天倾倒。在南亚和撒哈拉以南的非洲地区超过 2/3 的固体废物被露天倾倒,这将对未来的固体废物产生重大影响。随着各国经济的发展,固体废物的管理采用更可持续的方法。建设和使用垃圾填埋场通常是实现可持续固体废物管理的第一步。在低收入国家和地区,只有 3％的固体废物被送往垃圾填埋场,而在中高收入国家和地区,大约 54％的固体废物被送往垃圾填埋场。此外,较富裕的国家往往更注重通过资源回收和堆肥回收材料。在高收入国家和地区,29％的固体废物被资源回收,6％的固体废物被堆肥,现代焚烧也比较普遍。在高收入国家和地区,22％的固体废物被现代焚烧,主要是在日本和英属维尔京群岛等固体废物产生量高但土地有限的国家和地区。

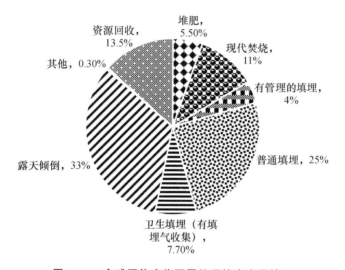

图 1.14　全球固体废物不同处理技术应用情况

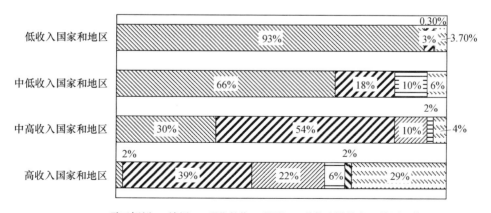

图 1.15　不同收入国家和地区不同处理技术占比

1.3.2　我国固体废物产生及处理现状

固体废物减量化、资源化、无害化,既是改善生态环境质量的客观要求,又是深化生态环境工作的重要内容,更是建设生态文明的现实需要。《固废法》第二十九条明确规定:"设区的市级人民政府生态环境主管部门应当会同住房城乡建设、农业农村、卫生健康等主管部门,定期向社会发布固体废物的种类、产生量、处置能力、利用处置状况等信息。"

按照生态环境部《大中城市固体废物污染环境防治信息发布导则》要求,各省、自治区、直辖市生态环境厅(局)应规范和严格信息发布制度,在每年6月5日前发布辖区内的大、中城市固体废物污染环境防治信息,6月30日前向生态环境部汇总上报。2019年,全国共有200个大、中城市向社会发布了2018年固体废物污染环境防治信息。其中,应开展信息发布工作的47个环境保护重点城市和55个环境保护模范城市均已按照规定发布信息,另外还有98个城市自愿开展了信息发布工作。

1. 生活垃圾处理现状

2018年,我国生活垃圾清运量为$2.2802×10^8$ t·a^{-1}[10],自1979年有国家统计数据以来,随着城市化水平的推进及人民物质生活水平的提升,生活垃圾产生量自$2.508×10^7$ t·a^{-1},以平均每年6%的速度增加。

生活垃圾产生量的迅速增长,带来了诸多环境问题,生活垃圾处理成为每个地区需要面临的日益严峻的挑战。2019年,我国生活垃圾无害化处理率达98.95%,自1980年有国家统计数据以来,平均年增速2.89%。具体数据见图1.16、图1.17、图1.18。其中上海、北京、浙江等地2018年生活垃圾无害化处理率已达100%;黑龙江的无害化处理率最低,为86.9%。

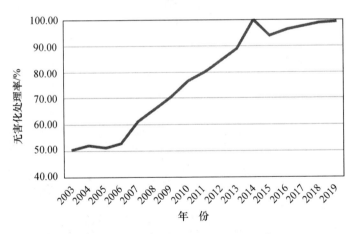

图1.16　全国生活垃圾无害化处理率

2. 工业固体废物处理现状

工业固体废物处理是我国固体废物处理行业的重要组成部分,分为一般工业固体废物和工业危险废物,工业危险废物在危险废物处理现状中说明。工业固体废物受工业生产过程等因素的影响,所含成分差别较大,给处理和利用造成困难;加之工业固体废物处理需要特殊设备以及专业的技术人员,其处理成本较高。

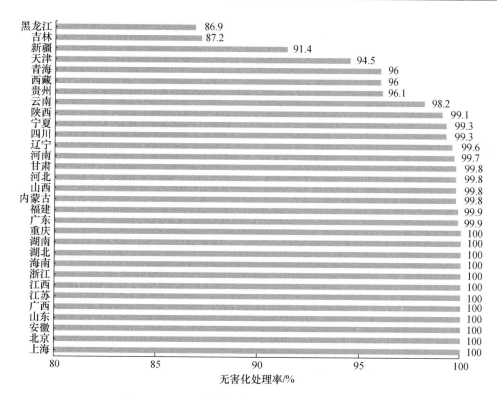

图 1.17 2018 年部分省份生活垃圾无害化处理率

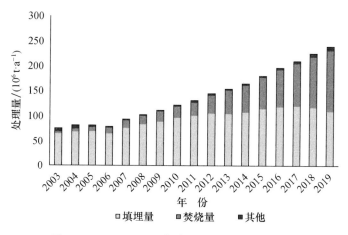

图 1.18 2003—2018 年我国生活垃圾处理情况

根据生态环境部发布的《2019 年全国大、中城市固体废物污染环境防治年报》,2018 年,200 个大、中城市一般工业固体废物产生量达 1.55×10^9 t(图 1.19),较 2017 年产生量同比增长 18.32%,综合利用量 8.6×10^8 t,处置量 3.9×10^8 t,贮存量 8.1×10^8 t,倾倒丢弃量 4.6×10^4 t。一般工业固体废物综合利用量占利用处置总量的 41.70%(图 1.20),处置量和贮存量分别占比 18.90% 和 39.30%,综合利用仍然是处理一般工业固体废物的主要途径。

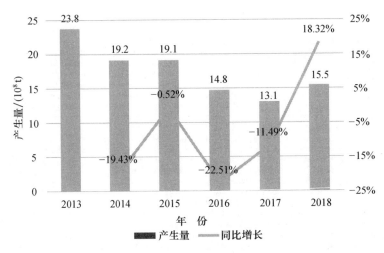

图 1.19　200 个大、中城市一般工业固体废物产生量(2013—2018 年)

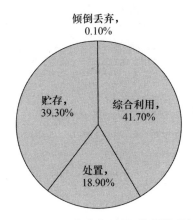

图 1.20　一般工业固体废物利用、处置情况(2018 年)

3. 危险废物处理现状

危险废物是指列入《国家危险废物名录》或者根据国家规定的危险废物鉴别标准和鉴别方法认定的具有危险特性的固体废物。根据生态环境部数据,2008—2018 年危险废物实际收集和利用处置量逐年增长,其中 2016—2018 年呈现加速增长态势,这与危险废物经营许可证数量增长态势相吻合。

2018 年,全国危险废物(含医疗废物)经营单位核准收集和利用处置能力达到 1.0212×10^{8} $t\cdot a^{-1}$(含收集能力 1.201×10^{7} $t\cdot a^{-1}$)。2018 年度实际收集和利用处置量为 2.697×10^{7} t(含收集 5.7×10^{5} t,图 1.21)。

其中,利用危险废物 1.911×10^{7} t,约占 72%;处置医疗废物 9.8×10^{5} t,约占 4%;采用填埋方式处置危险废物 1.57×10^{6} t,约占 6%;采用焚烧方式处置危险废物 1.81×10^{6} t,约占 7%;采用水泥窑协同方式处置危险废物 1.01×10^{6} t,约占 4%;采用其他方式处置危险废物 1.92×10^{6} t,约占 7%(图 1.22)。

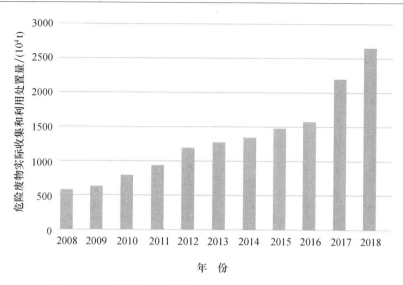

图 1.21 危险废物实际收集和利用处置量(2008—2018 年)

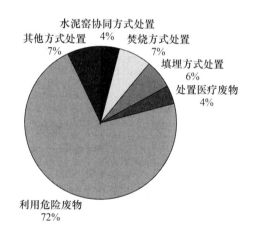

图 1.22 2018 年危险废物处置方法

4. 农业固体废物处理现状

我国农业固体废物管理体系主要包括秸秆类农业固体废物管理体系、畜禽养殖污染控制政策管理体系等农业生产固体废物的管理。2020 年,全国秸秆产生量为 7.97×10^8 t,秸秆可收集资源量为 6.67×10^8 t,秸秆利用量为 5.67×10^8 t(图 1.23)。2020 年,全国农作物秸秆综合利用率为 81.68%,其中肥料化(包括直接还田和堆肥处理)利用率为 47.20%,饲料化利用率为 17.99%,基料化利用率为 11.79%,燃料化利用率为 2.23%,原料化利用率为 2.47%(图 1.24)。在农作物秸秆肥料化利用中,主要以直接还田为主,占比达 35.00%,农作物秸秆堆肥处理占比为 12.20%。

不同禽畜产生的粪便量不同,根据王方浩等发表的《中国畜禽粪便产生量估算及环境效应》中公布的禽畜粪便排泄系数[11],结合禽畜饲养周期以及饲养量对全国禽畜粪便产生量进行估算,2020 年全国畜禽粪便产生量约为 3.04×10^9 t(图 1.25)。我国禽畜粪便综合利用率为 72%,禽畜粪便综合利用方式主要有肥料化、饲料化和能源化 3 大类,其中肥料化是主要的综合利用方式,占比约为 58%。禽畜粪便肥料化处理中,堆肥处理占大部分。

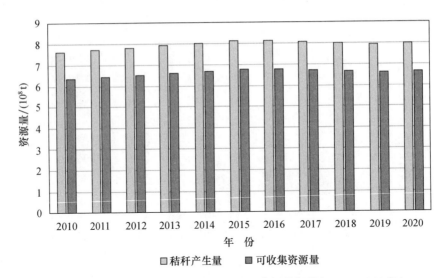

图 1.23　全国农作物秸秆产生量及可收集资源量规模（2010—2020 年）

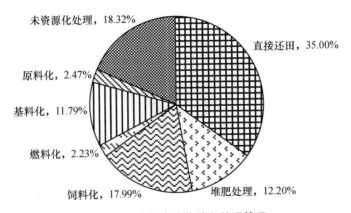

图 1.24　全国农作物秸秆处理情况

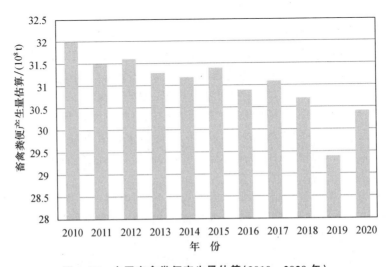

图 1.25　全国畜禽粪便产生量估算（2010—2020 年）

5. 建筑垃圾处理现状

2006—2014 年,我国建筑业房屋施工面积快速增长,建筑垃圾产生量也呈现快速增长趋势;2014—2019 年,我国建筑业房屋施工面积基增速速度明显放缓,2014—2019 年的平均复合增速为 3%。随着我国建筑行业的发展,2019 年我国建筑垃圾产生量达 $2.3 \times 10^9 \text{ t} \cdot \text{a}^{-1}$ (图 1.26)。2020 年修订版《固废法》,在原本的生活垃圾、工业固体废物、危险废物、农业固体废物基础上,将建筑垃圾细分出来成为单独的一类固体废物,进行独立管理。

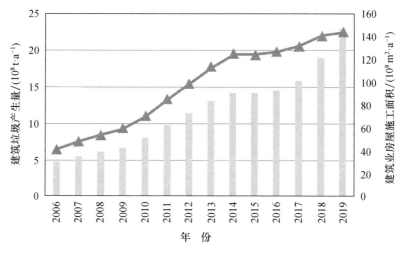

图 1.26　建筑垃圾产生量(2006—2020 年)

我国的建筑垃圾处理行业尚有巨大的发展空间,目前大部分建筑垃圾的处理方式仍处在相对粗放的填埋及堆放阶段,但对比发达国家建筑垃圾的处理方式(图 1.27),资源化利用是我国建筑垃圾处理的最佳途径。建筑垃圾资源化利用是指将建筑垃圾进行回收处理,使之成为能再次使用的建筑材料。目前建筑垃圾资源化利用的主要途径包括:第一,废钢配件等金属经分拣、集中、重新回炉后,可以再加工制造成各种规格的金属建材;第二,废竹木材可以用于制造人造木材;第三,砖、石、混凝土等废料经破碎形成的建筑垃圾再生骨料可以用于砌筑砂浆、抹灰砂浆、打混凝土垫层等,还可以用于制作砌块、铺道砖、花格砖等建材制

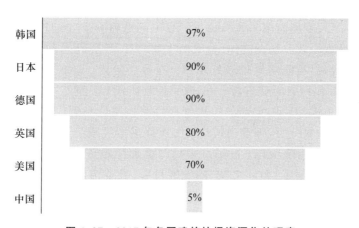

图 1.27　2017 年各国建筑垃圾资源化处理率

品。2017年,我国建筑垃圾资源化处理率仅为5%,国家发展改革委等14个部门联合发布的《循环发展引领行动》要求到2020年城市建筑垃圾资源化处理率达到13%。

1.4　垃 圾 分 类

要实现生活垃圾减量化、资源化、无害化,垃圾分类是重要且有效的途径和手段,也是提高城市文明水平、倡导低碳生活的客观需要。本节主要对垃圾分类的目的、原则和方法,国内外垃圾分类的发展历程和现状进行叙述。

1.4.1　垃圾分类的目的与意义

由于生活垃圾种类繁多,后期处理处置要求各不相同(如需要无害化处置、回收再利用等),故须按照相应的标准进行系统分类。

要提高垃圾资源化利用水平,可以通过垃圾分类投放、分类收集,把垃圾中的有用物资,如纸张、塑料、橡胶、玻璃、金属以及废旧家用电器等从垃圾中分离出来收集、利用,变废为宝;要缓解因垃圾堆放、填埋而产生的土地占用压力,可以从源头上减少垃圾产生量;要保护环境,可以妥善处理其中的有害物质,避免污染环境。

1.4.2　垃圾分类的原则与方法

想实现垃圾分类,就需要将垃圾分门别类地投放,并通过归类地清运、回收和处置达到减量化、资源化、无害化的目的。参考国内外各城市对生活垃圾分类的方法,可以发现大都是在生活垃圾的成分构成、产生量的基础上,结合当地生活垃圾的资源利用和处理方式来进行分类。

2019年,住房和城乡建设部发布了最新的《生活垃圾分类标志》标准,相较于2008年版标准,适用范围进一步扩大,生活垃圾类别调整为可回收物、有害垃圾、厨余垃圾和其他垃圾,上述4大类下含11小类,分别为纸类、塑料、金属、玻璃、织物、灯管、家用化学品、电池、家庭厨余垃圾、餐厨垃圾、其他厨余垃圾。

1.4.3　国外垃圾分类历程

追溯发达国家和地区垃圾分类的历程,可以发现生活垃圾分类管理不是一蹴而就的,是有一个按照规律逻辑逐步推进的发展过程。末端处理、源头治理和循环利用是发达国家生活垃圾管理经历的3大发展阶段。具体如下:① 末端处理阶段(20世纪50—70年代),即被动应付阶段,垃圾处理由政府被动式地、自上而下地应对,垃圾处理量由垃圾产生量决定,利用填埋或焚烧等手段,尽可能地把垃圾处理掉。在这一阶段,民众没有参与垃圾分类管理,仅仅是垃圾的制造者和污染的受害者。② 源头治理阶段(20世纪80—90年代),即从生产和消费的源头预防、由被动转向主动的垃圾管理阶段。在这一阶段,治理取得了明显效果,人们开始重视科学的垃圾分类,强调通过垃圾分类促进垃圾减量化,扭转了过去的废弃物末端处理方向。③ 循环利用阶段(21世纪以来),即更加注重资源再生与循环利用的高级阶段。在这一阶段,人们提出了"循环之国"的发展目标,着重构建"最适量生产、最适量消费、最少量废弃"的经济发展模式。

发达国家的垃圾分类没有统一标准,具体种类大多根据各个城市情况具体制定。日本、瑞典和美国的垃圾分类均较为成熟,但是其运行模式有显著不同:瑞典的垃圾分类控制严格,分类精细,共分为 8 类[12];美国的垃圾分类模式相对简单,一般仅将垃圾分为可回收、不可回收等两种到三种类别;而日本则有着全球最精细的垃圾分类模式,规定了有多达几十余种不同类别的垃圾可以分类回收。不同国家或地区根据源头分类和处置厂分选的程度可分为如下 3 大类:

1. "源头初步分类,处置厂适度分选"模式

此类模式以加拿大、美国为代表,在源头端初步分类,再运至处置厂适度分选,整个分类过程的精细化水平一般,这种模式的生活垃圾分类方式较为简单。

垃圾源头在该模式下大致分为 4 类:① 可回收垃圾,包含金属盒瓶、塑料和纸张等;② 有机垃圾,包含食物垃圾、庭院垃圾等;③ 特殊垃圾,包含有害垃圾、家用电器、大件家具等;④ 其他普通垃圾。对可回收垃圾的具体分类,可以在源头产生端仅粗分或不分,再通过分选设施进行适度细分,经分类收集运输后被送至后端处置。一般情况下,可回收垃圾被运往专门的再生资源处理厂或转运站内进行分选,有机垃圾则被运往覆盖材料(覆盖土)加工厂或堆肥厂,其他普通垃圾被运往焚烧厂或填埋场。

加拿大、美国生活垃圾中重要的组分是有机垃圾,如食物垃圾、庭院垃圾等,约占生活垃圾产生量的 30%。有机垃圾分类之后,食物垃圾一般被家庭粉碎机破碎后直接排入污水管网,或者收集后进行集中生物处理;而庭院垃圾则就地堆肥,或者收集后进行集中堆肥或制成覆盖土。

加拿大、美国两国的人口、资源和经济发展模式与该分类模式高度相关。两国垃圾消费、排放量均为经济发达国家水平,加之人口结构多元、资源丰富、地域辽阔,在产生大量垃圾的同时,推行高水平垃圾分类的动力相对不足。美国纽约市年垃圾产生量 2.4×10^7 t,约 1.2×10^7 t 来源于民众生活垃圾。平均每人每天产出 5 磅垃圾(约 2.25 kg),是一些欧洲国家和日本的 2 倍。生活垃圾在源头进行初步分类后由船舶或铁路运到新泽西州、弗吉尼亚州、纽约州北部和宾夕法尼亚州的垃圾处理厂,进入最终处理,并非在市域内处理。

加拿大、美国两国为了与该分类模式相适应,大多使用填埋方式作为最终垃圾处理手段。由于两国地广人稀,而填埋成本低廉、资源充足,相较于投资费用高昂的垃圾焚烧发电厂,填埋操作简单、价格低,使其在两国的适用性强。加拿大的垃圾焚烧率不到 10%;美国也只有 15% 的垃圾进行焚烧,有超过 63.5% 的垃圾进行填埋。

2. "源头适度分类,处置厂精细分选"模式

这种模式以英国、德国、法国、瑞典为代表,是较为细致的垃圾分类模式,在垃圾产生源头就进行相对细致的分类,再在处理时进行精挑细选,使得生活垃圾得到较充分的回收利用。

该模式下的每一大类生活垃圾在产生源头便进行相对详细的分类。例如,德国柏林使用绿色、黄色、蓝色和灰色 4 种颜色的垃圾桶来回收可回收垃圾。玻璃制品放进绿色垃圾桶,塑料包装、金属垃圾和日常废旧塑料等放进黄色垃圾桶,可回收利用的纸类放进蓝色垃圾桶,有机垃圾放进灰色垃圾桶。

这些国家的文明理念、发展模式和资源禀赋与该分类模式密切相关。区别于加拿大、美国两国的高排放量、高消费水平的模式,尽管这些国家和地区的经济也很发达,但出于对相对有限的资源和土地的考量,选择了大规模普及资源循环利用与生态环保的理念。又由于民众文明素质较高,逐渐形成了这种相对精细的垃圾分类模式。

为了与该分类模式相适应,经过资源回收后的终端处理环节也非常严格,确保垃圾分类管理有很好的成效。如德国对垃圾处理的技术选择做了严格规定,在源头控制和分类回收利用后,首先采取的是堆肥技术,其次是焚烧技术,最后才是卫生填埋,从而使生活垃圾的处理与环境相容。

3. "源头精细分类,全流程高质量处置"模式

此类模式以日本为代表,是精细化的垃圾分类全流程,处理关键不再是产生后的处理(如焚毁),而是尽可能变废为宝,少产生生活垃圾,高水平处置最终需要处理的生活垃圾。该模式使得日本被公认为世界上垃圾分类最成功的国家。

该模式下垃圾产生源头的分类非常细致。例如,东京有 23 个特别区,各个特别区的政府官网上都附有垃圾分类表,按照一定顺序对垃圾进行逐一分类,并对每一类垃圾都有详细的处理要求,15 大类垃圾分别为可燃垃圾、粗大垃圾、瓶装类、罐装类、容器包装塑料类、打印机墨盒类、金属陶器玻璃类垃圾、干电池、废纸、摩托车类、液化氧气罐、白色托盘、喷雾器罐、塑料瓶和不可回收类。

日本巨大的资源环境压力和高度的社会动员能力与该分类模式息息相关。日本为了给本已精细分类的生活垃圾管理工作提供强有力的支撑,在 20 世纪 90 年代末更是提出了构建循环经济的思路,使其成为全世界资源循环利用率最高的国家。

生活垃圾在该模式下不但分类精细,回收运输也非常精细化。在日本,回收生活垃圾的时间有严格的规定,市民收到的住宅区管理人员发放的日历中都有明确的标记。例如,东京新宿区可燃垃圾的投放回收日是周二和周五,而金属陶器玻璃类垃圾和可回收垃圾的投放日在周四和周六,且须在当日 8 点前投放至指定地点,其他时间和日期不可回收。除此之外,不同的专用垃圾车运输不同类别的生活垃圾,各种垃圾清理车会在每天规定时间内沿居民区收集垃圾,用高压水枪冲洗干净后送至垃圾处理厂。

得益于该生活垃圾分类模式,日本的终端垃圾处置效果非常好。大部分生活垃圾通过循环利用又变成宝贵的资源,变废为宝,且最终进入末端处置环节的垃圾纯度也非常高(杂质特别少),使得焚烧后产生的有害物质非常少,垃圾焚烧质量相当好,环境质量也得到了绝对的保证。东京 23 个特别区中 21 个特别区内都有垃圾焚烧厂,且就置于闹市区之中,很多垃圾焚烧厂周围不乏高端住宅区和商业区。除此之外,城区内的垃圾焚烧厂还能够成为该片区域的电能和热能供应的能源中心,这样的设置在减少了垃圾转运成本(很多社区产生的生活垃圾被直接拉到就近垃圾焚烧厂,无须中转转运)的同时,还可以强化民众垃圾分类的意识。

1.4.4 国内垃圾分类现状

大多的发达国家一般在人均 GDP 达到 1 万美元(2010 年不变价)时,开始推行垃圾分类制度[13],人均 GDP 达到 2 万美元左右时,开始动员全社会大规模垃圾分类管理,而垃圾分类管理的成效也逐步表现出来。我国多数省份人均 GDP 已超过 1 万美元(2018 年数据),已经达到了垃圾分类的条件。因此,中国推行垃圾分类的时机已经成熟,迎来历史机遇。

2018 年 7 月,国家发展改革委发布《关于创新和完善促进绿色发展价格机制的意见》,提出到 2020 年年底,全国城市及建制镇全面建立生活垃圾处理收费制度。在其后的各类文件中(表 1.5),也陆续提到了研究制定收费制度的目标,这意味着在鼓励、试点、强制等手段之后,未来我国垃圾分类或将进入收费时代。根据《"十四五"城镇生活垃圾分类和处理设施发

展规划》,到 2025 年年底,全国生活垃圾分类收运能力达到 $7 \times 10^5 \ t \cdot d^{-1}$,基本满足地级及以上城市生活垃圾分类收集、分类转运、分类处理需求;鼓励有条件的县城推进生活垃圾分类和处理设施建设。

表 1.5 2015—2019 年中国垃圾分类相关政策汇总

时 间	发布单位	文件名称	主要内容
2015 年 9 月	中共中央、国务院	《生态文明体制改革总体方案》	加快建立垃圾强制分类制度;对复合包装物、电池、农膜等低值废弃物实行强制回收
2016 年 12 月	国家发展改革委、住房和城乡建设部	《"十三五"全国城镇生活垃圾无害化处理设施建设规划》	加快处理设施建设;完善垃圾收运体系,包括统筹布局生活垃圾转运站、加强生活垃圾运转站升级改造等
2017 年 3 月	国家发展改革委、住房和城乡建设部	《生活垃圾分类制度实施方案》	要求在重点城市的城区范围先行实施生活垃圾强制分类。到 2020 年年底,基本建立垃圾分类相关法律法规和标准体系
2018 年 6 月	国家发展改革委	《关于创新和完善促进绿色发展价格机制的意见》	全面建立覆盖成本并合理盈利的固体废物处理收费机制,加快建立有利于促进垃圾分类和减量化、资源化、无害化处理的激励约束机制
2019 年 4 月	住房和城乡建设部等 9 部门	《关于在全国地级及以上城市全面开展生活垃圾分类工作的通知》	到 2020 年,46 个重点城市基本建成生活垃圾分类处理系统

住房和城乡建设部数据表明,当前全国垃圾分类重点城市居民小区垃圾分类覆盖率达到 53.9%,其中,有 14 个城市(广州、上海、宁波、厦门等)生活垃圾分类覆盖率超过 70%。已经出台垃圾分类地方性法规或规章的城市有 30 个,已启动垃圾分类的地级及以上城市有 237 个。

2019 年 7 月 1 日,上海成为全国第一个实施生活垃圾强制分类的城市,上海市政府也在积极运用各方渠道指导居民如何正确地进行垃圾分类:如通过"上海发布"微信公众号设立"垃圾分类查询"平台,通过更加人性化的形式帮助居民完成正确的垃圾分类;通过各类宣传举措(印发《上海市生活垃圾全程分类宣传指导手册》、开展公益宣传活动、张贴海报等)科普垃圾分类的方法。

上海现行的垃圾分类标准将日常生活垃圾共分为 4 类,分别是湿垃圾、干垃圾、有害垃圾、可回收物。湿垃圾基本包含各类瓜皮果核、花卉绿植、食物等易腐烂的垃圾,粽叶、椰子壳等硬果壳以及榴莲核、菠萝蜜核等硬果实除外,其虽可降解,但因其目前不适合作为湿垃圾进行末端处置而被归类于干垃圾。有害垃圾(废电池、废灯管、废药品、废油漆及其容器等)与可回收物(废纸张、废塑料、废玻璃制品、废金属等)较容易区分。干垃圾则是除上述 3 种垃圾外的其他垃圾。

在该模式基础之上,上海通过配置专用干/湿垃圾车、改造分类垃圾箱房/分类投放点、加强末端的生活垃圾处置设施建设以及建设"两网融合"回收服务点等办法,已初步落实了垃圾分类流程规划,确保下阶段全面建成生活垃圾分类体系,实现全市生活垃圾分类服务覆盖。

参 考 文 献

［1］孙佑海．固体废物污染环境防治法的新发展［J］．环境保护，2005(1)：20-23．

［2］中华人民共和国生态环境部．解读修订后的固体废物污染环境防治法：用最严密法治保护生态环境［EB/OL］．（2020-05-04）［2020-8-20］．https：//www．mee．gov．cn/xxgk/hjyw/202005/t20200504_777706．shtml

［3］杨芳，高汝敏．美国的邻避运动及其治理之道［J］．领导科学，2020(20)：24-27．

［4］李海红，吴长春，同帜．清洁生产概论［M］．西安：西北工业大学出版社，2009．

［5］Gardiner R，Hajek P．Municipal waste generation，R&D intensity，and economic growth nexus—A case of EU regions［J］．Waste Management，2020 (114)：124-135．

［6］刘梅．发达国家垃圾分类经验及其对中国的启示［J］．西南民族大学学报(人文社会科学版)，2011，32(10)：98-101．

［7］周兴宋．美国城市生活垃圾减量化管理及其启示［J］．特区实践与理论，2008(5)：66-70．

［8］张黎．德国生活垃圾减量和分类管理对我国的启示［J］．环境卫生工程，2018，26(6)：5-8．

［9］孙秀云，王连军，李健生，等．固体废物处置及资源化［M］．南京：南京大学出版社，2007．

［10］国家统计局．中国统计年鉴2019［M］．北京：中国统计出版社，2019．

［11］王方浩，马文奇，窦争霞，等．中国畜禽粪便产生量估算及环境效应［J］．中国环境科学，2006(5)：614-617．

［12］吕君，翟晓颖．基于横向视角的垃圾回收处理体系的国际比较研究及启示［J］．生态经济，2015，31(12)：102-106．

［13］岳文海．中国新型城镇化发展研究［D］．武汉大学，2013．

第 2 章　固体废物的收集、运输和中转

固体废物的收集和运输是连接发生源和处理处置设施的重要环节,尤其是对于城市生活垃圾,它的收集和运输的费用约占整个处理成本的 60％～80％[1]。20 世纪 90 年代,我国开始建设城市生活垃圾治理的法律体系,逐步实行生活垃圾的分类处理,经过近 30 年的努力,我国垃圾处理向着减量化、资源化、无害化方向发展。城市垃圾主要是由日常活动所产生的城市生活垃圾、商业活动产生的商业垃圾、建筑中生成的建筑垃圾以及污水厂的污泥等组成,而本章中提及的城市生活垃圾主要是在城市日常生活和居民日常行为中产生的固体废物,以及在法律法规中规定为城市生活垃圾的固体废物。

我国生活垃圾收运体系主要是由环卫部门或环卫公司将前端产生的生活垃圾收集、运输到压缩收集点、中转房等转运站中(如图 2.1 中①所示),经站内机械设备压实压缩后,再由环卫部门调配大中型运输车到较远的填埋场、堆肥厂、焚烧厂等垃圾处理场所的过程(如图 2.1 中②所示)。生活垃圾的收运体系可以分为收集体系和转运体系。

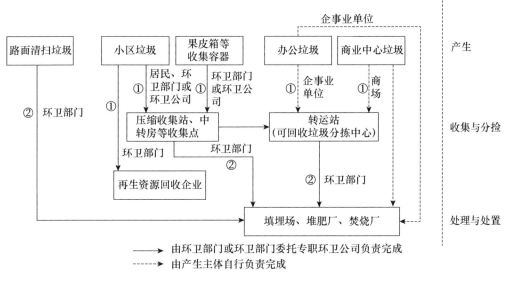

图 2.1　我国生活垃圾的收运体系

2.1　固体废物的收集

本节主要讲固体废物的收集方式和收集系统。固体废物的收集方式主要有混合收集、分类收集、定点收集、定期收集、定时收集、随时收集等。固体废物收集系统主要包括拖曳容器系统和固定容器系统。

2.1.1　收集方式

1. 混合收集

混合收集的收集范围包括所有未经任何处理的固体废物。混合收集的应用时间长久、应用范围广泛,其主要优点是不需要全民参与垃圾分类,大大降低了生活垃圾产出者处理生活垃圾时的难度,且收集方便。但缺点是多种固体废物的混合处理,降低了对其中有价值物质的再利用程度。同时,虽然前端垃圾分类的投入资本低,但是混杂的固体废物处理难度的增加会造成处理费用的增大。随着居民垃圾分类意识的崛起和国家对垃圾分类的重视,这种收集方式正在逐渐被淘汰。

2. 分类收集

在城镇化进程中固体废物的产生量迅速增长,原有的固体废物收集方式与固体废物减量化、资源化、无害化的处理理念之间的矛盾日益明显,所以分类收集开始逐步实行。

分类收集是指根据固体废物的种类和组成分别进行收集的方式。它的优点很明显,一方面是可以提高固体废物中有用物质的纯度,有利于固体废物的综合利用;另一方面是它可以减少需要后续处理处置的固体废物量,降低整个管理的费用和处理处置的成本[2]。

对固体废物进行分类收集时,一般应遵循如下原则:

(1) 分类收集工业固体废物和生活垃圾

从产生量、化学性质以及产生源看,工业固体废物和生活垃圾都有较大的差异,因此其管理和处理处置方式也有所不同。工业固体废物一般产地较为集中,且短时间内产生量大,含水率低、可回收利用率较高;而生活垃圾的产地较为分散,且各产地产生量不会过大,含水率高且以有机成分为主。因此,对工业固体废物和生活垃圾实行分类,有利于对大批量固体废物进行分类集中管理和回收再利用,可以提高固体废物管理、综合利用和处理处置的效率。

(2) 分开收集危险废物与一般废物

工业过程中排放的危险废物较多,且国家和公众对危险废物问题较为重视和敏感,由于危险废物具有可能对环境和人类造成危害的特性,一般需要对其进行特殊的管理,对处理处置设施的要求严格,设施建设、运行的投入费用较高。危险废物处理方式的选择与诸多因素有关,比如危险废物的组成、性质、状态等。对危险废物和一般废物实行分类,可以大大减少需要特殊处理的危险废物量,从而降低管理的成本,并能减少和避免由于固体废物中混入有害物质而在处置过程中对环境产生潜在的危害。

(3) 将可回收利用物质单独分类处理

可回收物是指适宜回收利用和资源化利用的生活废弃物,其价值取决于它们的存在形态,即固体废物中资源的纯度。固体废物中资源的纯度越高,利用价值就越大。对固体废物中的可回收利用物质和不可回收利用物质实行分类，可以从技术层面避免资源的极限问题，降低受国际原材料市场的制约性，有利于固体废物资源化的实现。

（4）分类处理可燃性不同的物质

固体废物是一种成分复杂的非均质体系，很难将其完全分离为若干单一的物质。通常会依据其具有的某些化学性质对其进行分类处理，常用的处理处置方法有焚烧、堆肥、热解和填埋等。处理处置过程中，依据固体废物自身的可燃性质，把可燃垃圾分离出来直接送至垃圾焚烧厂进行焚烧，这样有利于处理处置方法的选择和提高效率。同时，还可以将可燃物质中的可堆肥物质进行堆肥处理或生产沼气等。

3. 定点收集

定点收集是指将垃圾收集容器（垃圾箱、垃圾房等）放置于固定的地点，受时间限制程度低。因收集容器的占地需要，设置收集点时需要考虑空间的利用性和实用性，收集点距离产生地（居民区）的距离不能过远，不能对城市面貌和居民生活环境造成不利影响，同时还要靠近垃圾清运车辆的收集路线，便于垃圾清运车辆的收集。

依据收集工具的不同，分为容器式和构筑物式。容器式为可移动的垃圾容器，多为圆柱形或立方体，容积范围 $0.1 \sim 1.1 \mathrm{~m}^3$，目前普遍使用的是塑料或钢制的容器，对不同的材质要注意使用的条件，保证使用的性能和寿命。而构筑物式为固定构筑物，容积范围 $5 \sim 10 \mathrm{~m}^3$，目前普遍采用的是砖块或水泥堆砌成的容器，与容器式相比，收运和清洁难度较大，且由于多为开放式，对周围环境的影响恶劣。

4. 定期收集

定期收集是指垃圾清运车辆按照固定的时间周期对特定废物进行收集的方式，定期收集的方式由于对接性较高但收集频率低，所以适合于危险废物或大型的固体废物。

5. 定时收集

定时收集是指垃圾清运车辆遵循固定的时间周期与路线安排，收集路旁垃圾的收集方式。定时收集因为不用设置收集点，从而没有占地空间，节省道路两旁和居民区的使用空间。集容器一般为小型的垃圾收集车。每天定时定线路巡回于收集路线上，由垃圾产生者将垃圾倒入车内完成收运过程，然后由负责人员运往转运站。

6. 随时收集

随时收集用于无产生规律的固体废物。通常由非连续生产工艺和季节性生产活动产生的固体废物一般采用随时收集的方式。

应用比较多的收集方式是混合收集和分类收集，尤其是分类收集，发挥了越来越重要的作用。

2.1.2　收集系统

构成固体废物收集系统的要素主要有收集主体、收集物、收集时间等。固体废物的收集系统根据操作模式分为两种类型：一个是拖曳容器系统，它又分为静态模式和交换模式；另一个是固定容器系统。

1. 拖曳容器系统

拖曳容器系统是固体废物收集容器被拖曳到处理地点倒空以后，再拖回到原收集点或者是其他收集点。拖曳容器系统收集点放置的固体废物收集容器较大，运送时要通过用牵引车直接拖曳收集容器（如垃圾桶）来完成。拖曳容器系统还能细分为静态模式和交换模式,静态模式(图 2.2)是牵引车从车辆调度站出发到第一个收集点,提起装满的收集容器,运往垃圾处理厂,将倒空的收集容器拖回原放置点,再开至下一个收集点,重复上述工作,牵引车最后返回车辆调度站。交换模式(图 2.3)是牵引车拖着空收集容器从车辆调度站出发到第一个收集点,放下空收集容器后提起装满的收集容器,运往垃圾处理厂,将倒空的收集容器送至下一个收集点,重复上述工作,最后牵引车带着空收集容器回到车辆调度站。

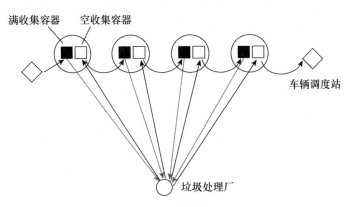

图 2.2　静态模式

注:图中箭头表示车辆运行方向,后同。

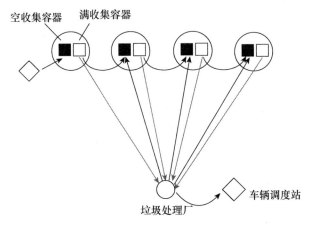

图 2.3　交换模式

2. 固定容器系统

固定容器系统是在垃圾产生地的某处固定放置垃圾收集容器,垃圾车从车辆调度站出发沿一定的路线到各收集点,将收集容器中的垃圾倒进车斗内,收集容器放回原处,直至垃圾车装满或工作日结束,将垃圾车开到垃圾处理厂倒空垃圾车,具体流程如图 2.4 所示。

3. 收集路线设计

根据收集车辆的类型、收集车辆数量配备、收集次数与时间进行定性、定量分析,设计最优收集路线,一般是采用反复试算方法优化收集路线的设计[3]。设计收集路线的关键是收集车辆如何行驶通过一系列的单行线或双行线街道,使整个行驶距离最短,或者说空载行程最短[4]。路线设计的过程大体上分为以下 4 个步骤:

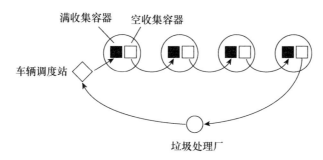

图 2.4　固定容器系统

（1）确定收集点、数量以及收集频率。

（2）确定收集频率相同的收集点，开展统计分析。收集顺序尽量稳定，每天平均的工作量大致相同。

（3）从环卫部门或环卫公司的收集车辆停放位置开始设计每天的收集线路。

（4）当各种初步线路设计后，应对垃圾收集容器之间的平均距离进行计算，使每条线路经过的距离基本相等或相近。

2.2　固体废物的运输

本节主要包括固体废物的运输方式和危险废物运输的特殊要求两部分。

2.2.1　运输方式

1. 车辆运输

影响车辆运输方式的因素有：车辆结构与收集容器的尺寸匹配度、装卸过程的机械化程度、运输车辆的密封性能、中转站的类型和收集路线的规划等。为了提高效率，降低劳动强度，首先要考虑收运过程的机械化，而实现机械化的前提是收运车辆与收集容器的匹配。车身的密封主要是为了防止运输过程当中固体废物的泄漏，对环境造成污染，尤其是危险废物对密封的要求更高。而装载效率与固体废物的压缩程度有关，车辆的装载效率 η 为：

$$\eta = 垃圾的质量 / 空车的质量$$

那么车辆的压缩能力越强，装载量就越大。一般来说，废物的压缩比 ξ 为：

$$\xi = \gamma f / \gamma p$$
$$\gamma p = W / V$$

式中，γf 为废物的自由容重，γp 为压缩后的容重，W 为废物的质量，V 为车厢的容积。

目前我国常用的固体废物运输车辆有自卸式运输车（敞开式、罩盖式、密封式）、活动斗式运输车、侧装式密封运输车、后装压缩式运输车、集装箱式运输车等。

2. 船舶运输

船舶运输适用于陆地运输条件较差的地区的大容量固体废物运输，动力消耗小、运输成本低。船舶运输一般需要采用集装箱的方式，中转码头以及处置场码头必须配备集装箱的装卸装置，而且在船舶运输的过程当中，要特别注意防止固体废物的泄漏对海洋河流的污染。

3. 管道运输

管道运输可分为空气运输和水力运输两种类型。空气运输虽然运输效率高,但所需要的推动力大且管道寿命短,在长距离输送的时候容易发生堵塞,引发安全问题;水力输送在安全性和动力消耗方面要优于空气输送,但是它的主要问题是是否会对水源产生污染尚不明确和存在输送以后水处理的费用,所以目前仍处于研究阶段,还没有实用化。

2.2.2 危险废物运输的特殊要求

因为危险废物的特殊危险性,所以在它的运输当中也有一些特殊的要求,危险废物的运输方式主要是车辆运输。从危险废物放置点到运输车辆这一过程是造成危险废物污染环境的一个重要的环节,另外负责运输的工作人员也承担着重大的责任,因此要重视对收运人员的培训、收运许可证的审核以及收运过程中的安全防护等。

危险废物的运输过程需要满足如下要求:① 危险废物运输车需要经过主管单位的审查,并且持有有关单位签发的许可证;司机应该通过培训,持有证明文件。② 运输危险废物的车辆外侧应标有醒目的危险废物的标志。③ 在运输过程中,司机要持有证明废物来源和运输目的地的文件。④ 危险废物的承运者必须熟悉当次运输危险废物的种类、化学性质、应急处理措施等。

2.3　固体废物的中转

2.3.1 固体废物中转的必要性

一般说来,当垃圾运输距离超过 20 km 时,应设置转运站。垃圾转运的必要性主要分为以下几点:

(1)降低成本。转运站通常设置在垃圾产生地与处理厂之间,可以减少垃圾收运过程中的运输费用,提高经济性。

(2)提高土地利用率。随着城市的发展速度变快和对城市土地的高利用性,垃圾收集点附近很难找到空间去设置垃圾处理处置厂,垃圾转运站可以减少对城市土地的占用。

(3)保护环境。垃圾处理的过程会产生一定程度的环境污染,破坏水、土壤等自然资源,对居民的身体健康造成恶劣影响。从环境保护和环境卫生的角度看,垃圾处理厂的设置点不宜离居民区、商业区等过近。

(4)集中分类垃圾。在未实行垃圾源头分类的地区,垃圾转运站还起到将垃圾集中分类的作用,以减轻后续垃圾处理的负担。

2.3.2 转运站类型

转运站可按不同的分类标准进行分类。常用的分类标准包括设计转运量、装卸方式、运输工具类型等[5]。

1. 按照转运站的设计转运量划分

转运站可按其设计转运量分为大型、中型、小型,具体分为Ⅰ、Ⅱ、Ⅲ、Ⅳ、Ⅴ类 5 小类,对应的设计转运量如表 2.1 所示。

2. 按照装卸方式划分

（1）倾卸模式：收集车直接将垃圾倒进转运站或集装箱内。由于设备简单、需要的数量少，且装卸方法简单，所以整体安全性和操作可行性较高。缺点是装卸密度较低，运费较高。

表 2.1　转运站设计转运量标准

类　　型		设计转运量/(t·d^{-1})
大型	Ⅰ 类	≥1000，≤3000
	Ⅱ 类	≥450，<1000
中型	Ⅲ 类	≥150，<450
小型	Ⅳ 类	≥50，<150
	Ⅴ 类	<50

（2）倾卸压实模式：与倾卸模式不同的是，倾卸压实模式是经压实机压实后直接推入转运站。由于压实操作使相同质量垃圾的体积得到降低，所以此类转运站装卸垃圾密度较大，在提高运输效率的同时，降低了能耗和运输成本。

（3）贮存待装模式：收集车将垃圾运输至转运站后，先卸到贮存槽内或平台上，再装到清运工具上。相对于上述两种直接倾斜模式，这种方法能够很好适应城市生活垃圾不同时期的转运量的变化，操作量的弹性空间大。缺点是需要建设大的平台贮存垃圾，投资费用较高，而且易受装载机械设备事故影响。

（4）复合型转运站模式：综合了装车和贮存待装模式转运站的特点，提高了转运站的操作适应能力、可应用反应以及应变能力，这种多用途的转运站比单一用途的转运站更方便于垃圾转运。

3. 按照运输工具类型划分

（1）高低差方式：一种是在不借助外力的作用下，利用地形高度差来装卸垃圾；另一种是可用专门的液压台将卸料台升高或将大型运输工具下降。

（2）平面传递方式：将收集车和大型清运工具停在一个平面上，利用传送带、抓斗等辅助工具进行收集车的卸料和大型清运工具的装料。

2.3.3　转运站设计

1. 选址要求

转运站的设计合理性，不仅关系到垃圾转运效能的发挥限度，还会对城市面貌产生影响。其位置的选择过程要考量多种因素，还要尽可能地降低建设费用。转运站的选址应符合以下要求：

（1）应符合城乡总体规划和环境卫生专项规划的要求；

（2）应建立在靠近服务区域的中心或垃圾产生量较多的位置，但不应影响日常生活；

（3）应设在交通便利，适合安排清运线路的地方，但不应建在高架入口等交通易拥挤的地段；

（4）应满足供水、供电、污水排放、通信等方面的要求，保证转运站的正常运行；

（5）不宜设在人口密度较大的繁华地区、邻近餐饮店等群众日常生活聚集场所和其他人流密集区域；

（6）转运站宜与公共厕所、环卫作息点、工具房等环卫设施合建在一起。

2. 总体布置要求

转运站的总体布置应依据其规模、类型，综合工艺要求及技术路线确定，并应符合下列要求：

（1）总平面图布置应工艺合理、布置紧凑、交通顺畅，便于转运作业；应符合安全、环保、卫生等要求；

（2）垃圾转运和操作区应置于下风向地区，减少厂区内的异味污染；

（3）应设置实体围墙；

（4）对于分期建设的大型转运站，总体布局及平面布置应为后续建设留有发展空间；应将人、车出入口分开设置。

3. 工艺设计

转运站的工艺设计要根据需要承受的垃圾处理量、中转周期、主要收集的垃圾性质以及地方经济等实际情况进行设计。中转站的工艺设计应符合以下要求：

（1）尽量减少垃圾物流的全套处理时间，降低垃圾暴露在外造成的污染情况；

（2）应提高工艺设备的工作效率，减轻工人的劳动作业强度和作业危险性；

（3）大、中型转运站应设置垃圾称重计量装置；运输车辆进站处或计量设施处设置车号自动识别系统；并设置停车抽样检查区；

（4）转运站工作区域应配置除味降尘系统，该系统在车辆卸货时保持长期开启状态。

4. 转运站工艺设计计算

假定某中转站要求：采用挤压设备，高低货位方式装卸料，机动车辆运输。其工艺设计如下：垃圾车在货位上的卸料台卸料，倾入低货位上的压缩机漏斗内，然后将垃圾压入半拖挂车内，满载后由牵引车托运，另一辆半拖挂车装料。

根据该工艺与服务区域的垃圾产生量，可计算应建造高低货位卸料台数量和配备相应的压缩机数量、需要合理使用牵引车和半拖挂车数量。

（1）卸料台数量（A）

该垃圾中转站每天的工作量可按式（2.1）计算：

$$E = \frac{MW_y k_1}{365} \tag{2.1}$$

式中，E 为每天的工作量，单位 $t \cdot d^{-1}$；M 为服务区的居民人数，单位人；W_y 为垃圾人均年产生量，单位吨·人$^{-1}$·年$^{-1}$；k_1 为垃圾产生量变化系数。

1 个卸料台工作量的计算公式为：

$$F = \frac{t_1}{t_2 k_1} \tag{2.2}$$

式中，F 为卸料台每天接受清运车辆，单位辆·日$^{-1}$；t_1 为中转站每天的工作时间，单位 $\min \cdot d^{-1}$；t_2 为 1 辆清运车的卸料时间，单位分·辆$^{-1}$；k_1 为清运车到达的时间误差系数。

则需要的卸料台数量为：

$$A = \frac{E}{WF} \tag{2.3}$$

式中，W 为清运车的载重量，单位吨·辆$^{-1}$。

（2）压缩设备数量（B）

$$B = A \tag{2.4}$$

（3）牵引车数量（C）

1 个卸料台工作的牵引车数量按公式计算为：

$$C_1 = \frac{t_3}{t_4} \tag{2.5}$$

式中，C_1 为牵引车数量；t_3 为大载重量运输车往返的时间；t_4 为半拖挂车的装料时间，其计算公式为：

$$t_4 = t_2 n k_4 \tag{2.6}$$

式中，n 为一辆半拖挂车装料的垃圾车数量。因此，该中转站需要的牵引车数量为：

$$C = C_1 A \tag{2.7}$$

（4）半拖挂车数量（D）

半拖挂车是轮流作业，一辆车满载后，另一辆装料，故半拖挂车的数量为：

$$D = (C_1 + 1)A \tag{2.8}$$

【例题】某住宅区生活垃圾产生量约 280 米^3·周$^{-1}$，用一垃圾车采用交换模式负责清运工作。已知该车每次集装容积为 8 米^3·次$^{-1}$，容器利用系数 0.67，垃圾车采用 8 h 工作制。试求为及时清运该住宅垃圾，每周需要出动清运多少次？已知：平均运输时间为 0.512 小时·次$^{-1}$；容器装车时间为 0.033 小时·次$^{-1}$；容器放回原处的时间为 0.033 小时·次$^{-1}$；卸车时间为 0.022 小时·次$^{-1}$；非生产时间占全部工时的 25%。

解：（1）一次集装时间（或拾取时间，P_{hcs}）

$$P_{hcs} = t_{pc} + t_{uc} + t_{dbc} = 0.033 + 0.033 + 0 = 0.066（小时·次^{-1}）$$

式中，t_{pc} 为装车时间，单位 h；t_{uc} 为容器放回原处的时间，单位 h；t_{dbc} 为容器间行驶时间，单位 h。

（2）收集一桶垃圾需要的时间（双程时间，T_{hcs}）：

$$T_{hcs} = \frac{P_{hcs} + S + h}{1 - w} = \frac{0.066 + 0.022 + 0.512}{1 - 0.25} = 0.80（小时·次^{-1}）$$

式中，T_{hcs} 为收集一桶垃圾需要的时间，单位 h；S 为卸车时间，单位小时·次$^{-1}$；h 为双程运输时间，单位 h；w 为收集时间比值，单位%。

（3）清运车每天集运次数（N_d）

$$N_d \approx H/T_{hcs} \approx 8/0.80 = 10（次·日^{-1}）$$

式中，H 为日工作时间，单位 h·d^{-1}。

（4）每周清运次数（N_w）

$$N_w = \frac{V_w}{Cf} = \frac{280}{8 \times 0.67} \approx 52.3（次·周^{-1}） \approx 53（次·周^{-1}）$$

式中，V_w 为每周垃圾产生量，单位 米^3·周$^{-1}$；C 为集装容器大小，单位 米^3·次$^{-1}$；f 为容器利用系数。

2.3.4　垃圾转运现存问题

目前垃圾转运中存在的问题主要是：转运站站点布局不合理，导致垃圾的流向缺乏科学、系统的规划；运输车辆亏载严重，运输成本较大，作业及运输效率低；转运站站内环境较差,存在污水洒漏等二次污染现象;系统存在管理缺位的情况,缺乏数字化监管措施。

目前,国家逐步实现垃圾分类,前端实行的垃圾分类收集会给垃圾的转运过程带来新要求。干垃圾、湿垃圾等分类垃圾必须严格分类运输,需要根据运输距离,结合经济效果而设定;而对可回收物可由产生主体自行运送,联系再生资源回收利用企业进行定时回收和资源化处理[6]。可以在借鉴国外垃圾收运处置模式的基础上,结合中国的国情,形成有中国特色的垃圾转运体系。

2.4　我国城市生活垃圾收运体系示例

2.4.1　常用城市生活垃圾收运体系

1. 压缩车直运模式(桶车对接+压缩车直运)

压缩车直运模式是利用带有压缩功能的收集车辆,对分散于各收集点的垃圾进行收集,收集后的垃圾直接运输到垃圾处理场所的一种方法。

优点:缩短垃圾收运链,不需要建垃圾站;可定时、定点收集。

缺点:后装式有泄漏和污染的风险;收集、转运成本高。

适用条件:适用于车辆可方便进出、收集点距离处理场所不太远的地区。

应用城市:杭州改良了该模式,设立一定数量的垃圾箱集中点,使用家用电车运送至收集站,压缩车仅在集中点进行压缩作业。这样做提高了效率,并在一定程度上降低了作业过程中的扰民现象,形成了独特的清洁直运模式。

2. 小型压缩站直运模式

小型压缩站直运模式是居民将自家的垃圾投入小区垃圾收集点固定的垃圾桶中,垃圾桶装满后由卫星垃圾车装载运输至小型压缩站,直至垃圾车装满或工作日结束,垃圾车将垃圾运往垃圾处理厂的模式。

优点:收集过程垃圾不外露,全过程几乎全封闭。

缺点:垃圾箱转运过程有污水滴漏,收集成本较高。

适用条件:适于长时间运输,适合垃圾产生量大的地方。

应用城市:该模式被广州等城市采用。

3. 压缩打包机直运模式

压缩打包机直运模式为:垃圾桶(投放点)+小型机动车(人力车)收集+压缩打包机+终端处理。该模式侧重于可移动型,是以压缩打包机为核心的直收、直运模式,为了重点解决封闭及污水滴漏和噪声问题,采用的是拖曳容器收集系统。

优点:压缩打包机可整体移动,机动性强,站内污水处理量较小;噪声小,扰民程度轻。

缺点:压缩打包机后门有污水滴漏风险;由于压缩打包机随车一起转运,转运成本高。

适用条件:适于长距离运输且适用性强,可用于垃圾混合收集。

应用城市:该模式被深圳等城市采用。

4. 小收集+大中转模式

小收集+大中转模式为:垃圾桶(投放点)+小型机动车收集+收集站+大型垃圾中转

站＋终端处理；垃圾桶（投放点）＋小型后装式垃圾压缩车＋大型垃圾中转站＋终端处理。

优点：转运方式多样化，灵活性高，可以因地制宜；覆盖面广、可减少交通压力。

缺点：工艺流程较多，转运费用可能随着管理水平不同而增多；前端收集有洒漏风险。

适用条件：适于城市面积较大、垃圾处理量大的地区。

应用城市：该模式被北京、上海、青岛、长沙等城市所采用[9]。

2.4.2　我国城市生活垃圾收运创新体系

截至 2020 年，全国 46 个重点城市均已开展生活垃圾分类投放、收集、运输和处理设施体系建设，多个城市生活垃圾分类工作在垃圾源头收运领域已初见成效，本小节主要介绍实行垃圾分类后的生活垃圾创新收运体系案例。

1. 垃圾分类收运体系

2019 年，《上海市生活垃圾管理条例》标志着上海垃圾分类进入全面施行阶段。上海出台了建立生活垃圾全程分类体系的实施方案，源头上简化家庭分类模式。完善"绿色账户"激励机制，强化法律约束，形成"激励＋强制"的管理模式。同时，利用智能化设备、物联网技术、视频影像采集以及对生活垃圾各物流节点的重量和质量进行采集、监督，对分类投放行为、分类收运作业、分类处置落实等进行评价，强化各环节双向监管力度，提升全程分类品质[7]。

2. 基于互联网环卫的"两网融合"物资回收管理体系

广州在垃圾分类处理处置方面形成了自己的特色模式。广州出台并实施了《广州市购买低值可回收物回收处理服务管理试行办法》，鼓励再生资源回收企业进入垃圾分类前端进行回收业务，以广州为代表的生活垃圾收运网和回收物回收网"两网融合"模式初现。

与此同时，"互联网＋分类回收"的新模式，借助于线上手机软件和线下回收箱，通过环保理念宣传、垃圾分类指导和积分回馈体系，降低垃圾分类回收门槛，引导和鼓励居民对生活垃圾进行分类回收和定点投放，最终实现了生活垃圾的减量化和资源化，有效解决了"垃圾围城"和资源浪费问题。

3. 环保与景观型垃圾收运体系

北京市海淀区针对收集站点布局不尽合理、车辆满载率不足、分类功能较差等生活垃圾收集转运过程中较为突出的问题，提出了生活垃圾收集转运系统改造建设思路：采用电动收集设备，实现绿色高效的前端收集，做到收集贮存的有效对接；建立景观型垃圾分类站和移动箱流动收集相结合的转运模式体系，统一外观风格、结构与模式，以达到最优体系承载率和运输效率；建立服务于城市面貌的数字化管理系统，实现精细化管理，为环卫作业精细调度提供服务，为政府对生活垃圾科学决策提供数据支撑[8]。

参 考 文 献

[1] 曾华，刘金辉，赵素芬，等. 抚州市城区垃圾收运系统规划初探[J]. 有色冶金设计与研究. 2007，28（23）：191.

[2] 马诗院，马建华. 我国城市生活垃圾分类收集现状及对策[J]. 环境卫生工程，2007(1)：12-14.

[3] 郭怀成，尚盘城，张天柱. 环境规划学[M]. 北京：高等教育出版社，2001.

［4］于延超，吴育华.城市生活垃圾治理的系统工程研究[J].中国地质大学学报(社会科学版)，2003(3)：25-28.

［5］庄伟强，刘爱军.固体废物处理与处置[M].北京：化学工业出版社，2015.

［6］周斐.浅析城市生活垃圾全过程分类系统构建及对策[J].化学工程与装备，2018(9)：327-330.

［7］刘付春.垃圾综合治理在生态文明建设中的应用——上海垃圾分类处置实践[J].健康教育与健康促进，2019，14(6)：483-485.

［8］蒲东栋，徐长勇，郭任宏.生活垃圾绿色收运"漳州模式"[J].环境卫生工程，2019，27(3)：27-30.

第3章　固体废物预处理技术

固体废物的组成成分比较复杂,各方面的性质区别较大。为了提升固体废物处理的工作效率,改善其处理成果,在对固体废物进行处理之前,会对固体废物进行一系列的预处理操作手段。本章介绍了压实、破碎、分选、脱水等一系列预处理技术。

3.1　压实技术

压实,也称压缩,是通过机械的方法使固体废物的空隙率降低,同时使其密度增加,从而增加物料的聚积程度,是一种增大容重的操作技术。而固体废物的压实是当固体废物受到外界压力时,各颗粒通过相互挤压、变形或破碎,可达到重新组合的效果。经压实的固体废物,具有便于装卸和运输、确保运输安全与卫生、降低运输成本和减少填埋占地的优点,又有利于制取高密度的惰性材料或建筑材料,便于贮存或再次利用。

3.1.1　压实程度的量度

为了判断压实效果,通常对压实技术和压实设备的效率进行比较,常用一些参数来度量压实程度,包括空隙率与空隙比、湿密度与干密度、体积减小百分比、压缩比与压缩倍数等。在实际过程中应用最多的是空隙率、压缩比和压缩倍数。

1. 空隙比与空隙率

空隙比(e)指空隙体积与固体废物颗粒体积之比:

$$e = \frac{V_v}{V_s} \tag{3.1}$$

式中,V_v 为空隙体积,单位 m^3;V_s 为固体废物颗粒体积,单位 m^3。

空隙率(ε)指空隙体积与固体废物总体积之比:

$$\varepsilon = \frac{V_v}{V_m} \tag{3.2}$$

式中,V_m 为固体废物总体积,单位 m^3。

2. 湿密度与干密度

若忽略空隙中气体的质量,则固体废物总质量(m_m,单位 kg)等于固体物质质量(m_s,单位 kg)与水分质量(m_w,单位 kg)之和,即:

$$m_m = m_s + m_w$$

湿堆积密度:

$$\rho_w = \frac{m_m}{V_m} \tag{3.3}$$

干堆积密度：

$$\rho_d = \frac{m_s}{V_m} \qquad (3.4)$$

3. 体积减小百分比

体积减小百分比(R)指压实前后固体废物堆积体积变化率：

$$R = \frac{V_i - V_f}{V_i} \times 100\% \qquad (3.5)$$

式中，R、V_i、V_f 分别为体积减小百分比、压实前固体废物的体积（单位为 m³）、压实后固体废物的体积（单位为 m³）。

4. 压缩比与压缩倍数

压缩比(r)：

$$r = \frac{V_f}{V_i} \qquad (3.6)$$

压缩倍数(n)：

$$n = \frac{V_i}{V_f} \qquad (3.7)$$

3.1.2　影响压实的因素

在填埋场对固体废物进行压实时，影响固体废物压实效果的主要参数有固体废物的组分、含水率、碾压速度、机械滚压次数、垃圾层厚度等。固体废物成分的多样性导致了其物理性质的复杂性，既有难以变形的坚硬固体，如石块，又有弹性和韧性较好的金属等。

3.1.3　压实过程产生的形变

在固体废物压实过程中，由于固体废物组分之间存在摩擦力等相互作用力，所以存在抵抗外来载荷的作用，其产生形变的过程大致可分为 3 个阶段：

（1）填埋固体废物组分之间产生大空隙。此时，固体废物发生了塑性形变，即在力的作用下，较大的空隙和部分空隙水被排挤出来，产生了较大的不可逆形变。随着形变量的增加，组分间的接触点也不断增加，阻力越来越大，当压力大于阻力时，形变继续发生。

（2）当外部压力继续增加时，部分空隙和部分结合水被挤出，使得固体废物的内部接触更加紧密从而产生新的形变。如果压力足够大，仍可发生极其微小的形变，这就是不可逆蠕变过程。此时，受内聚力和摩擦力的影响，固体废物的弹性形变表现出来；卸载时，弹性形变的恢复也逐渐消失，并有明显滞后恢复的现象。

（3）固体废物的范性形变。在足够大的压力作用下，固体废物组分内部大量的结合水被排出，部分组分破碎，发生固体范性形变。

3.1.4　压实设备

固体废物的压实设备称为压实器。根据操作情况，固体废物的压实器可分为固定式和移动式两大类。二者均由容器单元和压实单元两部分构成，并且其工作原理大致相同，即向固体废物施加一定压力，颗粒之间产生相互挤压、变形和破碎，最终达到重新组合和提高废物容重的效果[1]。

1. 固定式压实器

固定式压实器是指通过使用人工或机械的方法，把固体废物输送到压实机械中进行压实的设备，如固体废物收集车上配备的压实器及中转站配置的专用压实机等。

通常,固定式压实器由一个容器单元和一个压实单元组成,常用的有水平式压实器、三向垂直式压实器、回转式压实器等。

(1) 水平式压实器

图 3.1 为水平式压实器,操作时先把固体废物送入料斗,依靠做水平往复运动的压头将固体废物压到矩形的钢制容器中。装满压实固体废物的容器被吊装到重型卡车上,从而实现运输出站,之后将可铰接的容器更换,进行下次压实操作。垃圾转运站中使用的带水平压头的卧式压实器就是这种类型的压实器。

(2) 三向垂直式压实器

图 3.2 展示了三向垂直式压实器的大致结构。该类压实器装有 3 个相互垂直的压头,操作时,将固体废物置于料斗,

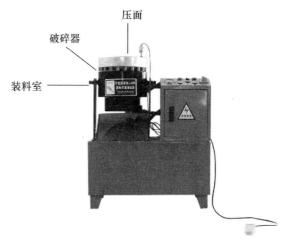

图 3.1　水平式压实器

依次启动压头 1、2、3,实施压缩,从而将固体废物压实成密实的块体。该装置多应用于松散的金属类固体废物的压实。压缩后固体废物块的尺寸一般为 200~1000 mm。

(3) 回转式压实器

图 3.3 展示了回转式压实器的大致结构。回转式压实器的平板型压头连接于容器的一端,借助液压驱动,固体废物装入容器单元后,先按水平压头 1 的方向压缩,然后按箭头的运动方向驱动旋动压头 2,最后按水平压头 3 的运动方向将固体废物压至一定尺寸排出。这种压实器适用于体积较小、质量较轻的固体废物。后装式压缩式垃圾车采用的就是这种回转式压缩器的工作原理。

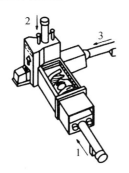

1,2,3—压头。

图 3.2　三向垂直式压实器

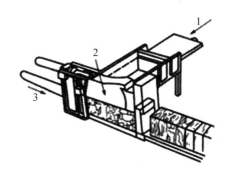

1,3—水平压头;2—旋动压头。

图 3.3　回转式压实器

2. 移动式压实器

移动式压实器包括填埋现场使用的轮胎式或履带式压实机、钢轮式布料压实机以及其他专门设计的压实机械,特别是带有行驶轮或可在轨道上行驶的压实器。压实原理为碾(滚)压、夯实、振动。移动式压实器常用于填埋场压实操作,也可安装在收集车上压实固体废物。

3.1.5 压实器的选择

为了最大限度减小容量,获得较高的压缩比,压缩器的选择尤其重要。在选择压实器时,首先,要根据被压缩物的性质来选择压实器的种类;其次,压实器的性能参数必须能满足实际压缩的具体要求。压实器的性能参数主要包括以下几项[2]:

1. 装载面的面积

装载面的面积应可以容纳需要压实的最大件的固体废物。为了操作方便,如果压实器用垃圾车装载,就要选择至少能够处理一整车垃圾的压实器。装载面的面积一般为 0.765~9.18 m^2。

2. 循环时间

循环时间是指压头的压面将装料箱中的固体废物压入容器,然后再完全缩回到原来位置准备接受下一次装载固体废物需要的时间。循环时间变化范围很大,通常为 20~60 s。如果希望压实器接受固体废物的速度快,则要选择短循环时间的压实器。这种压实器是按每个循环操作压实较少数量的固体废物而设计的,质量较轻,其成本可能比长时间压实器低,但牢固性差,压实比也不一定高。

3. 压面压力

压面压力通常根据某一具体压实器的额定作用力这一参数来确定,额定作用力作用在压头的全部高度和宽度上。固定式压实器的压面压力一般为 0.1~35 kg·cm^{-2}。

4. 压面的行程

压面的行程是指压面压入容器的深度,压头进压实容器中越深,装填就越有效、越干净。为防止压实固体废物时反弹回装载区,要选择长行程的压实器。常见的各种压实器的实际压面的行程为 10.2~66.2 cm。

5. 体积排率

体积排率也称处理率,它等于压头每次压入容器的可压缩固体废物体积与每小时机器的循环次数的乘积,通常要根据固体废物产生率来确定。

除以上几项外,在选择压实器时,还应考虑与预计使用的场所相适应,要保证轻型车辆容易进行装料,并且便于容器装卸与提升操作。

压实器的选择主要考虑固体废物的压实程度、压缩比和使用压力。不同的固体废物要采用不同的压实方式,选用不同的压实设备。需要注意的是,压实过程与后续处理过程有关,应综合考虑是否选用压实设备。

3.2 破 碎 技 术

利用外力克服固体废物之间的内聚力而使大块固体废物分裂成小块的过程称为破碎。磨碎则是使小块的固体废物颗粒粉碎成细粉的过程。经破碎后,固体废物变成可以进一步加工的形状与大小,有时也将破碎后的固体废物直接填埋或用作土壤改良剂。固体废物经破碎后,可以使组成不一的固体废物混合均匀,降低设备损失,还可以回收小块贵金属,减少容积和运输费用。

3.2.1　影响破碎效果的因素

物料机械强度及破碎力是影响破碎效果的因素。物料的机械强度是物料一系列力学性质所决定的综合指标,力学性质主要有韧性、硬度、结构缺陷及解理等。

1. 韧性

韧性是物料受到切割、拉伸、压轧、弯曲、锤击等外力作用时所表现出的抵抗性能,包括挠性、延展性、脆性、弹性、柔性等。一些自然金属矿物大多展现出延展性,它们在破碎中容易被打成薄片而不易磨成细粒。一般来说,自然界的物料都具有脆性,但脆性有大有小。脆性大的物料在破碎中容易被粉碎;脆性小的不容易被粉碎。柔性、挠性及弹性多为一些纤维结晶矿物和片状结晶矿物所具有,这些物料破碎及解理并不困难,粉碎成细粒却十分困难。

2. 结构缺陷

结构缺陷对于粗块物料破碎的影响较为明显。随着矿块粒度的变小,裂缝及裂纹逐渐消失,强度逐渐增大,力学的均匀性增大,因此细磨更为困难。

3. 硬度

硬度是指物料抵抗外界机械力的性质。硬度反映了物料的坚固性。

4. 解理

物料在外力作用下沿一定方向破裂成光滑平面的性质叫解理,解理是结晶物料特有的性质。所形成的平滑面称作解理面。按解理发育程度可分为极完全解理、完全解理、中等解理、不完全解理以及极不完全解理。

3.2.2　破碎产物的特性参数

1. 粒径和粒度分布

表示颗粒尺寸的指标有粒径、颗粒形状和粒度分布。

粒径是表示颗粒大小的参数,常用的有球体等效直径、有效直径、统计直径等。粒度分布表示固体颗粒群中不同粒径颗粒的含量分布情况,有累积粒度分布和频度粒度分布。

2. 破碎比和破碎段

破碎过程中,原固体废物粒度与破碎产物粒度的比值称为破碎比。破碎比表示固体废物粒度在破碎过程中减少的倍数,即表征固体废物被破碎的程度。

极限破碎比(i_{max})为固体废物破碎前的最大粒度(D_{max})与破碎后的最大粒度(d_{max})的比值:

$$i_{max} = \frac{D_{max}}{d_{max}} \tag{3.8}$$

式中,D_{max} 为固体废物破碎前的最大粒度,单位 mm;d_{max} 为固体废物破碎后的最大粒度,单位 mm。

真实破碎比为废物破碎前的平均粒度(D_{cp})与破碎后的平均粒度(d_{cp})的比值:

$$i_{cp} = \frac{D_{cp}}{d_{cp}} \tag{3.9}$$

式中,D_{cp} 为固体废物破碎前的平均粒度,单位 mm;d_{cp} 为固体废物破碎前的平均粒度,单位 mm。

一般破碎机的破碎比在 3～30,磨碎机的破碎比在 40～400,固体废物每经过一次破碎机或磨碎机处理称为一个破碎段,破碎处理有时仅通过一个破碎段难以达到要求的粒度,而要通过多级破碎段使粒度达到要求。

3.2.3　破碎设备

固体废物的破碎大多采用机械法,通常联合使用两种或两种以上的破碎设备对固体废物进行破碎。常用的设备有冲击式破碎机、剪切式破碎机、锤式破碎机、颚式破碎机、粉磨机和特殊破碎技术的设备等[3]。

1. 冲击式破碎机

冲击式破碎机(图 3.4)是将固体废物投入破碎机中,依靠装在中心轴上并绕中心轴高速旋转的旋转刀的猛烈冲击作用对固体废物进行第一次破碎;然后固体废物从旋转刀获得能量,高速飞向破碎机壁而受到第二次破碎。在冲击过程中弹回的固体废物再次被旋转刀击碎,对于难以破碎的固体废物,利用旋转刀和固定板将其挤压、剪断。

2. 剪切式破碎机

剪切式破碎机是通过固定刀刃与活动刀刃之间的啮合作用将固体废物剪切成适宜的形状和尺寸。根据刀刃的运动方式,可分为往复式与回转式。广泛应用的主要有 Von Roll 型往复剪切式破碎机(图 3.5)、Lincle-mann 型剪切式破碎机[图 3.6(a)(b)]、旋转剪切式破碎机[图 3.6(c)]等。剪切式破碎机适用于处理松散状态的大型固体废物,剪切后的固体废物尺寸(即粒度)可达到 30 mm;也适用于切碎强度较小的可燃性固体废物。

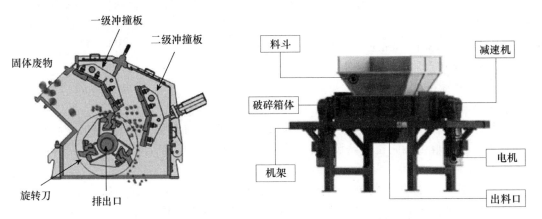

图 3.4　冲击式破碎机　　　　　图 3.5　Von Roll 型往复式剪切破碎机

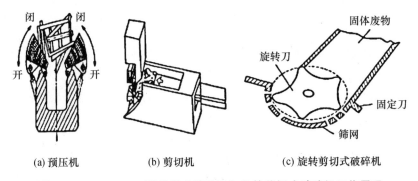

(a)预压机　　　　(b)剪切机　　　　(c)旋转剪切式破碎机

图 3.6　Lincle-mann 型剪切式破碎机和旋转剪切式破碎机工作原理

3. 锤式破碎机

锤式破碎机是利用摩擦和剪切作用将固体废物破碎。图 3.7 展示了锤式破碎机的工作原理。其主要部件有电动驱动的大转子、铰接在大转子上的重锤（重锤以铰链为轴转动，并随大转子一起转动）及内侧的破碎板。

锤式破碎机适用于矿业固体废物、硬质塑料、干燥木质固体废物以及废弃的金属家用器物。用于处理木质固体废物时，像刀子一样的可以摆动的锤头至关重要。当锤头工作时，对着一块多孔板或由多孔棒组成的筛板，使破碎的木渣通过板孔或筛板。锤式破碎机适用于体积大、质地硬的固体废物，破碎后的颗粒比较均匀，但是它也有噪声大的缺点，安装时需要采取防震、隔音措施。

4. 颚式破碎机

颚式破碎机（图 3.8）属于间歇工作的机器，其工作原理是物料被夹在固定颚板和可动颚板之间，可动颚板周期性的靠近或离开固定颚板，使固体废物受到挤压、劈裂和弯曲作用而破碎，破碎后固体废物靠自身的重力从下部排出。主要用于中等硬度以上的固体废物粗碎和中碎。

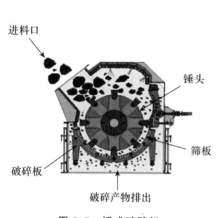

图 3.7　锤式破碎机

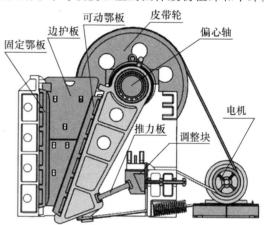

图 3.8　颚式破碎机

根据可动颚板的摆动特征，颚式破碎机可分为简单摆动型、复杂摆动型和综合摆动型 3 种。简单摆动型的可动颚板悬挂轴与偏心轴分开，可动板仅作简单摆动，破碎物料以压碎为主。复杂摆动型的悬挂轴与偏心轴合一，可动颚板可以摆动也可以旋转运动，因此除有压碎、折断作用外，还有磨削作用。综合摆动型颚式破碎机综合了简单摆动型和复杂摆动型颚式破碎机的优点，它的运动方式介于上述两种破碎机之间，且生产效率比简单摆动型高，衬板的磨损比复杂摆动型的小，而且比较均匀。

5. 粉磨机

粉磨的目的是对固体废物进行最后一次粉碎，使其各种成分分离，为下一步分选做好准备。常用的粉磨机主要有球磨机（图 3.9）和自磨机，球磨机主要由圆柱筒体、端盖、中空轴颈、轴承和转动大齿圈等部件组成。筒体内装有直径为 25～150 mm 的钢球，其装入量是整个筒体有效容积的 25%～50%。筒体内壁设有衬板，发挥防止筒体磨损和提升钢球的作用。当筒体转动时，在摩擦力、离心力和衬板共同作用下，钢球和固体废物被衬板提升，当提升到一定高度后，在钢球和固体废物本身重力作用下产生泻落和抛落，从而对筒体的底脚区内的固体废物产生冲击和研磨作用，使固体废物粉碎。固体废物达到磨碎细度要求后，由风机抽出。

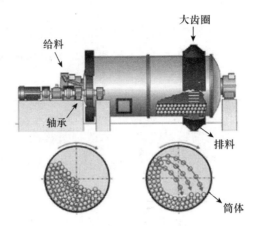

图 3.9　球磨机

6. 特殊破碎技术

前文所介绍的破碎设备在常温和干式状态下工作,具有噪声大、震动强、产生粉尘多、污染环境以及过量消耗动力等缺点,以下介绍的低温破碎和湿式破碎技术很好地解决了上述问题,其破碎处理后更有利于提高后续的分选操作效果。

（1）低温破碎

低温破碎是利用物料在低温下变脆的特点,对一些在常温下难以破碎的固体废物进行有效破碎的过程。该技术是以液氮为制冷剂,其优点是制冷温度低、无毒、无爆炸危险,缺点是制取成本高。图 3.10 展示了大致过程,首先将固体废物投入预冷装置进行预冷后,在液氮中浸没,这样固体废物因受冷而迅速脆化。再送入高速冲击式破碎机中进行破碎,使易碎物质脱落粉碎。

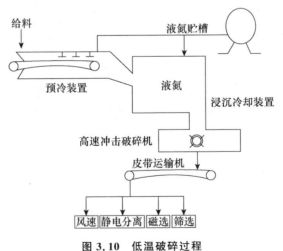

图 3.10　低温破碎过程

（2）湿式破碎

湿式破碎技术是利用纸类在水力作用下会发生浆化,将固体废物处理与制浆造纸结合起来的技术。湿式破碎技术适用于处理含大量纸类的固体废物。

图 3.11 描述了湿式破碎机的工作原理。固体废物由传送带给入，湿式破碎机的圆形槽底设有多空筛，主滚轮上装有 6 个刀片的旋转碎辊，随着主滚轮上旋转碎辊的旋转，投入的固体废物随大量水流一同在水槽中急速旋转，废纸则破碎成浆状。纸浆由底部筛孔流出，经固液分离器把其中的残渣分出来，纸浆送到纤维回收工段，经过洗涤、过筛，分离出纤维素。在破碎机内未能粉碎和未通过筛网的金属、陶瓷类物质从机器的侧口排出，通过提斗送到传送带上，在传送过程中用磁选器将铁和废铁类物质分开。

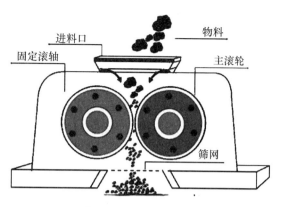

图 3.11 湿式破碎机

3.3 分 选 技 术

分选，即将固体废物中各种可回收利用的组分或不满足后续处理工艺要求的组分采用适当技术分离出来的过程。由于固体废物所包含的各种成分性质不一，其处理与回收操作方法具有多样性，使得分选过程成为固体废物预处理中最为重要的操作工序。通过分选，可挑选出有用的成分加以利用，分离出有害成分，防止损害发生。分选技术方可概括为人工分选和机械分选。前者是最早采用的分选方法，适用于固体废物产生地、收集站、处理中心、转运站或处置场。

根据固体废物组成中各种物质的粒度、密度、磁性、电性、光电性、摩擦性及弹性等差异，将机械分选方法分为筛分(筛选)、重力分选、光电分选、磁力分选、电力分选、光电分选、摩擦分选、弹性分选和浮选等[4]。

3.3.1 分选评价指标

1. 回收率

回收率(i)指单位时间内从某一排料口中排出的某一组分的质量与进入分选机的这种组分的总质量之比：

$$i = \frac{M_1}{M_2} \tag{3.10}$$

式中，M_1 为单位时间内从某一排料口中排出的某一组分的质量，单位 kg；M_2 为这种组分的总质量，单位 kg。

2. 品位

品位(纯度)指某一排料口排出的某一组分的质量与从这一排料口排出的所有组分质量之比：

$$p = \frac{N_1}{N_2} \tag{3.11}$$

式中，N_1 为某一排料口排出的某一组分的质量，单位 kg；N_2 为这一排料口排出的所有组分质量，单位 kg。

3.3.2 分选方法

常用的分选方法包括：筛分、重力分选、风力分选、磁力分选、电力分选、浮选。

1. 筛分

筛分是利用筛子使物料中小于筛孔的物料透过筛面，而大于筛孔的物料滞留在筛面上，从而完成粗、细料分离的过程。筛分常有湿选和干选这两种操作，固体废物的筛分常选用干选，而且筛分时可以多个筛面同时进行。

（1）筛分工艺分类

① 准备筛分：为了满足某个操作过程的粒度要求，将固体废物按粒度分成几个级别、分别送往下一工序。

② 预先筛分：将固体废物送入破碎机之前，将小于破碎机排料口宽度的细粒级筛分出去，提高破碎作业效率。

③ 检查筛分：对经破碎机破碎后的固体废物进行筛分，将粒度大于排料口尺寸的"超粒"筛出，重新送回破碎机再次破碎。

④ 选择筛分：利用固体废物中有用成分在各粒级中的分布不同，或者性质上的显著差异所进行的筛分，将需要的组分筛分出来。

⑤ 脱水或脱泥筛分：主要用于清洗或脱水操作，通过筛分方法脱去固体废物中所含的部分水分或泥质等。

（2）筛分效率

筛分效率为对物料进行筛分后，实际得到的筛下产品质量与入筛物料中小于筛孔尺寸的细粒颗粒的质量之比，表示如下：

$$E = \frac{Q_1}{Q_0} \times 100\%$$

式中，Q_1 为筛下物的质量，单位 kg；Q_0 为入筛物料中所含的小于筛孔尺寸颗粒物的质量，单位 kg。

筛分效率通常低于 85%，影响筛分效率的因素包括以下几点：① 物料性质，具体有固体废物的尺寸、固体废物含水率、筛分固体废物含泥率、颗粒形状。② 设备性能，主要为运动方式。③ 筛分操作条件，连续均匀给料，及时清理、维修筛面，筛分效率就高。

（3）筛分设备

常用的筛分设备有滚筒筛、振动筛、固定筛，此外还有平面摇动筛、弧形筛和棒条筛。

① 滚筒筛：又称转筒筛。滚筒筛具有圆柱形筛筒，侧面上有许多孔，固体废物从倾斜滚筒的一端给入，借滚筒的转动作用一边向前运动一边翻腾，这样可以使小于筛孔尺寸的细粒分级透筛，筛上固体废物移到筛的另一端排出。滚筒的转动速度很慢，一般为 $10\sim15$ r·min^{-1}，因此不需要很大的动力，这种筛分设备的优点是不容易堵塞。

② 振动筛：是利用筛网的振动频率对密度不同的颗粒进行分级的设备。振动筛具有长方形的筛面，安装于筛箱上。筛箱及筛面在激振装置作用下，产生圆形、椭圆形或直线轨迹的振动。通过振动的作用使筛面上的固体废物松散，沿筛面向前运动，细粒级固体废物透过料层下落并通过筛孔排出。根据激振方式的不同，振动筛分为惯性振动筛和共振筛。惯性振动筛是一种由物体的旋转所产生的离心惯性力使筛箱产生振动的筛子。它适用于细粒固体废物（0.1～0.15 mm）的筛分，也可用于潮湿及黏性固体废物的筛分。

　　③ 固定筛：筛面有许多平行排列的筛条，可以水平安装和倾斜安装。筛面倾角与物料的温度有关，一般为 $30°\sim35°$，以保证固体废物沿筛面下滑。棒条筛孔尺寸为要求筛下粒度的 $1.1\sim1.2$ 倍，一般筛孔尺寸不小于 50 mm。由于构造简单、不耗用动力被广泛使用，多用于粗筛作业，但筛分效率较低，只有 $60\%\sim70\%$，容易被块状物堵塞，需要经常清扫。

　　2. 重力分选

　　重力分选是一种根据固体废物中不同物质颗粒间的密度差异，在运动介质中受到重力、介质动力和机械力的作用，使颗粒群产生松散分层和迁移分离，从而得到不同密度产品的分选过程。颗粒在介质中的沉降是重力分选的基本原理。密度和粒度不同的颗粒根据其在介质中沉降速度的不同而分离。

　　自由沉降速度由 Stokes 方程可得：

$$u = \sqrt{\frac{\pi d C^2 (\rho_s - \rho) g}{6 \phi \rho}} \tag{3.12}$$

式中，ρ_s 为颗粒密度，单位 $kg \cdot m^{-3}$；ρ 为介质的密度，单位 $kg \cdot m^{-3}$；g 为重力加速度，单位 $m \cdot s^{-2}$；C 为阻力系数；ϕ 为介质黏度。

　　影响重力分选的因素有颗粒与介质的密度差、颗粒的尺度以及介质的黏度。按介质不同，重力分选可分为重介质分选、跳汰分选等。

　　（1）重介质分选

　　通常将密度大于水的介质称为重介质。重介质分选是在重介质中，固体废物中的颗粒群按其密度的大小分开以达到分离的目的。

　　为能达到良好的分选效果，重介质的选择是关键。重介质要求的密度应介于固体废物中轻物料密度和重物料密度之间。通常重介质是由高密度的固体微粒和水构成的固液两相分散体系，它是密度比水大的非均匀介质。其中高密度的固体微粒起着加大介质密度的作用，故称其为加重质。最常用的加重质有硅铁、磁铁矿等。重介质分选适用于分离密度相差较大的固体颗粒。

　　（2）跳汰分选

　　跳汰分选也是一种重力分选技术，是在垂直变速介质的作用下，按密度分选固体的一种方法。跳汰分选设备根据推动水流运动方式分为隔膜跳汰机和无活塞跳汰机。隔膜跳汰机是利用偏心连杆机构带动橡胶隔膜做往复运动，借以推动水流在跳汰室内做脉冲运动。无活塞跳汰机采用压缩空气推动水流。

　　跳汰分选主要用于混合金属的分离与回收。

　　3. 风力分选

　　风力分选简称风选，又称气流分选，是以空气为分选介质，在气流作用下使固体废物颗粒按密度和粒度进行分选的方法。风选实质上包括两个分离过程：第一，分离出具有低密度、空气阻力大的轻质部分和具有高密度、空气阻力小的重质部分；第二，将轻质颗粒从气流中分离出来。这一分离步骤常由旋流器完成，与除尘原理相似。

　　风力分选的过程是以各种固体颗粒在空气中的沉降规律为基础的。按工作气流主流向的不同，风选设备可分为水平气流风选机（卧式风力分选机）、垂直气流风选机和倾斜式风选机。

4. 磁力分选

磁力分选简称磁选,是利用在不均匀磁场中固体废物中各种物质的磁性差异进行分选的方法(图 3.12)。在固体废物处理中,磁选主要用来回收或富集固体废物中的黑色金属,或是在某些固体废物处理工艺中排除铁质物质。

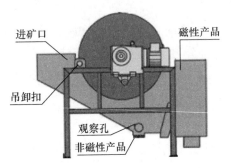

图 3.12　颗粒在磁选机中分离示意

固体废物依其磁性可分强磁性、中磁性、弱磁性和非磁性。这些不同磁性的组分通过磁场时,强磁性、中磁性的颗粒会被吸在磁选设备上,并随设备运动被带到一个非磁性区而脱落;而弱磁性和非磁性颗粒,由于所受磁场作用力小,在自身重力或离心力的作用下掉落到预定区域,从而完成磁选过程。

（1）分离条件

$$f'_{磁} > \sum f_{机}\text{,为磁性组分}$$

$$f''_{磁} < \sum f_{机}\text{,为非磁性组分}$$

式中,$f'_{磁}$ 为作用在磁性组分上的磁力,$f''_{磁}$ 为作用在非磁性组分上的磁力,$\sum f_{机}$ 为作用于磁性组分上机械力的合力(重力、离心力、静电力、介质阻力等)。

（2）磁选设备

磁选设备包括磁力滚筒磁选机、磁选脱水槽、磁分析器、预磁器及脱磁器等。在固体废物处理上,磁选机是主要的磁选设备。

① 磁力滚筒

结构特点:360°包角多极磁极,多用永久磁铁(图 3.13);磁系沿径向 N 极、S 极交替排列,产生磁翻滚;磁极外面的圆筒为非导磁材料;本身可作为皮带输送机的主动轮。

应用范围:矿业固体废物破碎前的预选和保护作业,生活垃圾焚烧前除铁。

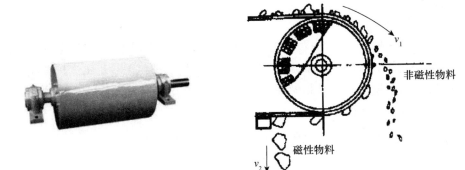

图 3.13　磁力滚筒示意

注:v_1 为非磁性物料传输速度,单位 m·s^{-1};v_2 为磁性物料传输速度,单位 m·s^{-1}。

② 湿式 CTN 型永磁圆筒型磁选机

结构特点:磁系固定,圆筒转动,磁系 20°可调;磁系沿径向 N 极、S 极交替排列,产生磁翻滚。

应用范围:铁的回收,如钢铁冶炼中含铁尘泥和氧化铁皮中回收铁,或回收重介质分选中的加重质。

5. 电力分选

电力分选简称电选,是利用固体废物中各种组分在高压电场中电性的差异而实现分选的一种方法。根据导电性,物质分为导体、半导体和非导体 3 种。电选实际是分离导体、半导体、非导体固体废物的过程,如粉煤灰中的碳的分选、生活垃圾中有色金属的分选。

（1）电选原理

不同导电性质的物质在高压电场中有不同的运动轨迹。当固体废物颗粒进入电选机的高压电场中时,由于在电场的作用下被极化而带负电荷,吸附在滚筒的表面（滚筒接地,带正电）,由于导体的导电性较好,能够迅速将所带的电荷传递给滚筒（正极）而不受正极的吸引作用,在重力的作用下而落下;而非导体由于放电较慢,被吸附在滚筒表面随其旋转而被带到后方,被毛刷强制刷下,从而实现了导体和非导体的分离,具体原理如图 3.14 所示。

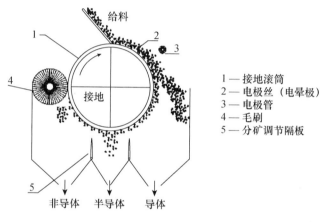

1—接地滚筒
2—电极丝（电晕极）
3—电极管
4—毛刷
5—分矿调节隔板

图 3.14　电选分离示意

（2）电选设备

常用的电选设备有滚筒式静电分选机和 YD-4 型高压电选机,如图 3.15 所示。滚筒式静电分选机可实现固体废物中铝等金属导体与玻璃的分离。YD-4 型高压电选机可作为粉煤灰专用设备。

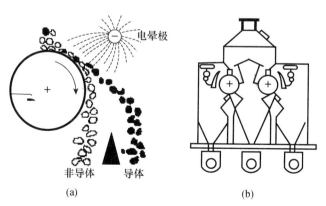

图 3.15　电选设备示意:（a）滚筒式静电分选机;（b）YD-4 型高压电选机

① 滚筒式静电分选机

滚筒式静电分选机依据固体废物的导电性、热电效应及带电作用的不同进行分选,含铝和玻璃的固体废物通过振动给料器送到接地轴筒表面上。由混合物料组成的固体废物一旦进入电场即受静电作用,导电弱的玻璃颗粒附在轴筒表面,落入玻璃集料斗内;导电强的铝颗粒则对接地轴筒放电,落入相应的集料斗内。该装置可清除玻璃中所含金属杂质的 70%。

② YD-4 型高压电选机

YD-4 型高压电选机的工作原理是将粉煤灰均匀传送到旋转接地轴筒后,带入电晕场,炭粒由于导电性良好,很快失去电荷,进入静电场后从轴筒电极获得相同符号的电荷而被排斥,在离心力、重力及静电斥力综合作用下落入集碳槽成为精煤。而灰粒由于导电性较差,能保持电荷,与带电符号相反的轴筒相吸,并牢固地吸附在轴筒上,最后被毛刷强制刷下并落入集灰槽中,实现了炭灰分离。

6. 浮选

浮选是根据不同物质被水润湿程度的差异而对其进行分离的过程,通过在固体废物与水调制的料浆中,加入浮选药剂,并通入空气形成无数细小气泡,使目的颗粒黏附在气泡上,随气泡上浮于料浆表面成为泡沫层,然后刮出回收。不浮的颗粒仍留在料浆内,通过适当处理后废弃[5]。浮选的应用有从粉煤灰中回收炭、从煤矸石中回收硫铁矿、从焚烧炉灰渣中回收金属等。

(1) 浮选药剂

① 捕收剂:能够选择性地吸附在目的物质颗粒表面,使目的颗粒表面疏水性增强,提高可浮性。常用的捕收剂有异极性捕收剂和非极性油类捕收剂。常用的异极性捕收剂有黄药、油酸等,非极性油类捕收剂主要包括脂肪烷烃、脂环烃和芳香烃 3 类,如煤油、柴油、变压器油、重油等,单独组分使用较少。从煤矸石中回收黄铁矿时,常用黄药作捕收剂。从粉煤灰中回收炭,常用煤油作捕收剂。

② 起泡剂:能够促进泡沫形成、增加分选界面的药剂称为起泡剂。常用的起泡剂有松油、松醇油,脂肪醇等,如图 3.16、图 3.17。

③ 调整剂:调整剂的作用主要是调整其他药剂(主要是捕收剂)与物质颗粒表面之间的作用,还可调整料浆的性质,提高浮选过程的选择性。常用调整剂有活化剂、抑制剂、介质调整剂、分散与絮凝剂。

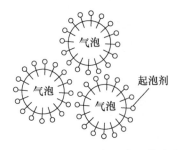

图 3.16　起泡剂在气泡表面的吸附

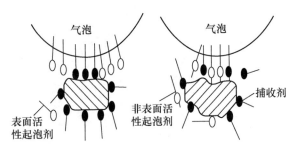

图 3.17　起泡剂与捕收剂相互作用

（2）浮选工艺

浮选工艺包括调浆、调药、调泡 3 个程序。调浆是调节浮选前料浆的浓度,使其满足浮选的要求。调药是调节浮选过程药剂的浓度、组分和加药顺序。调泡是调节浮选过程中气泡的大小和量。浮选设备和物质对气泡的大小是有要求的,一般在 0.4~0.8 mm。

（3）浮选设备

浮选设备按充气和搅拌方式分为机械搅拌式浮选机、充气搅拌式浮选机、充气式浮选机和气体析出式浮选机 4 种。我国应用最多的是机械搅拌式浮选机。

3.4　脱　水　技　术

对固体废物进行脱水的目的是通过去除固体废物颗粒间的自由水分,来除去固体废物中的间隙水,缩小体积,达到减容的目的,为输送、消化、脱水、利用与处理创造条件,同时方便于包装、运输与资源化利用。固体废物脱水的方法有浓缩脱水和机械脱水两种,浓缩脱水又分为重力浓缩法、气浮浓缩法和离心浓缩法[6]。

3.4.1　浓缩脱水

1. 重力浓缩法

重力浓缩法是借重力作用使固体废物脱水的方法,作为初步浓缩以提高过滤效率,目前应用最广泛,主要针对某些含水率高的固体废物,如污泥等。重力浓缩是利用固体废物中的固体颗粒与水之间形成的密度差,通过自然的重力沉降作用来实现的,由于该方法不能进行彻底的固液分离因此常与机械脱水配合使用。

重力浓缩法的构筑物称为重力浓缩池,分为 4 个区域:澄清区、阻滞沉降区、过渡区和压缩区。按运行方式分为间歇式浓缩池和连续式浓缩池。间歇式浓缩池仅在小型污水处理厂或工业企业的污水处理厂脱水使用,由于其操作管理较麻烦,单位处理量所需要的池容较连续式大。图 3.18 所示为国内的一些间隙式浓缩池示意。连续式浓缩池多用于大、中型污水处理厂,其结构类似于辐射沉淀池,可分为带刮泥机与搅动栅、不带刮泥机、带刮泥机多层浓缩池 3 种。

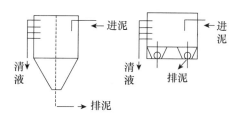

图 3.18　间歇式浓缩池示意

2. 气浮浓缩法

气浮浓缩法(图 3.19)是依靠大量微小气泡附着在颗粒上,形成颗粒气泡结合体,进而产生浮力把颗粒带到水表面达到浓缩的目的,适用于剩余污泥产生量不大的活性污泥法处理系统,尤其是生物除磷系统的剩余污泥。气浮浓缩法速度快,处理时间为重力浓缩法的 1/3,占地少。但缺点是其基建和操作费用较高,管理较复杂,运行费用为重力浓缩法的 2~3 倍。

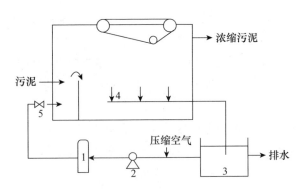

1—溶气罐;2—加压泵;3—澄清水;4—气浮池;5—减压阀。

图 3.19　气浮浓缩法工艺流程

3. 离心浓缩法

离心浓缩法是利用固体颗粒和水的密度差异,在高速旋转的离心机中,固体颗粒和水分分别受到大小不同的离心力而使其分离的过程。离心浓缩机占地面积小,造价低,但运行与机械维修费用较高。目前用于污泥离心分离的设备主要有倒锥分离板型离心机和螺旋卸料离心机两种。

3.4.2　机械脱水

机械脱水是利用具有许多毛细孔的物质作为过滤介质,以某种设备在过滤介质两侧产生压差作为过滤动力,使固体废物中的溶液穿过介质成为滤液,固体颗粒被截流成为滤饼的固液分离操作过程。机械脱水就是机械过滤脱水,它是应用最广泛的固液分离过程。

根据造成压力差的方法不同,将机械脱水分为 3 类:① 真空吸滤脱水,在过滤介质的一面形成负压进行脱水;② 压滤脱水,在过滤介质的一面加压进行脱水;③ 离心脱水,形成离心力以实现泥水分离。

1. 机械脱水的推动力

机械脱水的推动力有以下几种:依靠污泥本身厚度的静压力,如污泥自然干化场的渗透脱水;在过滤介质的一面造成负压,如真空过滤脱水;加压污泥把水分压过过滤介质,如压滤脱水;产生离心力作为推动力,如离心脱水。

2. 机械脱水的过滤介质

过滤介质是滤饼的支承物,它应具有足够的机械强度和尽可能小的流动阻力,常用的有:

(1)织物介质,包括由棉、毛、丝、麻等天然纤维及由各种合成纤维制成的织物,以及用玻璃丝、金属丝等织成的网状物,织物介质在工业上应用最广。

(2)多孔固体介质,是具有很多微细孔道的固体材料,如多孔陶瓷、多孔塑料、多孔金属制成的管或板。此类介质多耐腐蚀,且孔道细微,适用于处理只含少量细小颗粒的腐蚀性悬浮液及其他特殊场合。

3. 机械脱水的设备

机械过滤脱水的方法及设备有以下 3 种[7]:

(1)真空过滤机:其原理为采取加压或抽真空将滤层内的液体用空气或蒸汽排出的通气脱水,有间歇式、连续式、转鼓式等形式。

（2）压滤机：在外加一定压力的条件下使含水固体废物脱水的操作，可分为间歇式（如板框压滤机，图 3.20）和连续式（如滚压带式压滤机，图 3.21）。

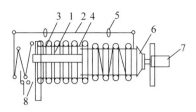

1—主梁；2—滤布；3—固定压板；4—滤板；5—滤框；6—活动压板；7—压紧机构；8—洗涮槽。

图 3.20　板框压滤机结构示意

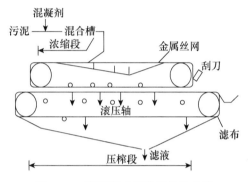

图 3.21　滚压带式压滤机结构示意

（3）离心脱水机：用离心力作为推动力除去料层内的液体，常用转筒离心机有圆筒形、圆锥形、锥筒形 3 种。按分离系数的大小可分为高速离心脱水机（分离系数大于 3000）、中速离心脱水机（分离系数 1500～3000）、低速离心脱水机（分离系数 1000～1500）。

参 考 文 献

[1] 梅其岳，刘汉龙，高玉峰. 城市固体废物处置技术研究[J]. 南京理工大学学报（自然科学版），2006（2）：248-252.

[2] 李金惠，余嘉栋，缪友萍. 我国固体废物处理处置演变情况分析[J]. 环境保护，2019,47(17)：32-37.

[3] 李建康. 城市固体废物处理技术现状分析[J]. 环境与发展，2018,30(7)：105＋107.

[4] 王晓钰，李飞，吕笑笑. 城市固体废物处理技术现状及研究进展[J]. 新乡学院学报（自然科学版），2010,27(6)：36-40.

[5] 程鹏. 城市固体废物现状及处理技术初探[J]. 山东环境，2003(6)：34-35.

[6] 盛广宏，郭丽娜，张新喜. 固体废物的处理与处置课程的教学改革[J]. 化工高等教育，2009,26(6)：69-71.

[7] 李永峰，陈红，韩伟，等. 固体废物污染控制工程简明教程[M]. 上海：上海交通大学出版社，2009.

第4章　固体废物的生物处理

有机固体废物是指具有大量可腐烂废物的固体废物,按来源可分为农业、城市、工业有机固体废物3种类型。有机固体废物中未利用的甲烷气体的释放具有加剧全球变暖现象的潜在危害性,但可以通过生物处理技术将其转化为可利用能源。生物处理技术具有运行费用低、效率高等优点,成为有机固体废物的主要处理方法,常见的类型包括沼气发酵技术、堆肥技术(composting)、细菌提取技术等。

堆肥技术因为简单易行、经济效益高,在20世纪得到了迅速发展,目前已得到了广泛应用。堆肥技术是在有控制的条件下,使有机固体废物在微生物(主要为细菌)作用下发生降解,并同时使有机物发生生物稳定作用(向稳定的腐殖质方向转化)的过程。经过堆肥处理的固体废物可以用作作物肥料,其腐殖质含量较高,具有一定的肥效,可以对土壤进行改良和调节。堆肥技术对于餐厨废物、污泥、垃圾焚烧飞灰等固体废物是一种有效的资源化利用技术。根据微生物活动环境条件的不同,可将堆肥技术分为好氧堆肥和厌氧发酵。好氧堆肥后有机固体废物的体积减小50%～70%,厌氧发酵后的有机固体废物也能够实现有效的减量化和无害化,本章将从原理、过程、影响因素、工艺、应用案例等角度对好氧堆肥和厌氧发酵技术进行介绍。

4.1　好　氧　堆　肥

好氧堆肥是利用微生物的作用,将固体废物中不稳定的有机组分进行生物稳定并转化为腐殖质;而厌氧发酵则是微生物在厌氧的条件下将固体废物中的有机组分分解利用的反应过程。和厌氧堆肥相比,好氧堆肥可以减少恶臭气体产生,改善物理性状,降低可挥发成分含量,有利于保存、运送以及使用。除此之外,好氧堆肥还具有高温杀菌、资源化彻底、堆肥周期短、可机械化处理等优点,故好氧堆肥广泛应用于现代工业。

4.1.1　原理

固体废物的好氧堆肥中,微生物在氧气充足的条件下利用固体废物中的有机组分进行生命活动,一部分有机组分被微生物氧化分解成简单的无机物,并释放能量(异化作用);另一部分有机组分为微生物繁殖提供原料,进行微生物的生物合成(同化作用)。好氧堆肥在微生物的生物合成和氧化分解作用下将固体废物中的复杂的大分子有机组分降解为简单、稳定的小分子物质,同时释放出热量使堆体温度逐渐上升。有机组分氧化分解的反应过程可用反应式(4.1)所示,如果考虑固体废物有机组分中的其他元素,则此反应可以简化为式(4.2)所示的过程[1]。好氧堆肥过程中有机组分好氧分解关系如图4.1所示[2]。

$$C_sH_tN_uO_v \cdot aH_2O + bO_2 \longrightarrow$$
$$C_wH_xN_yO_z \cdot cH_2O(堆肥) + dH_2O(气) + eH_2O(水) + fCO_2 + gNH_3 + 能量$$

$$(4.1)$$

$$[C、H、O、N、P、S] + O_2 \longrightarrow$$
$$CO_2 + NH_3 + SO_4^{2-} + PO_4^{3-} + 简单有机物 + 能量 \qquad (4.2)$$

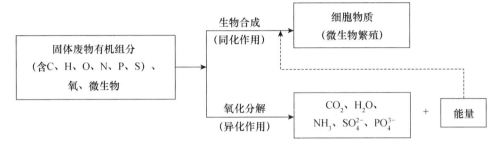

图 4.1　固体废物有机组分好氧分解关系示意

4.1.2　过程

固体废物好氧堆肥过程是动态变化的生物化学反应过程,这个过程是通过具有多种特性的微生物群体共同作用实现的。堆体中可利用的堆体温度和有机质含量是影响好氧堆肥生物化学反应的重要因素,也是会随着反应的进行而变化的因素。根据好氧堆肥过程中堆体温度和有机质含量的变化,将其分为升温、高温和降温 3 个阶段。

1. 升温阶段

升温阶段为好氧堆肥的初期,即好氧堆肥开始后的 40 h 左右,堆体温度为 15～45℃,嗜温微生物活跃,分解固体废物有机组分中易降解的有机物,释放热量,堆体温度随之升高。与此同时,嗜温菌进行大量增殖,嗜温微生物成为优势微生物,更多的有机组分被降解,并释放更多的热能。此阶段又称为中温阶段。

2. 高温阶段

好氧堆肥开始后的 40～80 h,堆体温度持续升高,当堆体升温至 45℃,堆肥进入高温阶段。在此阶段,有机质分解不断释放热量,堆温也随之升高至 50～65℃。易分解的有机物减少,高温和营养不足逐渐限制嗜温微生物的活动,分解较复杂的纤维和果胶类有机质能力较强的嗜热细菌、放线菌和丝状真菌活跃,成为优势微生物,固体废物中较复杂的有机组分逐渐分解。与此同时,有害微生物和寄生虫卵在高温下被灭活,腐殖质开始形成。在此阶段中,随着堆体中堆体温度和有机质含量的变化,微生物群落迅速进行演替。当堆体持续升温至 50℃ 左右时,微生物中最活跃的种类是嗜热性放线菌和真菌;堆体持续升温至 60℃ 左右时,只有嗜热性放线菌和细菌两类微生物在活动;当堆体温度达到 70℃ 时,微生物新陈代谢因环境条件不再适宜而减缓或者停止,大量微生物休眠或者死亡。

3. 降温阶段

在好氧堆肥开始的 80 h 以后,固体废物中的大部分有机物在高温阶段已被降解,此时堆体剩余物主要是腐殖质和难降解的有机质(如木质纤维素等),嗜热微生物活性降低,有机质分解速率降低,释放的热量减少,堆体开始降温,进入降温阶段。此时,堆体温度在中温范围,嗜温微生物开始重新活跃起来,再次演替为优势微生物,一部分能有效利用木质纤维素的嗜热真菌持续存活,继续稳定难降解的有机质。最后,固体废物中的有机物几乎完全稳定成为腐熟完全的腐殖质,微生物几乎很少活动,需氧量大大降低,含水量减小,物料空隙率增大,堆体的体积大大减小,此时不需要对堆体进行机械通风。降温阶段也称为腐熟阶段或者熟化阶段。

4.1.3　影响因素

好氧堆肥从有机物开始降解到完全腐熟稳定,微生物的生物化学反应过程较复杂,此过程同时受到堆体的物理化学特性和环境条件等多种因素的影响,如水分含量、堆体温度、有机质含量、通风量、物料粒径、C/N、C/P、堆体 pH 等[3-5]。通过合理调控这些因素,可改变固体废物中有机组分的降解速率,改善堆肥产品的品质。

1. 水分含量

水分含量是好氧堆肥过程中堆体的含水率,是好氧堆肥过程的一个重要的影响因素,其主要作用在于:为微生物的生命活动提供必需的水分;是养分、小分子有机质、微生物等的运输通道;为好氧堆肥过程中一系列的反应提供场所;溶解小分子有机质并软化物料,促进好氧堆肥的进行;通过水分蒸发带走热量,使堆体降温;调节堆体空隙率,使堆体水气协调;有利于堆体结构的稳定。

好氧堆肥过程中控制堆体的水分含量对堆肥的进行十分重要,因为水分含量通过影响固体废物的物理、化学和生物学特性,进而影响固体废物中有机组分氧化分解速率和堆肥的腐熟程度,最后影响腐殖质产品的品质。研究结果表明,整个好氧堆肥过程中水分含量以50%～60%为宜。如果堆体的水分含量太低,则微生物的新陈代谢活动较弱,堆肥速率低或者不彻底。当水分含量低于10%时,堆肥速率会因微生物的代谢普遍停止而大大降低,有机质难以分解彻底;如果堆体水分含量太高,会影响堆体供氧,造成堆体内部的局部厌氧状态,导致微生物进行厌氧发酵而产生臭味,并且影响固体废物有机组分的氧化分解速率和腐熟程度,使得好氧堆肥时间延长、堆料腐熟程度降低。在降温阶段,堆体的水分含量也应保持在一定的范围,维持微生物的生长,加快腐熟,同时减少灰尘污染。

2. 堆体温度

堆体温度通过影响微生物的活动而影响堆体中有机组分的降解速率,堆体中微生物种群的变化可以通过堆体温度的变化进行了解,所以堆体温度是影响好氧堆肥的重要因素。在堆肥过程中,固体废物的有机成分在不同的嗜热菌作用下分解,释放热量,使堆体温度逐渐升高。在好氧堆肥升温阶段的开始,堆体基本处于中等温度,嗜热菌群为优势微生物,在有机物的氧化分解和利用过程中不断释放热量。堆体温度逐渐升高至 50～60℃,进入高温阶段,堆体中的微生物群落演替为以嗜热菌为优势微生物。嗜热菌对较复杂的有机物进行分解,并释放热量,堆体温度持续上升,堆体的高温状态可以使其中的寄生虫卵及病原菌灭活。但当堆体温度超过限值时,微生物活动受到限制甚至被杀死,生化反应速率减慢。好氧堆肥期间,如果堆体温度降到过低的程度,微生物的生命活动受到限制,固体废物中有机组分的降解速率大大降低,堆肥周期延长,无害化效果变差,好氧堆肥产品品质降低,好氧堆肥工艺的成本增加。

3. 有机质含量

固体废物中的有机质是好氧堆肥过程中微生物进行生长繁殖的重要物质基础,所以有机质含量也是好氧堆肥能否成功的决定性因素之一。研究表明,20%～80%的有机质含量在高温好氧堆肥工艺中较为适宜,当有机质含量低于 20% 时,微生物分解利用有机物的过程产生的总热量少,堆体难以达到高温阶段,堆肥的腐殖质进行无害化困难。同时,受堆体温度影响堆体中噬热菌的活性较低,较复杂的有机质分解不彻底,好氧堆肥无法顺利进行。当固体废物中有机质含量高于 80% 时,好氧堆肥过程中微生物分解有机质需要的氧气量大,而实际工艺中的机械通风和手工翻堆等均难以实现需要的通风量,会造成堆体内局部厌氧环境,微生物在厌氧条件下发酵产生恶臭,不利于好氧堆肥反应的进行。

4. 通风量

通风为好氧堆肥中的好氧微生物提供必需的氧气,氧气是决定好氧堆肥能否成功的关键,是好氧堆肥工艺的决定性因素。通风的其他作用有:通过带走堆体热量来降低堆体温度;可以去除堆体的水分;通过手工翻堆的方式控制通风量时,可以使物料、水分、温度和氧气等分布均匀;防止恶臭产生[6]。

可以通过机械通风和手工翻堆的方式对堆体进行通风,现代化工业中好氧堆肥常采用机械通风,有鼓风式或抽气式两种形式。鼓风式通风便于调节水分含量及堆体温度;抽气式通风可以抽出堆体中的废气,然后进行统一处理,可避免二次的大气污染。实际工艺中通常结合这两种方式,在好氧堆肥前期采用抽气式通风将产生的臭气进行统一处理,在好氧堆肥后期进行鼓风式通风以减少堆体的体积、降低堆体温度。

5. 物料粒径

堆体的物料粒径也是影响堆肥进程的重要因素,因为好氧堆肥反应是在固体废物有机组分表面附着的水膜中发生的,微生物活动在好氧堆肥固体废物的表面,故物料粒径越小,比表面积越大,微生物的活动越活跃,反应越容易进行。如果物料粒径太小,则堆体空隙率降低,影响堆体中空气的流动,阻碍了氧气的扩散,减缓降解反应速率;物料粒径过大,堆体内部形成局部厌氧环境,堆肥速率降低,且内部可能因厌氧发酵而产生恶臭。

研究表明,适宜堆肥的固体废物物料粒径范围是 $12 \sim 60$ mm,实际工艺中堆体的最佳物料粒径视实际情况而定,不同物理性质的固体废物对应的好氧堆肥最佳物料粒径不同,如果固体废物坚硬或不易挤压,则可以使物料粒径小些,反之,则可以适当增大物料粒径。

6. 其他因素

除了以上几种重要因素,pH、C/N、C/P 等因素也对好氧堆肥进程有重要的影响。

堆肥原料的 C/N 也会影响好氧堆肥的速率,因为微生物的新陈代谢活动需要碳源和氮源。微生物增殖合成蛋白质需要的 C/N 约为 30∶1,实际工艺中一般为 25∶1～35∶1。当堆体的 C/N 过低,多余的氮元素将在 pH 较低、温度较高时以氨的形式挥发损失掉,造成环境污染;当 C/N 高于 40∶1 时,微生物必须先通过新陈代谢活动消耗掉过量的碳,直到堆体达到一个合适的 C/N 才能快速进行大量增殖,进而快速分解有机质,因此 C/N 偏高会减缓有机质分解速率,延长好氧堆肥周期。

堆体 pH 也对好氧堆肥的成效有重要影响,它会影响微生物的活动和反应速率。通常情况下,好氧堆肥中的生化反应可以在堆体 pH 为 $3 \sim 12$ 进行。然而,有研究发现,堆体 pH 较低会通过影响微生物的活动而不同程度地减弱好氧堆肥反应的进行:当控制堆体 pH 在 8 左右时,好氧堆肥初期有机物降解的速度显著提高,堆肥进入高温阶段的时间也大大地提前;但当控制堆体 pH 在 5 时,微生物对部分有机质的分解反应停止,好氧堆肥中生物化学反应的速度大大降低,且基质降解不完全,好氧堆肥无法顺利进行。

4.1.4　好氧堆肥工艺简介

1. 好氧堆肥的基本工序

好氧堆肥过程主要包括以下 6 个环节(图 4.2)：前处理、主发酵、后发酵(二次发酵)、后处理、二次污染控制(主要为除臭单元)及贮藏[7]。

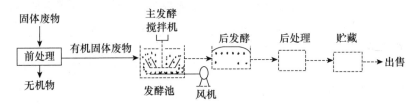

图 4.2　好氧堆肥工艺的流程

(1) 前处理

通过固体废物源头分离,可以显著减少固体废物中的不可堆肥和惰性成分,例如塑料、金属、橡胶和石头等。但即使有机固体废物是源头分离的,一些污染物也很难从固体废物流中消除。此时可以通过分选、破碎、调整 C/N 和水分含量等手段进行前处理。

① 前处理方式要根据原料组成进行调整

固体废物作为原料,前处理主要通过破碎、分选两步进行,以提前去除固体废物中不可好氧堆肥、粗大的物质,防止固体废物处理过程中对机械的正常运行产生影响,使堆体温度难以达到无害化要求,最终影响好氧堆肥产品的质量。

粪便及污水污泥作为原料时,前处理主要进行水分含量、C/N 及空隙率调整,必要时会增添菌种及酶制剂。

② 前处理主要方法

添加调理剂及膨胀剂可有效减少水分、对 C/N 进行调整。好的调理剂具有质量轻、易于分解、易于干燥等特点,常见的调理剂有稻壳、禾秆、枯叶等。常用的膨胀剂有干木屑、轮胎、花生壳等。膨胀剂一般不参与堆肥的生化反应,可在堆肥结束后分离再使用。

(2) 主发酵

主发酵的场所可以是露天环境,也可在发酵器内。强制通风、翻堆是通用的提供氧气的手段。发酵分为几个阶段：发酵初期,嗜温菌(适宜温度 34～40℃)开始分解物质;随后温度升高,嗜热菌(适宜温度 45～65℃)开始高效分解;在这之后,温度开始降低。温度从上升至下降的过程就是通常所指的主发酵期,有机固体废物好氧堆肥的主发酵期一般为 4～12 d。

(3) 后发酵

后发酵对上一阶段得到的物质进一步分解,经过 20～30 d,得到的最终产物是腐熟程度很高的堆肥产品。后发酵过程一般采用静态条垛,把原料堆成 1～2 m 的条垛,设置防雨的设施,通过通风、翻堆提高这一阶段的发酵效率,随着温度持续下降至 40℃时,即达到腐熟。

(4) 后处理

经过后发酵处理后的物料通过后处理单元实现杂物去除、粒度调整以及好氧堆肥产物精制功能。具体可分为破碎、分选、打包装袋、压实等步骤。对于金属、塑料、玻璃、陶瓷等前处理工序中未完全去除的杂物,利用惯性分离机、回转式振动筛等可以去除,另外可以根据需要进行再破碎。散装的堆肥产品净化后可以直接销售给用户,也可以通过加入添加剂(含氮、磷、钾）等制成复合肥，或配入特殊的菌剂制成菌肥，使其便于运输及贮存并且提高肥效。

（5）二次污染控制

在堆肥工艺中，会产生氮系（NH$_3$和胺类）与硫系（H$_2$S和硫醚类）臭气，因此必须集中收集堆肥排气并进行臭味处理。控制臭味可以采取以下一些措施：过程控制；源头调研；设置尾端收集系统、处理系统；保证残留臭味的有效扩散。进行过程控制可有效减少臭味的产生与扩散，但并不能从根本上有效控制臭味。臭味收集系统主要通过风机实现。臭味处理系统种类繁多，主要有化学除臭剂、生物过滤器、吸附剂吸附等。全封闭的设备加之生物过滤器并行使用是好氧堆肥过程控制臭味的常见手段。

（6）贮藏

好氧堆肥一般储存在干燥而透气的环境下，可通过袋装或直接堆存在二次发酵仓的方式来贮藏，库房容量一般大于等于6个月的好氧堆肥量，在春秋两季使用，夏冬两季产生的好氧堆肥产物须贮存。

2. 好氧堆肥系统及其主要的技术环节

从广义上讲，开放式（全部或部分露天）堆肥系统和容器内堆肥系统是好氧堆肥系统的两大分类。第一类是从史前时代就开始使用的系统，包括当今使用的料堆、静态堆和"家庭"系统。第二类包括隧道堆肥系统、转鼓堆肥系统以及其他各种设计的容器内系统。可根据位置、基材、操作规模以及可用的技术和机器，区别这两种不同的系统。堆肥系统另一种分类的依据是基于曝气方式，可分为搅拌式曝气或静态式曝气。搅拌式曝气是将待堆肥的材料机械搅拌以引入氧气并由此控制温度，实现材料的混合；静态式曝气是基板保持静态，用空气吹过基板从而引入氧气。料堆堆肥和静态堆垛工艺分别是代表搅拌式和静态式曝气系统的工程实例。

不同堆肥技术的主要区别是通气技术手段及混匀物料的方式不同，详见表 4.1。

表 4.1　堆肥技术[8]

系　　统	固体流向	供气流向或反应器类型	反应器床层形式或固体流态
开放式堆肥系统	搅拌固定床（条垛式）	自然通风式 强制通风式	
	静态固定床	强制通风静态垛式 自然通风式	
容器内堆肥系统	垂直固体流	搅拌固定床	多床式 多层式
		筒仓式反应器	气固逆流式 气固错流式
	水平和倾斜固体流	滚筒固定床（转筒或转鼓）	分散流式 蜂窝式 完全混流式
		搅拌固定床（搅拌箱或开放槽）	圆形 长方形
		静态固定床（管状）	推进式 输送带式
	静止式（堆肥箱）		

3. 开放式堆肥系统

（1）搅拌固定床系统

搅拌固定床系统的固体废物自然堆积为梯形，一般高 2~3 m、宽 3~4 m，料堆的实际尺寸取决于进行物料翻堆设备的类型。料堆的通气主要通过自然或被动空气运动实现，料堆在没有任何机械搅拌或转动的情况下，仅通过扩散和对流产生有限的通风，好氧堆肥过程将非常缓慢，需要一年多的时间才能完成。空气交换速率取决于料堆的空隙率。定期翻堆极大地加快了这一过程，不仅使物料充气，也使得其均匀化，从而让分解过程更加均匀。料堆翻堆所用机器包括传统的土方机械、侧切料堆旋转机、跨接式旋转机和预通风滚筒。如果基质易于快速压实，如污水、污泥，则需要添加木屑等膨胀剂，以防止料堆中的厌氧区发酵。

在被动曝气模式下，通过嵌入每个料堆中的多孔管给好氧堆肥材料供应空气。由于热气体从料堆中上升时产生烟囱效应，空气流入多孔管开口端然后再进入料堆。好氧堆肥期结束后，只需要将多孔管拉出，然后将基材与好氧堆肥材料混合。在将材料放入料堆之前将其粉碎，可显著加快好氧堆肥过程。

（2）静态固定床系统

静态固定床系统通过增加通风系统，对条垛式堆肥系统处理过程中出现的产生臭气、病原菌等问题进行了改善。该系统利用鼓风机实现了好氧堆肥过程的有氧状态，另外，通风也能尽快去除 CO_2、NH_3、H_2O 等气体，使系统处在适宜的温度下。具体装置如图 4.3 所示。

该系统放置场所的地面必须足够坚实同时不易积水。通风部分对整个系统的温度进行调控，同时决定了系统能否正常运行。

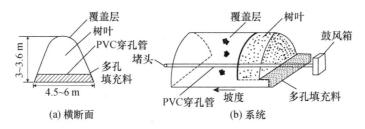

图 4.3　静态固定床系统示意

注：PVC 为聚氯乙烯

4. 容器内堆肥系统

容器内堆肥系统比传统系统更易于进行严格的设计和工程设计，有助于更好地实现过程控制和优化达到更高的好氧堆肥效率。大多数此类系统与塞流式（管式）反应器或流程工业中常见的连续搅拌槽式反应器的特性类似。因此，容器内系统也被称为反应器系统或发酵仓系统。固体废物的生物降解过程及转化过程在可以控制条件（通风、水分含量）的部分封闭或全封闭的发酵装置内进行。

第一个使用容器的堆肥过程是转鼓堆肥系统，其中滚筒是一个预处理装置，而不是堆肥装置。随着技术的发展，基于反应器工程的原理已经开发出许多容器内堆肥系统，根据容器的形状和大小不同可以分为立式塔、水平矩形罐、水平圆形罐和圆形旋转罐等。其中一些方法结合了料堆和曝气桩系统的优点，克服此类传统好氧堆肥工艺的不足，并利用每种系统的特性。除此之外，各种强制曝气和机械旋转装置用于优化容器内堆肥系统的曝气。

根据发酵仓的形状、反应器内物料的流向以及混合方式的不同,反应器有很多的分类方式,如分为搅拌固定床式、包裹仓式、旋转仓式等。这些系统的一个共同特点是固体废物在一个封闭的空间内进行分解,这使得严格控制工艺条件成为可能。与传统的好氧堆肥方法相比,这些系统还能使大量的固体废物在更少的土地空间内同时进行好氧堆肥。但是,机械和动力的使用给容器内堆肥系统带来了巨大的成本负担,使其比传统系统吨处理成本更高。

(1) 搅动固定床式

搅动固定床式反应器具有多层平面结构。物料从体系上端进料口进入,凭借自身重力依次向下层移动,在每一层物料停留时间不同。在这个过程中搅拌物料使其均匀,最后在底层出料口被运走,得到均一的好氧堆肥产品。整个好氧堆肥过程中,进料和出料是连续进行的,也可随时进行监控,调整通气量,实现自动化。

通入气体的管线在外与鼓风机相连,一般铺设在体系的下部,往往包含许多分支;排出废气的管线铺设在反应器的上部,以实现统一的收集预处理。这种体系由于较高的机械化程度,建设投资成本、运行维护费用相对较高;此外,要保证整个体系处在良好的通气状态,也对技术条件提出较高的要求。具体结构如图 4.4 所示。

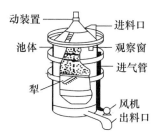

图 4.4　搅动固定床式反应器结构示意

(2) 包裹仓式

包裹仓式反应器是一种空间利用效率高且占地面积较小的体系,进入体系的物料充满其内部,而通气与排出废气的过程是分别通过设置在体系底部与顶部的管路实现的。废气从反应器排出后,会集中收集处理,这样在保证好氧堆肥物料湿度的基础上,也避免了对环境造成二次污染。此外,该反应器也可实现自动化操作。其局限性体现在发酵系统内的不均匀,系统底部承受着所有物料的质量,一方面需要满足一定条件的底部材料,另一方面也存在底部物料被压实的风险。具体结构如图 4.5 所示。

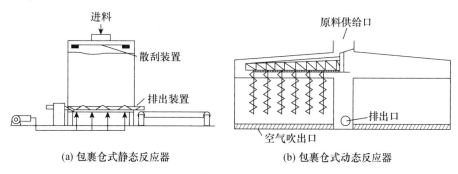

(a) 包裹仓式静态反应器　　(b) 包裹仓式动态反应器

图 4.5　包裹仓式反应器结构示意

（3）旋转仓式

旋转仓式反应器包含推流式与分隔式两类（图4.6），其分类依据是固体废物在其中的运动方式。前者是目前应用范围最广泛的发酵仓系统，物料从仓口进入，完成发酵后流向反应器末端出口，此过程可借助温度显示来调控通入的气量（如空气量），并通过采用正负压方式控制喷口分配气体含量。

异于推流式反应器，分隔式反应器内部被分成许多小的隔间，物料沿不同隔间移动并完成腐熟过程，最后从出口离开系统。隔间形成了相对独立的空间，使得在不同时间进入系统、处在不同腐熟阶段的物料可以在各自适宜的条件下进行腐熟，从而使得到的最终产品具有优良的特性。但从另一方面来看，该系统也存在占地面积相对大、设备复杂的缺点。

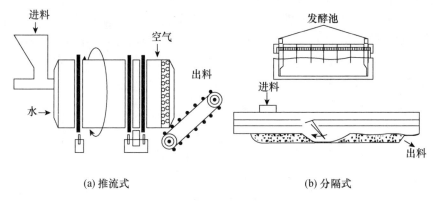

| (a) 推流式 | (b) 分隔式 |

图 4.6　旋转仓式反应器结构示意

4.1.5　好氧堆肥在固体废物处理中的应用案例分析

槽式堆肥、发酵仓式堆肥（容器内）和静态式堆肥、条垛式堆肥（开放式）是4种常见的好氧堆肥系统，它们的概念及特点见表4.2。

表 4.2　常见的堆肥系统[9]

	静态式堆肥	条垛式堆肥	槽式堆肥	发酵仓式堆肥
概念	静态式堆肥是将原料放在碎稻草等透气性良好的材料做成的通气层上，通过通气层中铺设的与风机相连的通气管道向堆体供气进行好氧发酵的工艺	条垛堆肥是从传统静态堆肥演化而来的，主要工艺是将混合好的原料排成行，使用机械设备定期翻动堆垛	槽式堆肥是一种介于条垛式堆肥和静态式堆肥的特殊工艺，它将周期性翻堆与控制性通风相结合，首先将物料放在"槽"内，槽上方架有翻堆机对物料进行定期翻堆，槽底部铺设有曝气管以对堆料进行可控曝气	反应器设备要在堆肥过程中通过翻堆、曝气、搅拌、控制通风等操作来控制堆肥的温度和堆体水分含量等，同时还要进行物料自动进料出料，具有促进发酵微生物新陈代谢、缩短堆肥周期、实现自动化堆肥的优点
特点	堆肥成本低，占地面积小	操作灵活，使用范围广且运行成本低，但其运行易受到外界环境如天气温度等的影响，占地面积大且堆肥时间长	是静态式和条垛式堆肥系统改良的结果	堆肥周期短，占地面积小，但运行成本较高

　　下文将结合堆肥案例的实际设计参数与运行数据对这 4 种常见的好氧堆肥系统进行分析[10-12]。

　　1. 开放式堆肥系统

　　（1）静态式堆肥

　　秦皇岛市绿港污泥处理厂工程采用高温好氧静态式堆肥工艺,处理规模约 200 t·d^{-1},其主要构筑物如图 4.7 所示。该工程的工艺流程具有高自动化、低能耗、发酵速度快、运行周期短、堆肥产品质量优良、无恶臭等优点,污泥好氧堆肥后得到的产品可以作为营养土应用到农业或花卉种植领域,且好氧堆肥过程中的臭气排放符合行业及环保标准。该工程实现了堆肥的全过程自动化控制以及污泥的有效资源化利用。工程详细信息见表 4.3。

图 4.7　秦皇岛市绿港污泥处理厂

表 4.3　工程详细信息[13,14]

工程名称	秦皇岛市绿港污泥处理厂
规模	200 t·d^{-1}
主要工艺	静态式堆肥,温度-氧气-臭气在线监测和耦合,智能化控制系统(智能控制高温好氧生物发酵工艺和 CompSoft V3.0)
工艺参数	进料污泥水分含量 82%～85%,发酵 20 d,温度 55～65℃;出料腐熟堆肥水分含量 45%;添加 5%秸秆或锯末
投资成本	总投资 5300 万元,运行费 80～100 元·吨$^{-1}$,电耗 20 kW·h·t^{-1}
运行效果	符合《城镇污水处理厂污泥处置 农用泥质》(CJ/T 309—2009)标准,臭气达标排放;污泥经过无害化处理后可用作营养土或有机肥,有机肥施用后种子发芽率达 97%

　　该工程有以下技术优势:好氧堆肥过程的智能化全自动控制;前期静态堆肥,后期动态翻堆;优化好氧堆肥过程中的通风工艺,实现堆料快速干化,缩短运行周期;前期对臭气进行源头控制,后期采用生物滤池二次处理,有效减少臭气排放。

　　（2）条垛式堆肥

　　北京排水集团庞各庄污泥堆肥升级改造工程(图 4.8、表 4.4)原有的主要工艺为机械翻抛和肥料堆置条堆,但该工艺存在堆肥周期长、臭气污染严重、运行效率低等问题,针对以上问题对工艺进行改造优化。原有的主要工艺形式不变,增添了物料预处理混合系统,以实现污泥与辅料等堆肥原料的充分均匀混合,制得形态松散、物料均匀分布的成品,有利于后期的好氧发酵。在条垛堆肥厂间,增加了强制通风系统以保证好氧堆肥过程中的氧供给及臭气有效扩散。此外,还增加了氧气温度监测系统和氧气温度-通风控制系统以实现氧含量和堆肥温度的全自动化高灵活度控制。运行数据显示,改良后的工艺与原工艺相比,其污泥处理效率、运行成本及臭气控制等方面都得到了显著改善。

图 4.8　北京排水集团庞各庄污泥堆肥升级改造工程

表 4.4　工程详细信息[15]

工程名称	北京排水集团庞各庄污泥堆肥升级改造工程
规模	500 t·d^{-1}
主要工艺	静态曝气条垛处理;采用全系统的温度、氧含量在线监测与控制;通风优化控制;采用智能化控制系统工艺,智能化控制操作堆肥过程
工艺参数	进料污泥水分含量 80%,发酵 16 d,温度 50～72℃,出料腐熟堆肥水分含量 40%
投资成本	运行费 60～120 元·吨$^{-1}$,电耗 10 kW·h·t^{-1}
运行效果	减量 70%～90%;臭气排放基本消除,绝大多数情况下不需要除臭;实现好氧堆肥过程中氧气-温度全自动实时在线检测技术

该工程有以下技术优势:布风、氧气量、温度调节系统的全自动化,大大降低了人力成本;实现高效、均匀的布风、供氧和调温,整个系统节能高效、灵活度高,污泥处理效率显著提高且有效抑制了臭气排放。

2. 容器内堆肥系统

(1) 槽式堆肥

北京市田园清洁示范工程(图 4.9、表 4.5)采用连续动态槽式好氧发酵系统和 VT 复合微生物(一种复核菌剂)高温好氧快速堆肥技术,对北京市大量种植场堆积的蔬菜、果树、瓜果固体废物进行原位处理。处理后的材料富含有机质,具有较高的微生物活性,是果园果蔬生产的优质有机肥和栽培基质,也是果园无公害、绿色果蔬生产的必要生产材料。工程建成后,年产有机肥 1150 t,实现了固体废物资源化处理,形成了良好的经济效益、生态效益和社会效益。

图 4.9　北京市田园清洁示范工程

表 4.5　工程详细信息[16]

工程名称	北京市田园清洁示范工程
规模	$20 \sim 100 \ t \cdot d^{-1}$
主要工艺	连续动态槽式好氧发酵系统,VT 复合微生物高温好氧快速堆肥技术
工艺参数	进料阶段:水分含量 $55\% \sim 60\%$,C/N 为 25:1 发酵过程:通风采用间歇式,每间隔 $2 \sim 4 \ h$ 通风 $0.5 \sim 1 \ h$;发酵周期 15 d;翻堆每天一次;温度保持在 55℃以上 7 d;最高温度不超过 65℃
投资成本	以日处理 20 m^2 固体废物为例,总投资为 80 万元,其中项目建设费约 27.48 万元,设备费用 48.00 万元,其他费用 4.52 万元
运行效果	排放臭气符合《恶臭污染物排放标准》(GB 14554—1993)要求;项目建成后,每年可生产 1150 t 有机肥料,肥料性能良好;发芽指数>80%,杂草种子灭活率 100%

　　该工程有以下技术优势:采用链板式翻堆机,该装置翻堆时可调节前进距离,从而控制物料在槽内的发酵时间。依据进料量控制发酵时间,灵活调整;采用曝气强制通风,保证氧气供给,缩短发酵周期(15~20 d,是传统发酵周期时长的 1/2),提高运行效率。配备先进的 VT 复合微生物菌剂,促进堆体升温,有效去除臭气,提升堆肥产物的有效活性菌数量,堆肥效果好。通风曝气和微生物菌剂协同促进消除臭气,对渗滤液进行回收利用,实现污染零排放。

　　(2) 发酵仓式堆肥

　　沈阳西部污水处理厂污泥处置工程(图 4.10、表 4.6)采用全密闭发酵系统,配备大型翻堆机、转仓机、生物除臭系统等。其隧道式发酵仓见图 4.11。

表 4.6　工程详细信息

工程名称	沈阳西部污水处理厂污泥处置工程
规模	$120 \ t \cdot d^{-1}$
主要工艺	隧道式发酵仓,F5.110 翻堆机的污泥快速堆肥工艺 B
工艺参数	进料污泥水分含量 80%,发酵 14 d,温度 $60 \sim 70℃$,出料腐熟堆肥水分含量 35%,添加 5% 秸秆或锯末
投资成本	总投资 2000 万元,运行费 90 元·吨$^{-1}$
运行效果	符合《城镇污水处理厂污泥处置 农用泥质》标准,臭气达标排放

图 4.10　沈阳西部污水处理厂污泥处置工程

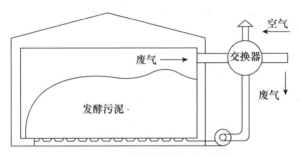

图 4.11　隧道式发酵仓示意

　　该工程有以下技术优势：节省占地，比传统堆肥技术节省占地面积 50％以上；高效除臭，节省运行成本；安全可靠，原料自动进出仓，工作人员无须与污泥接触；采用大型翻堆机，处理能力强。

4.2　厌 氧 发 酵

　　有机固废厌氧发酵通常表现为游离氧含量不足时，利用厌氧微生物对有机固体废物进行氧化分解，从而实现稳定化与无害化。在这一过程中复杂的有机物被降解成为简单的小分子物质，同时伴随能量释放。其中少部分能量用于微生物细胞合成，剩余大部分能量转化成为无机物质。

4.2.1　厌氧发酵原理及影响因素

1. 厌氧发酵原理

　　由于不同发酵工艺需要达到的分解状态与产物形式有所区别，厌氧发酵可分为两种，发酵产物以甲烷为主的发酵方式称为甲烷发酵，发酵产物以有机酸为主的发酵方式称为酸发酵。本节涉及的甲烷发酵利用的是微生物之间的协同作用，在氧含量低的情况下，利用固体废物中的有机成分转化为沼气的过程。发酵过程复杂，发酵细菌的基质组成和发酵细菌代谢产物的积累都会对发酵效果产生影响。发酵主要利用的是蛋白质、碳水化合物、脂肪等大分子有机物，在水解和发酵细菌、产乙酸细菌、产甲烷细菌等细菌的作用下分解为小分子有机物再转化为沼气的过程。具体厌氧发酵流程如图 4.12 所示。

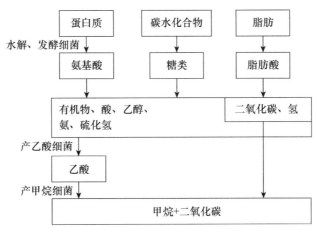

图 4.12　厌氧发酵流程

（1）水解阶段

水解阶段作为厌氧发酵的第一个阶段，主要是发酵细菌起作用，由于大分子有机物不能直接被发酵细菌吸收利用，这个过程主要是把大分子有机物分解成小分子有机物。大分子有机物主要包括蛋白质、碳水化合物、脂肪等。小分子有机物，如脂肪酸，可以被发酵细菌吸收，这些小分子物质再进一步经过一系列生化反应后被水解，代谢产物主要包括各种小分子有机酸、小分子有机醇、氢气、二氧化碳等。

（2）酸化阶段

酸化阶段根据不同细菌的参与作用分为两步进行。第一步，主要是发酵细菌起作用，以上一阶段产生的小分子物质为原料，在特殊酶的作用下发生氧化还原反应，最终将水解阶段的产物完全分解为二氧化碳、氧气、氨气、硫化氢等气体；第二步，主要由耗氧产乙酸细菌群参与反应，该细菌利用发酵产物中的氧气、二氧化碳和其他小分子有机物作为原料反应生成乙酸，这一阶段产乙酸细菌的主要作用是利用一切原料产生乙酸从而促进气化阶段的进行。第一步与第二步反应是一个连续的过程，没有明显的分界线，为了方便研究人为地将其分为两步。

（3）气化阶段

气化阶段是产甲烷细菌以前两个阶段的产物为原料进行反应产生甲烷，这一过程中所利用的产甲烷细菌生长缓慢，反应条件为严格厌氧，原料为简单化合物。

2. 厌氧发酵过程中的微生物群落

在厌氧发酵系统中，细菌是总体数量占比最大、发挥作用最大的一类微生物。已知的存在于厌氧发酵过程中的细菌共有 18 属、51 种，其中发酵细菌是多种不同种类细菌相互作用得到的一类混合菌，这类混合菌中专性厌氧菌的数量远超其他细菌，紧随其后占比较大的细菌为兼性厌氧菌。它们大多存在于生物体内，常见的有链球菌、肠道细菌、乳酸菌、双歧杆菌，其中这些细菌中具有耐高温性能的被称作厌氧嗜温菌。分离的嗜热物种通常是由梭状芽孢杆菌属的孢子形成的厌氧菌。此外还有一类重要细菌是同型产乙酸细菌，该菌可以将产甲烷细菌的一组基质（CO_2/H_2）转化为另一种基质（CH_3COOH），在整个的厌氧发酵体系中具有举足轻重的地位。

3. 影响厌氧发酵的外界条件

影响厌氧发酵的外界条件主要有发酵温度、发酵细菌数量及营养物质比例、发酵产物中有毒物质积累、pH、污泥龄与容积负荷等[17]。

（1）发酵温度

发酵温度会因为微生物的降解作用而不断地产生变化，降解过程是一个放热过程，随降解的不断进行，发酵温度会逐步升高，因为温度的升高从而反过来加快了微生物的降解速度，进一步促进了产气量的增加。但因为发酵细菌存在最适的发酵环境，超过最适温度发酵细菌易发生死亡，所以在发酵细菌数量和发酵温度的相互制约下，整体发酵温度一般在最适温度±1.5～2.0℃的范围内波动，使厌氧发酵保持在一定的产气量下进行反应。根据不同发酵细菌的最适温度不同可以将厌氧发酵分为低温厌氧发酵、中温厌氧发酵和高温厌氧发酵。以产甲烷细菌为例，温度会对细菌的生长和存活产生影响，它们的关系见图 4.13。

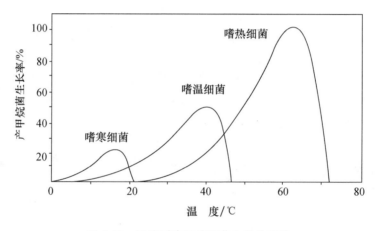

图 4.13　温度对产甲烷细菌生长的影响

（2）发酵细菌数量及营养物质比例

发酵细菌的生长繁殖需要营养物质的供给，营养物质比例对发酵细菌的生长繁殖也同样的重要。特别是在碳源和氮源的供给方面更是应该严格把控投加比例。根据多年经验总结，最适合发酵细菌生长的 C/N 一般应该维持在 30∶1～20∶1。无论哪一种营养物质出现偏差都会引起整个厌氧发酵系统 pH 的波动，从而减慢厌氧发酵进程。

（3）发酵产物中有毒物质积累

发酵产物中的有毒物质主要分为 3 类，分别为重金属阳离子、阴离子、氨类物质。这 3 类物质的积累都会以不同的方式对发酵反应产生不同程度的影响。其中重金属阳离子的过多累积会导致发酵过程中甲烷产气量降低；阴离子的过多累积会抑制甲烷发酵过程的进行；氨类物质的积累超过 150 mg·L^{-1} 的时候，厌氧发酵会受到抑制。常见的毒性物质浓度临界值见表 4.7。

表 4.7 常见物质的毒性阈浓度

物　质	毒阈浓度界限 /(mol·L^{-1})	物　质	毒阈浓度界限 /(mol·L^{-1})
碱金属和碱土金属 Na$^+$、K$^+$、Ca^{2+}、Mg^{2+}	$10^{-1} \sim 10^{-6}$	胺类	$10^{-5} \sim 1$
重金属 Cu^{2+}、Ni^{2+}、Zn^{2+}	$10^{-5} \sim 10^{-3}$	有机物质	$10^{-6} \sim 1$
Hg^{2+}、Fe^{2+}、H$^+$、OH$^-$	$10^{-6} \sim 10^{-4}$		

（4）pH

根据反应液中脂肪酸的含量衡量发酵液的酸度，根据氨氮的含量衡量发酵液的碱度。当脂肪酸的含量超过 2000 mg·L^{-1} 时，碱度会降低，碱度的持续降低会影响厌氧发酵过程中细菌的生长繁殖。发酵液中氨氮的存在可使发酵液碱度的降低减缓，但其中氨氮的含量一般不超过 1000 mg·L^{-1}。

（5）污泥龄与容积负荷

根据生产经验，容积负荷越大，所用的发酵时间就会越短，污泥龄越长，发酵的越完全，发酵效果越好。污泥龄（即生物固体停留时间，SRT）的表达式如下：

$$\theta_c = \frac{M_r}{\phi_e} \tag{4.3}$$

$$\phi_e = \frac{M_e}{t} \tag{4.4}$$

式中，θ_c 为污泥龄，单位为 d；M_r 为发酵罐内的总生物量，单位为 kg；ϕ_e 为发酵罐每日排出的生物量，单位为 kg·d^{-1}；M_e 为排出发酵罐的总生物量（包括上清液带出的），单位为 kg；t 为排泥时间，单位为 d。

从式（4.3）可以看出，发酵罐内的总生物量是污泥龄的函数，因此应该根据污泥龄或水力停留时间设计所需要的发酵罐容积。在实际工程应用中，根据污泥等物质的投配率表示发酵罐的水力停留时间，更具有现实意义。污泥投配率为每日投加新鲜污泥体积占发酵罐的有效容积的百分数：

$$V = \frac{V'}{n} \times 100\% \tag{4.5}$$

式中，V' 为新鲜污泥体积，单位 m^3·d^{-1}；n 为污泥投配率，单位%；V 为发酵罐的有效容积，单位 m^3。

4. 甲烷的形成理论及计算

在厌氧发酵的气化阶段中，产甲烷细菌利用乙酸和氢气生成甲烷。关于甲烷的形成理论中二氧化碳还原理论为目前应用比较广泛的理论。

（1）二氧化碳还原理论

甲烷形成可以分为 3 个阶段，第一阶段，二氧化碳还原形成甲烷及有机酸：

$$2CH_3CH_2OH + CO_2 \longrightarrow 2CH_3COOH + CH_4 \tag{4.6}$$

$$4CH_3OH \longrightarrow 3CH_4 + CO_2 + 2H_2O \tag{4.7}$$

第二阶段，水或供氢体还原脂肪酸，产生甲烷：

$$CO_2 + 2C_3H_7COOH + 2H_2O \longrightarrow CH_4 + 4CH_3COOH \tag{4.8}$$

第三阶段，利用氢使二氧化碳还原成甲烷：

$$CO_2 + 4H_2 \longrightarrow CH_4 + 2H_2O \tag{4.9}$$

甲烷化过程中,CH_4 都是从 CO_2 还原而产生的,可采用一个通式来表示:

$$4H_2A \longrightarrow 4A + 8H \tag{4.10}$$

$$CO_2 + 8H \longrightarrow CH_4 + 2H_2O \tag{4.11}$$

$$4H_2A + CO_2 \longrightarrow 4A + CH_4 + 2H_2O \tag{4.12}$$

式中,H_2A 代表任何可能提供氢的有机或无机化合物。

现存已发现的产甲烷细菌中,全部都是以氢气作为还原剂来还原二氧化碳制备甲烷。这与现有公认的只有二氧化碳和氢气可以被作为产甲烷菌的基质产生甲烷和水是一致的,即:

$$4H_2 + CO_2 \longrightarrow CH_4 + 2H_2O \tag{4.13}$$

(2)甲烷产量计算

有机物厌氧分解的总反应可用下式表示:

$$C_aH_bO_cN_d + mH_2O \longrightarrow nC_5H_7O_2N + xCH_4 + yCO_2 + wNH_3 \tag{4.14}$$

式中,$C_aH_bO_cN_d$ 和 $C_5H_7O_2N$ 分别表示固体废物中有机降解物的经验化学式和微生物的化学组成。当水力停留时间无限延长时,式(4.14)可变为:

$$C_aH_bO_cN_d + 0.25(4a - b - 2c + 3d)H_2O \longrightarrow$$
$$0.125(4a + b - 2c - 3d)CH_4 + 0.125(4a - b + 2c + 3d)CO_2 + dNH_3 \tag{4.15}$$

发酵过程产气量均可通过上述公式计算得出。以城市生活垃圾为例,其降解部分元素组成及干、湿重占比见表4.8。

表 4.8　城市生活垃圾降解部分元素组成　　　　　　　　　　　　　　(单位：kg)

组　分	湿　重	干　重	元素组成					
			C	H	O	N	S	灰分
食物	11.3	3.4	1.61	0.22	1.28	0.08	—	0.17
纸	42.8	40.3	17.52	2.41	17.72	0.14	0.08	2.41
纸板	7.5	7.2	3.16	0.42	3.22	0.03	—	0.36
塑料	8.8	8.7	5.21	0.64	1.97	—	—	0.86
织物	2.5	2.2	1.25	0.14	0.69	0.11	—	0.06
橡胶	0.6	0.6	0.47	0.06	—	—	—	0.06
皮革	0.6	0.5	0.30	0.03	0.06	0.06	—	0.06
木材	2.5	2.0	1.00	0.14	0.86	—	—	0.03
其他	23.3	8.2	3.94	0.50	3.13	0.28	0.03	0.36
总计	99.9	73.1	34.46	4.55	28.92	0.69	0.11	4.37

城市生活垃圾降解部分元素占干重的质量分数计算结果见表4.9。

表 4.9　城市生活垃圾降解部分元素占干重的质量分数　　　　　　　　(单位：%)

组　分	元素组成					
	C	H	O	N	S	灰分
食物	47.9	6.6	38.0	2.5	—	5.0
纸	43.5	6.0	44.0	0.3	0.2	6.0
纸板	44.0	5.8	44.8	0.4	—	5.0
塑料	60.1	7.3	22.7	—	—	9.9

组　分	元素组成					
	C	H	O	N	S	灰分
织物	55.5	6.2	30.9	4.9	—	2.5
橡胶	81.0	9.5	—	—	—	9.5
皮革	61.1	5.6	11.1	11.1	—	11.1
木材	49.3	6.8	42.5	—	—	1.4
其他	47.8	6.1	38.0	3.4	0.3	4.4

另外,也可以根据氧化有机物所需要的氧气量,以化学需氧量(COD)为单位对得到的甲烷产量进行计算,具体转化方式如下:

$$CH_4 + 2O_2 \longrightarrow CO_2 + 2H_2O \tag{4.16}$$

$$1 \text{ mol } CH_4 \sim 2 \text{ mol } COD \tag{4.17}$$

假设所有对 COD 有贡献的碳都转化为甲烷,则:

$$COD_{有机物} \sim COD_{甲烷} \tag{4.18}$$

甲烷产量为:

$$2 \text{ mol } COD_{有机物} \sim 1 \text{ mol } CH_4 \tag{4.19}$$

以质量表示为:

$$1 \text{ g } COD_{有机物} \sim 0.25 \text{ g } CH_4 \tag{4.20}$$

以气体体积表示为:

$$1 \text{ g } COD_{有机物} \sim 0.35 \text{ L } CH_4 \tag{4.21}$$

对于二氧化碳的产量的计算,可根据式(4.15)或者甲烷和二氧化碳的比例来大致估计二氧化碳的产量。

对现有厌氧发酵工艺的研究表明:稳定的厌氧发酵系统中,沼气中甲烷含量一般为 55%～65%。一些常见的固体废物发酵时的甲烷产量见表 4.10。

表 4.10　固体废物厌氧消化运行性能数据

原　料	温　度/℃	有机负荷 /[g VS[①]·L^{-1}·d^{-1}]	甲烷产量 /(L·g^{-1}VS)	甲烷含量
城市污泥：活性物质(90%)＋原始物质(10%)	35	2.08	0.21	65
城市原始污泥	35	1.6	0.52	69
城市固体垃圾	35	—	0.17	59
奶牛场废物	35	4.9	0.75	80
养猪场废物	24	0.92	0.48	75
菜牛粪	55	16.2	0.29	56
百慕达草	35	1.3	0.14	61
禽粪	35	1.6	0.19	54

注：① 挥发性固体(volatile solid,VS)。

【例题】一养猪场,养猪 250 头,每天可产鲜猪粪 1000 kg,其总固体含量(total solid,TS)为 20%,发酵原料容重为 6%×1000 kg·m^{-3},在 35℃条件下发酵滞留期为 15 d,要求池内只装料 85%,求需要建多大的沼气池?

解:根据养殖规模计算沼气池容积。对于中小型养殖场和较大规模的庭院养殖户,沼气池容积应根据发酵原料的数量、一定温度下发酵原料在池内停留的时间和投料浓度计算,其计算公式如下:

$$V = (G \cdot TS \cdot HRT)/(r \cdot m)$$

式中,G 为每天可供发酵的原料湿重(单位 kg);TS 为原料中总固体含量的百分比(单位%);HRT 为原料在池中的滞留天数(水力滞留期,单位 d);r 为发酵原料浓度换算成的容重(单位 kg·m^{-3}),r=原料浓度×发酵液容重,发酵液容重一般取水的容重,即 1000 kg·m^{-3};m 为池内装料有效容积,单位%。故:

$$V = (G \cdot TS \cdot HRT)/(r \cdot m)$$
$$= (1000 \text{ kg} \times 20\% \times 15 \text{ d})/(60 \text{ kg} \cdot \text{m}^{-3} \times 85\%)$$
$$= 58.82 \text{ m}^3$$

经过计算,修建 60 m^3 的沼气池即可满足要求。

5. 厌氧发酵的反应热力学

表 4.11 列出了厌氧发酵过程中的一些反应及其反应热。

表 4.11　厌氧发酵中某些反应及其反应热

反应式	反应热/(kJ·mol^{-1})		反应式	反应热/(kJ·mol^{-1})	
	标准状态	实际状态		标准状态	实际状态
水解发酵过程: 葡萄糖⟶2 乙酸+2HCO$_3^-$ +4H$^+$+4H$_2$	−206.3	−363.4	产乙酸、产甲烷过程: 丙酸⟶乙酸+HCO$_3^-$ +H$^+$+3H$_2$	+76.1	−8.4
葡萄糖⟶2 丁酸+2HCO$_3^-$ +3H$^+$+2H$_2$	−254.8	−310.9	乙醇⟶乙酸+H$^+$+2H$_2$	+9.6	−49.8
产乙酸过程: 丁酸+2H$_2$O⟶乙酸+H$^+$ +2H$_2$	+48.1	−29.2	乙酸 $\xrightarrow{\text{产甲烷细菌}}$ CH$_4$+CO$_2$	−135.6	−16.8
			CO$_2$+4H$_2$⟶CH$_4$+2H$_2$O	−31	−22.7

6. 厌氧发酵的动力学

微生物降解动力学是衡量目标化合物在微生物作用下降解速率的综合指标。厌氧发酵过程中微生物生长动力学和目标有机降解动力学是其微生物动力学的主要内容。在连续稳态生物处理系统中,有机基质的降解、新的微生物细胞材料的合成和旧的微生物细胞材料的衰变 3 个反应过程同时发生。综合考虑这 3 个过程,可以得到基本的动力学方程:

$$\frac{dX}{dt} = Y\left(-\frac{dS}{dt}\right) - bX \tag{4.22}$$

式中,$\dfrac{dX}{dt}$ 为以浓度表示的微生物净增长速率,单位 mg 微生物·(L·d)$^{-1}$;$\dfrac{dS}{dt}$ 为以浓度表示的基质降解速率,单位 mg 基质·(L·d)$^{-1}$;Y 为微生物增长常数,即产率;b 为微生物自身氧化分解率,即衰减系数,d^{-1};X 为微生物浓度,单位 $mg \cdot L^{-1}$。

式(4.22)两边同除以 X,并经过一系列变换,得:

$$\mu = \frac{dX/dt}{X} = Y\left(\frac{dS/dt}{X}\right) - b \tag{4.23}$$

$$V \cdot \frac{dX}{dt} \cdot \frac{1}{VX} = -Y\frac{VdS/dt}{VX} - b \tag{4.24}$$

$$1/(X_0/\Delta X_0) = Y(\Delta S_0/X_0) - b \tag{4.25}$$

$$1/ = YU_s - b \tag{4.26}$$

式中,$\dfrac{dX/dt}{X}$ 为微生物的(净)比增长速度;$\dfrac{dS/dt}{X}$ 为基质的比降解速度;V 为生物反应器容积,单位为 L;X_0 为生物反应器内微生物总量,$X_0 = VX$,单位 mg;ΔX_0 为生物反应器内微生物净增长总量,$\Delta X_0 = V(dX/dt)$,单位 $mg \cdot L^{-1}$;ΔS_0 为生物反应器内降解的基质总量,$\Delta S_0 = -V(dS/dt)$,单位 $mg \cdot L^{-1}$;U_s 为生物反应器单位质量微生物降解的基质量,$U_s = \Delta S_0/X_0$,单位 $mg \cdot (mg \cdot d)^{-1}$。

4.2.2　厌氧发酵原料

1. 城市垃圾

城市居民在日常生活中会产生很多固体废物,这些固体废物即城市垃圾,一般包括残羹剩饭、废旧报纸、废旧金属制品、废旧塑料制品等。目前我国的城市垃圾成分以高有机物和高水分含量成分为主,因为城市垃圾中厨余垃圾的量占城市垃圾总量的比例最高(约60%),因此可以采用厌氧发酵的方式处理城市垃圾。

2. 动物粪污

动物产生的粪污中含有大量有机物、N、P、K 及微量元素,同时具有较低的 C/N,这种含有大量有机质以及微量元素的环境非常适合微生物的生存,是堆肥原料的最优选择。但因其具有臭味,直接进行堆肥会对环境造成恶劣影响,因此通常需要进行除臭处理。

3. 污泥

污泥的用途很多,厌氧发酵是其中一种,在污泥厌氧发酵的过程中会产生一种短链脂肪酸,这种短链脂肪酸是生物可降解塑料合成的原料,也是生物营养物去除的优选碳源,因此污泥的厌氧发酵处理应用越来越广泛。通过预处理方法、控制发酵反应器的操作条件或优化发酵污泥的特性可以促进短链脂肪酸的转化率,从而降低生物可降解塑料的原料价格。

4. 农林废物

农林废物包括秸秆、稻壳、食用菌基质等,具有可再生、可持续、无污染的特点,该类物质主要由 C、H、O、N、S 等元素组成,通常被统称为生物质。根据生物质的特点和组成成分,可以利用厌氧发酵技术对其进行资源化、堆肥化、饲料化利用。

4.2.3　厌氧发酵技术

厌氧发酵技术特点鲜明,通过该技术不仅可以产生清洁能源,而且对环境也十分友好,是一种很好的生物处理技术。目前这种技术在禽畜粪便堆肥发酵处理、废水处理和有机固体废物处理等领域应用较多。如图 4.14 所示,以生活垃圾处理为例,该技术由 3 部分组成,第一部分是分选预处理,第二部分为厌氧发酵,第三部分是后处理(沼气利用、残渣堆肥、污水处理等)。根据发酵温度、投料方式以及发酵物料总固体含量等可将工艺分类,根据发酵温度的高低划分为常温、中温、高温 3 个温度阶段的发酵;根据投料方式的差别将发酵分为连续式和序批式;根据发酵物料总固体含量大小可分为湿式和干式;根据是否在同一反应器可分为单相和两相[18]。

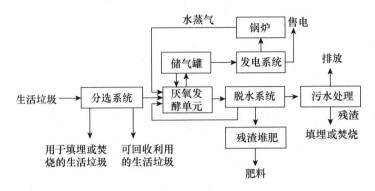

图 4.14　厌氧发酵组成

1. 根据发酵温度分类：常温发酵、中温发酵、高温发酵

温度对酶活性产生的影响相对较大,这会使厌氧微生物细胞中一些酶的活性受温度的改变而产生变化,由此使微生物受到扰动,对于其繁殖和基质代谢速率有干扰。

(1) 常温发酵(温度 0~30℃)

常温发酵通常是指物料在自然状态下且不经外界升温的发酵,各季节、气候以及昼夜温度变化都会使常温发酵温度有所波动。

优点：操作简单、成本低廉。

缺点：外界因素对处理效果和产气量的影响较大。

(2) 中温发酵(温度 30~45℃)

优点：能耗少,在物料预处理充分时受有毒抑制物的影响不大,且复原快。

缺点：会有浮渣、泡沫、沉砂淤积等问题;对致病性微生物清除率较低。

(3) 高温发酵(温度 45~60℃)

优点：与中温厌氧发酵相比,其代谢速率、有机质去除率和致病性微生物的清除率都较高,对大肠杆菌灭杀率为 95%~100%,能达到基本卫生指标(卫生指标要求对蛔虫虫卵杀灭率达 95%)。

缺点：受有毒抑制物影响较大,受影响后较难复原,可靠性低;产生的无用气体种类增加;对容器及管道的材料要求较高,需要耐高温、不易腐蚀且质量好的材料;操作复杂,对操作技术要求高。

2. 根据投料方式分类：连续式发酵和序批式发酵

(1) 连续式发酵

连续式发酵在反应器运行之前投加物料,启动后待发酵稳定,每天连续定量地向发酵罐内添加新物料和排出沼渣沼液。

(2) 序批式发酵

序批式发酵在启动之前将物料全部加入发酵罐中,启动后不再添加新物料,待发酵完成后排出残渣再继续投加新物料发酵的工艺。该工艺进料固体浓度控制在 20%~35%。

有研究显示,在处理纤维含量高的硬质杂质物料时,存在着动力学速率较低、水解反应影响其处理进程的问题。相较于连续式发酵工艺而言,序批式发酵水解反应更彻底,CH_4 产量更多;连续式发酵在体积与占地面积上更占优势,但由于序批式发酵系统操作简易、设计简洁、对含有粗大杂质的物料承受度高、成本低,综合考虑序批式发酵是较佳选择。

3. 根据发酵物料总固体含量分类:湿式发酵和干式发酵

（1）湿式发酵

湿式发酵作为一种发酵工艺,其所用原料是固体废物中的有机固体废物(固体废物中含量为 13% 左右),非常适用于厨余垃圾。

优点:物料混合得十分充分,微生物和物料也充分混合,增大了接触面积。产物质量较高。

缺点:工艺副产物废水较多,所以较容易受到氨氮、盐分等物质的阻碍作用;对分选时物料的预处理要求较高。

湿式发酵在实际应用时需要有较严格的物料预处理,可以通过过滤、粉碎、筛分等来实现预处理效果。但是这些预处理过程会导致 15% 左右的挥发性固体物料损耗。浆状物料在消化过程中易沉淀分层,密度较低物质会上浮在顶部形成浮渣层,密度较高物质会下沉至发酵罐底部,导致发酵罐中形成两种密度相差较大的物料层,增加搅拌器发生故障的概率,因此必须添加搅拌或粉碎装置等维持设备正常运行。

（2）干式发酵

干式发酵通常是指发酵液总固体浓度超过 20% 的发酵方法,由于固体浓度太高难以采用连续投料或半连续投料方式,绝大多数均采用批量投料。干式发酵与常规湿式发酵工艺的条件相同,不同的只是发酵原料的固体浓度较高。

优点:干式发酵水分含量不高,有机质浓度较高,单位体积产气率高;后处理简便,废水排放较少,固态产物杂质少且大部分为沼渣,可进行资源化利用;气态产物副产物少,硫含量低,无须另设脱硫处理,可直接资源化利用;后期成本低,工艺效果稳定,干式发酵不会出现浮渣、沉淀等问题。

缺点:生物反应在混合物中固体成分较高的条件下进行;反应启动要求严格,在运行中存在着很高的不确定性。

干式发酵是近年来发展非常迅速的一项厌氧发酵新技术,在畜禽粪便处理、秸秆制气、厨余垃圾处理等方面有很好的应用前景,是厌氧发酵技术领域的研究热点。

4. 根据反应是否在同一反应器分类:单相发酵和两相发酵

（1）单相发酵

在单相发酵工艺的运行过程中,生物相都处于一个反应器中。这里的生物相是指产乙酸细菌和产甲烷细菌。目前在厌氧发酵工艺的选用中大多采用单相发酵。

优点:工艺投资少,操作简单方便。

缺点:当受到冲击荷载或者环境条件变化的影响时,会使其氢分压有所增加,以至于使丙酸积累。

（2）两相发酵

两相发酵又称两阶段厌氧消化,其最为根本的特点是使生物相分离。这里的生物相指产乙酸细菌和产甲烷细菌。对产酸相和产甲烷相反应器的运转指标进行一定的改变,由此使相应阶段分离成为两个反应阶段,在相应的生物相中调节相应微生物的最佳活性条件,使厌氧发酵的各个过程都达到最佳运行条件,从而极大地提高沼气产气率及其工艺稳定性。

优点:产酸相可消耗大量氢,使该系统的处理效率和运行稳定性得到极大提高。

对于两相发酵工艺,其关注点是把高效厌氧反应器同该工艺通过一定的方法融合起来。其中,高效厌氧生物反应器的种类相对较丰富,比如上流式厌氧污泥床反应器(UASB)、厌氧颗粒污泥膨胀床反应器(EGSB)等,根据生物相及物料状态的不同来选用最为适宜的反应器。

4.2.4　厌氧发酵反应器类型及其运行影响因素

第一代厌氧发酵反应器是一种低负荷系统,其主要特点是将微生物停留时间(MRT)和水力停留时间(HRT)延长,不仅有效保证活性污泥的量,而且保证了污泥龄的长度,同时着重培养污泥颗粒。第三代的主要特点是使固、液接触完全,由此不仅可以保留大量污泥,并且可增大液体同污泥的接触面积,达到充分的目的。

1. 第一代厌氧发酵反应器

第一代厌氧发酵反应器的特点是:HRT 较长,尤其在污泥与物料接触反应时;虽然该反应器 HRT 较长,但是其处理质量不高、处理效果不稳定;其产生的副产物具有浓烈臭味,

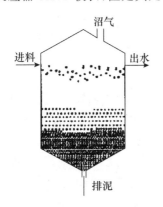

这是由于厌氧发酵过程中原污泥中含大量的含氮有机物或硫酸盐等会在无氧或缺氧条件下反应生成带有恶臭气味的氨氮或 H_2S。该反应器在污水处理中被广泛使用,尤其是在城市污水处理领域。

第一代厌氧发酵反应器主要包括以下几种类型:

（1）普通厌氧反应器

普通厌氧反应器(CADT)又称普通沼气池(图 4.15),这种反应器结构相对简单,并且使用较为广泛。

普通厌氧反应器不需要另设搅拌设备,投入其中的原料自然沉淀,由高到低分成 4 层:首先是浮渣层;其次是上清液层;再次是活性层;最后是沉渣层。在这 4 个分层中活性层是

图 4.15　普通厌氧反应器结构

其中厌氧发酵效率较高的部分,并且在这个分层中微生物的活动也十分旺盛。普通厌氧反应器处理效率较低,是我国农村早期使用较为普遍的污水处理装置。

（2）全混式反应器

全混式反应器(CSTR,图 4.16)在普通厌氧反应器的基础上加入搅拌部件(图 4.17),使物料处于充分混合状态,微生物与物料充分连接,使消化过程的活性区扩散到整个分散区。与普通厌氧反应器相比,消化效率明显提高,故又称高效消化反应器。全混式反应器一般采用恒温连续投料或半连续投料方式,适用于浓度高、悬浮物含量高的原料。

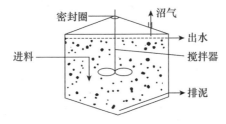

图 4.16　全混式反应器结构

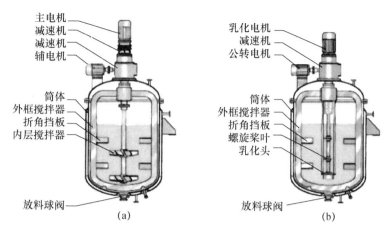

图 4.17 搅拌部件结构

工艺优点：① 进料范围广。进料类型主要为畜禽粪肥等各种有机固体废物,城市污水厂污泥中有机质及高悬浮物、难降解、有机质含量较大的废水。② 消化器内各部分温度相似。③ 厌氧发酵反应与固液分离在相同的池内完成,操作简便、能量损耗低、后期维修方便。

工艺缺点：① 工艺池体占地面积较大,负荷较低。② 对于 HRT 长短不能进行控制,对于 SRT 长短也没法操控,SRT 等于 HRT,全混式反应器中污泥不能积累到足够的浓度,微生物接触反应时间较短。

（3）厌氧接触消化器

厌氧接触消化器(ACP,图 4.18)的反应器是全部混合式的,是以全混反应器为基础进行设计的。

工艺优点：① 减少污泥损耗量,增加厌氧发酵池内污泥浓度。② 反应器的有机负荷率较高,其处理的效率也相对较高。③ 启动过程简单,易于操作。④ 与普通厌氧反应器相比,HRT 大大减少。⑤ 适用于固体悬浮物浓度较高的污水处理,如生活废水、工业废水。⑥ 承受冲击负荷能力高。

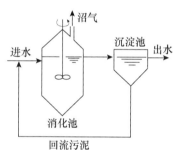

图 4.18 厌氧接触消化器结构

工艺缺点：① 去除率相对较低,降低厌氧过程效率。② 须污泥回流,固液分离相对困难。③ 出水的水质相对来说较差,对后面的处理工艺会产生一定的影响,从而使处理效果有所改变。

2. 第二代厌氧发酵反应器

通过对厌氧发酵处理技术的机理、原理以及应用方面的进一步探究,研究人员经过改进设计出第二代厌氧发酵反应器,发酵延了厌氧微生物的滞留时间,并且对传质功能进行了提升,减少了液体的停留时间。

第二代厌氧发酵反应器特点较多,其中有：延长 SRT,HRT 大大减少,使微生物接触时间延长;COD 或生物需氧量(BOD$_5$)负荷大大增加,处理效果较佳。第二代厌氧发酵反应器主要有厌氧接触法、厌氧滤器(AF)、上流式厌氧污泥床反应器、厌氧流化床(AFB)、厌氧附着膜膨胀床(AAFEB)、厌氧生物转盘(ARBC)和挡板式厌氧反应器等。

（1）厌氧滤器

厌氧滤器（图 4.19）主要由填充材料构成，为微生物提供繁殖场所，形成活性区域。

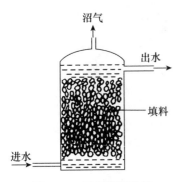

图 4.19　厌氧滤器结构

工艺优点：① 平均日处理量较高，固定滤床内可以保持较高的微生物浓度以及活性。② 工艺过程泥水分离，出水悬浮物（SS）较低。③ 操作费用少并且不用配备搅拌装置；工作效率较高，运转过程也十分稳定，负荷的变化也不会对其产生影响，十分稳定。④ 出泥少，能耗低。

工艺缺点：① 填料费用高。② 易发生阻塞和故障。③ 启动周期较长。④ 由于微生物浓度高，导致料液浓稠度较高，从而增加了运转期间的运输阻力。

（2）厌氧流化床以及膨胀床反应器

厌氧流化床以及膨胀床反应器（AFBR，图 4.20）名称不同，但它们的性质是一样的，它们可以提供附着物，使所需要的生物在这上面生长，例如微生物可在该反应器内填充的惰性颗粒（直径 0.4～10 mm）上进行繁衍生息。

工艺优点：① 反应器内颗粒物表面为微生物提供大量附着面积，反应面积较大。② 抗冲击负荷较高。③ 微生物含量较高使运行更稳定。④ 能承受负荷较大的变化。⑤ 启动周期较短。⑥ 消化器内反应物混合均匀，反应充分。

工艺缺点：① 会导致颗粒体积膨胀，或者对于流态化的要求高，从而对于能耗和成本的需求有所增高。② 介质惰性颗粒位置不稳定，易被冲出，导致泵或其他设备的短路。③ 介质惰性颗粒与悬浮固体较难分离。

（3）上流式厌氧污泥床反应器

三相分离器在上流式厌氧污泥床反应器（图 4.21）中有着极为重要的作用，其发挥的功能主要是使气液相、固液相分离以及污泥回流，依次对应着气封、沉淀区以及回流缝等。

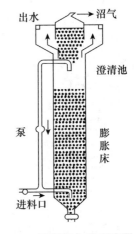

图 4.20　厌氧流化床反应器结构

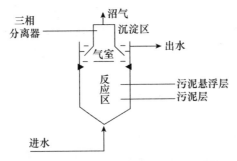

图 4.21　上流式厌氧污泥床反应器结构

工艺优点：① 设备内生物浓度高、污泥浓度高，平均污泥浓度为 30 g VSS·L^{-1}（VSS 为可挥发性悬浮物）左右。② COD 负荷高。③ 无外加混合搅拌设备。④ 污泥床不含颗粒填料,成本较低且规避因填料发生堵塞问题。⑤ 内设三相分离器,不须设沉淀池。

工艺缺点:① 进水中 SS 需要控制在 $100\ \mathrm{mg \cdot L^{-1}}$ 以下。② 污泥床中发生短流,由此导致其运转能力的下降。③ 需要额外安装布水器,使进料混合完全、均匀分布。④ 上流速度较难控制,容易造成污泥流失。⑤ 污泥颗粒化过程较难控制。

(4) 厌氧折流板反应器

在厌氧折流板反应器(ABR,图 4.22)内,隔板使料液上下折流穿过污泥层,由隔板划分的每个空间都可看作一个反应器,即反应器的总数等于隔板数加 1。

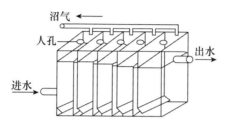

图 4.22　厌氧折流板反应器结构

3. 第三代厌氧发酵反应器

第二代厌氧发酵反应器在运行中会由于消化气产量低引起消化液搅拌不均、混合效果差的现象,而在提高水力负荷改善此情况后又会引发污泥流失。因此为促进厌氧生物污泥与进水基质的充分混合,提高反应器的处理能力与处理效率,拓宽其应用范围,研究人员开发出第三代厌氧发酵反应器。

结合上流式厌氧污泥床反应器的优缺点,具有同样运行特点和杰出处理能力的厌氧颗粒污泥膨胀床以及厌氧内循环反应器(IC)得以开发。其中厌氧颗粒污泥膨胀床区别于原有的上流式厌氧污泥床反应器,在三相分离器结构上增加了出水循环系统,从而形成较高的上升流速,增加固液混合与反应概率,实现低浓度有机废水的处理。而厌氧内循环反应器则是利用厌氧反应中所产生的大量甲烷气体促进固液两相充分混合,从而能在相同时间内容纳更多有机污染物,因此多应用于处理高浓度有机废水。

以上厌氧发酵反应器发展历程说明,原有运行条件已经不满足于各种水质的处理要求,其运行条件与处理效率在不断提高,且通过内部结构的调整(如增加反应器的高径比或者增加三相分离器等)与利用产物特征拓宽了其应用范围(如从单一粪便或污泥厌氧处理变为低、中、高浓度有机废水的处理)。其中如何做到在第二代厌氧发酵反应器基础上保留并提高原有厌氧污泥的活性,促进生物污泥和进水基质充分混合与反应,创造出更适宜厌氧微生物生长的生存环境,发挥其优异的氧化分解作用,成为决定厌氧发酵反应器研发进步的关键因素。目前研究主要针对以下几点进行改进:

(1) 更高的处理能力。通过改善反应器结构促进生物污泥与污水的混合,避免水流因停留时间不同引起短流造成的布水不均和水池中出现死角,从而提高反应器单位时间内的承污能力,获得更高处理负荷以及更短水力停留时间。

(2) 更大的适用范围。以往研究多集中于高浓度有机废水处理方面,而随着不同领域对有机固体降解需求增加,低成本、高效率、低浓度废水的处理要求也成为工业领域和生活领域所着重发展的方向,这也为第三代厌氧发酵反应器的研发提供了良好思路。

（3）更好的出水水质。高浓度有机废水在使用现有的厌氧反应器时出水往往达不到排放标准，需要联合其他措施进行处理，如厌氧-好氧联合工艺或厌氧-湿地系统。而如何避免由于系统复合引起操作复杂或成本较高的问题，在结构较为简单的反应器内达到处理效果，也是值得挖掘的方向。

（4）更短的启动时间。由于厌氧微生物生长的周期长且繁殖缓慢，所以厌氧发酵的启动时间与反应周期往往比好氧反应更长，此外环境波动可能会破坏环境微生物的平衡状态进而导致厌氧发酵过程失效，以上种种限制造成厌氧发酵的工程应用不如好氧反应普遍。因此选择合适的反应器与厌氧菌种对缩短反应启动时间十分有利。

（5）更耐冲击负荷。在污水处理过程中，入水水质（COD、BOD_5 含量）或者水量在短时间内发生相当大的变化，会引起污泥负荷/容积负荷也发生相应变化，最终影响微生物生长繁殖，即为冲击负荷。即使有着负荷增加现象，也能凭借系统自身能力在较短时间内恢复正常，即耐冲击负荷。如果单一的污水处理过程长时间冲击负荷过大，会造成生化池内部分微生物解体，从而丧失生化池的作用，最终出水和入水水质相差不大。因此提高污泥负荷以及减少有机物或水量急剧变化带来的冲击，使厌氧反应器的耐冲击负荷能力得以提高、弱化启动时间长等劣势，成为该领域研究的又一大热点。

典型的厌氧反应器包括以下几种：

（1）厌氧颗粒污泥膨胀床反应器

厌氧颗粒污泥膨胀床（图 4.23）的三相分离器部分相比于上流式厌氧污泥床反应器增加了出水循环系统，使其上升流速（2.5～10 m·h^{-1}）大于上流式厌氧污泥床反应器的上升流速（0.5～1.5 m·h^{-1}）。同时，反应器高径比增加，由于反应器中备有颗粒污泥，当一定流速的污水流经污泥床时，污泥颗粒间隙增大，床层整体处于"膨胀"状态，从而增大床体积。

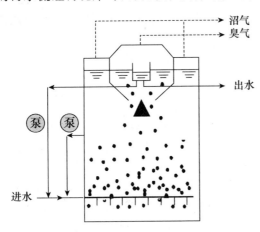

图 4.23　厌氧污泥颗粒膨胀床反应器结构

工艺优点：① 上升流速增加与厌氧发酵产生沼气两方面带来的搅拌作用，可以促进颗粒污泥和污水的充分混合，增加其碰撞概率与接触机会。② 高径比增加（一般可达 3～5），细高型构造的反应器占地面积缩小，基建成本降低。③ 颗粒污泥膨胀可以减少布水不均匀现象，强化传质效果，从而降低产生死角与短流的概率。④ 容积负荷高（高于一般上流式厌氧污泥床反应器 2～3 倍），停留时间短，因此整体容积减少。⑤ 在低浓度有机废水流入后，增加回流系统可以提高系统的水力负荷，从而提高系统整体处理效率。而对于高浓度或含毒性物质的有机废水，回流系统可以通过增加水量起到稀释基质或毒物的作用，从而降低其对厌氧生物的化学性危害。

工艺缺点：① 对三相分离器的限制较多。高水力负荷引起反应器内搅拌强度的增加，进而使得污泥流失现象严重，因此对于反应器内的上升流速和运行控制要求很高。② 反应器高径比增加导致整体高度过高。③ 采用外循环，增加动力消耗。④ 投资相对较大，对废水 SS 含量要求严格。

（2）厌氧内循环反应器

厌氧内循环反应器（图 4.24）同样基于上流式厌氧污泥床反应器开发形成。整体由底部与上部两个上流式厌氧污泥床反应器串联构成，高度在 16～25 m，高径比为 4～8。

工艺优点：① 较高容积负荷率（高出普通上流式厌氧污泥床反应器 3 倍）。② 能耗降低。由于厌氧内循环反应器是利用内部产生的甲烷气体作为提升动力对反应液进行抬升，从而实现内部循环，不用外设水泵，因此节约费用与能耗。③ 内循环功能使得反应器较灵活。当进水有机负荷增加时，气体产生量增加，提升能力增强，循环液和进水混合可以降低原水中污染物与有毒物质的浓度。

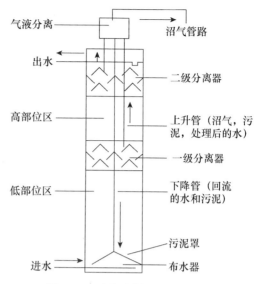

图 4.24　厌氧内循环反应器结构

④ 出水稳定性好。厌氧内循环反应器由两个上流式厌氧污泥床反应器串联组成，因此比单级上流式厌氧污泥床反应器处理出水水质更为稳定。⑤ 较其他反应器拥有更短水力停留时间，适用于可生化性较好的废水处理。⑥ 整体耐冲击负荷能力强。处理低浓度废水（COD 为 2000～3000 mg · L^{-1}）时，循环流量可达进水流量的 2～3 倍；处理高浓度废水时，循环流量可达进水流量的 10～20 倍。

工艺缺点：① 在工程应用中对于水质不稳定的进水，由于产生的消化气在反应器中循环而导致出水水质及流量也不能维持稳定，进而对后续处理过程产生阻碍。② 反应器内部设计复杂，管路结构多，日常维护困难。有效空间利用率低，反应器容积大。③ 造价高，施工困难。

（3）上流式污泥床过滤器

上流式污泥床过滤器（UBF，图 4.25）是在将上流式厌氧污泥床反应器和厌氧滤器组合得到的上流式厌氧反应器，即在上流式厌氧污泥床反应器上部增设填料层。污水从下部进水，在富含高浓度和高活性的颗粒污泥床处实现厌氧分解，产生的消化气甲烷、二氧化碳与反应液一同上升进入填料层进行三相分离。气体集气后通过顶部排出，截留于填料层的颗粒污泥经累积后部分滑落至污泥床，处理后的水流从澄清区排出。

上流式污泥床过滤器的整体优势体现在增加的填料层不但可以有效拦截上流混合液中的厌氧微生物与污泥，加速污泥与上升气泡的分离，增加污泥负荷，减缓污泥流失，而且由于气液上升方向相同，使得反应器内部堵塞机会小，有利于颗粒污泥形成。此外，污泥积累引起污泥浓度提高，提高了反应器对高浓度或有毒有害有机污染物输入的适应能力。总体来说，上流式污泥床过滤器处理效率高，启动速度快。但由于内部结构需要增加填料层，因此高径比与成本投入也随之增加，且只能处理溶解性有机物而不适宜处理悬浮物含量高的有机废水。

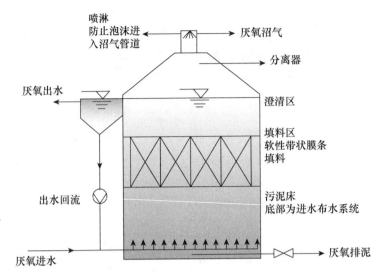

图 4.25 上流式污泥床过滤器结构

（4）上流式厌氧固体反应器

上流式厌氧固体反应器（USR，图 4.26）是一种以上流式厌氧污泥床反应器原理为基础，无须三相分离装置、不设固体填料层以及回流结构，适用于处理含有较多悬浮固体废水的反应器。有机废水从底部进入后均匀分布在反应器底部，与富有厌氧微生物的污泥充分混合反应，完成有机物降解过程，未参与消化的有机固体和部分微生物共同沉降至反应器底部。产生的消化气随水流上升至顶部，搅拌反应液使微生物和污水再次充分接触，部分大颗粒污泥沉降至固定床，使内部始终有较长的 MRT，提高反应器整体消化效率；产生的反应液从顶部排出装置。

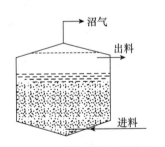

图 4.26 上流式厌氧固体反应器结构

该反应器最大特点是所处理废水中 SS 含量为 5%～10%，但由于 SS 含量难以控制在一定范围，因此堵塞管道、单管布水易短流等问题也会出现。当前除了在畜禽粪便与污泥处理方面有较多应用外，也可以应用于经分离与预处理后的城市有机垃圾。此外，该工艺气液流动方向一致使得固定床不易堵塞，高污泥量与高有机固体废物量带来沼气的高产率，多应用于大中型沼气工程。但由于沼液中有机物浓度较高，可能达不到排放要求，因此常外排至农田进行肥料供给。

（5）平推流反应器

平推流反应器（PFR，图 4.27），也称为活塞流反应器。工程案例中多用于处理有机废水，也可应用于处理动物粪污类的固体废物。将动物粪污类固体废物混入一定比例的水，使物料呈流动态，进入长方形反应器中，其流动状态呈活塞式，其间借助回流污泥中的厌氧微生物进行有机物降解。产生的消化气从上部排出的同时在垂直方向上起到搅拌作用，无须外设搅拌装置，因此所需要的能耗低，基建费用低。产生的反应液利用重新进入物料的推动作用从反应器另一端排出，所携污泥颗粒沉降后开始新一轮回流。中间内设挡板，便于提高系统稳定性。整体结构简单,管理便利,但也存在着由于方形反应器体积大引起的温度分布不均、固体颗粒的沉降占据有效空间、物料停留时间减少、反应效率降低的缺点。

相较于用于污水处理,平推流反应器处理固体废物的反应周期更长,以便于微生物对有机固体废物进行降解;同时,动物粪污类固体废物因其形态不利于进料,需要混入一定比例的水进行预处理。此外,动物粪污类固体废物中含有大量有机物、N、P、K 及微量元素,同时具有较低的 C/N,这种含有大量有机质以及微量元素的环境非常适合微生物的生存,是堆肥原料的最优选择,且动物粪污类固体废物经混水预处理后不会堵塞反应器,可以一定程度减弱臭味的不良影响。反应过程中消化气产量较高,因此固体废物的利用率较高。

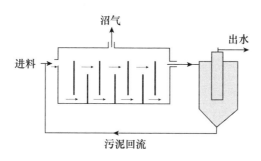

图 4.27　平流式反应器结构

（6）单元混合塞流式厌氧消化器

单元混合塞流式厌氧消化器（RPR,图 4.28）是将高浓度、塞流、搅拌联合厌氧消化池（HCPF）按厌氧发酵的不同阶段分解成几个单元,通过不同搅拌强度和单元间料液混合来实现高效厌氧发酵的过程。该反应器在各单元内分别实现了大分子复杂有机物的水解与发酵产生小分子物质、产氢和产乙酸、产甲烷 3 个阶段。由于各单元相互独立,微生物在各环节生存环境能得到最适宜的调整。因此该过程能提高各阶段产出效率。此外,由于进水部分有机物含量高而使高浓度、塞流、搅拌联合厌氧消化池的蠕动塞流式搅拌强度与除砂效率低下,而回流系统和阻流板的设计可以在局部形成全混流状态,增加整体接触概率,提高除砂效果与反应效率。

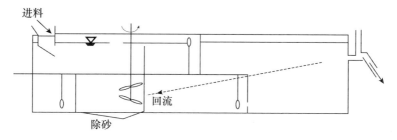

图 4.28　单元混合塞流式厌氧消化器结构

4.2.5　厌氧发酵工程实例

1. 厌氧发酵预处理

餐厨垃圾有机质含量高、含油量高、含盐量高的特点会抑制厌氧微生物的活性,从而影响厌氧发酵效率。厌氧发酵前对餐厨垃圾进行预处理可以在一定程度上改善餐厨垃圾的特性,从而提高餐厨垃圾的利用率,提高厌氧发酵速率。目前,预处理方法主要有物理预处理、化学预处理和生物预处理。表 4.12 列出了几种常用的物理预处理方法[19-21]。

表 4.12　常用的物理预处理方法

方 法	原 理	温 度/℃	时 间/d	运行工艺	处理条件	结 果
微波处理法	利用电磁场的热效应加热破坏细胞内有机物的结构,使细胞内有机物被更多地溶解,提高水解效率,缩短厌氧发酵时间	37	34	批式联合厌氧消化	将物料微波加热至100℃	餐厨垃圾和经过微波预处理后的污泥按 TS 以 1∶1 混合后,其厌氧消化后的累积产甲烷量、最大日产甲烷量、单位 VS 产甲烷量、单位 COD 产甲烷量、TS 降解率、VS 降解率和 TCOD 降解率分别达到 3228.1 mL、327.8 mL、317.92 mL·g^{-1}、199.34 mL·g^{-1}、20.14%、48.79%和 55.45%
水热处理法	在高温环境下,餐厨垃圾中的微生物细胞壁被破坏,胞内有机物被释放到水中,水解成可溶性有机物。这些溶解的复合有机物中有一部分可能被水解成小分子有机物,甚至是无机物	37±1	16	中温混合发酵批式	120℃,30 min	水热预处理后餐厨垃圾的有机物溶解性及厌氧消化产气性能提高,糖类和蛋白质增溶率分别达 24.36%和 212.81%,挥发性脂肪酸(VFA)浓度提高 35.93%,厌氧消化沼气累积产量达 1073.3 mL·g^{-1},CH$_4$ 占比 58.53%
超声波处理法	超声波的空化和机械作用产生的冰晶冻结的水分子使细胞壁破裂,细胞膜的结构被破坏,细胞中的有机物质溶解,与水解酶充分接触,提高水解效率和缩短消化时间	35	3	—	超声波强度720 W·L^{-1},15 min	餐厨垃圾溶解性化学需氧量(SCOD)比原样中 SCOD 提高了 1 倍,其中有机质中碳水化合物溶出量最大,由原样中 8.2 g·L^{-1} 提高到处理后的 43.5 g·L^{-1}

2. 新余市某餐厨垃圾处理项目

新余市某餐厨垃圾处理项目(表 4.13)采用单项湿式高温连续式厌氧发酵处理工艺,其核心系统为厌氧发酵系统,处理规模 100 t·d^{-1}。图 4.29 为厌氧发酵处理工艺流程。

表 4.13　项目详细信息

项目名称	新余市某餐厨垃圾处理项目
规模	100 t·d^{-1}
主要工艺	单项湿式高温连续式厌氧发酵处理工艺,污水处理系统采用水解酸化＋MBR 生化处理＋深度处理的工艺,进料粒径≤10mm
工艺参数	pH 6.5～7.5,温度53℃,停留时间25～30 d,含固率9%～12%,挥发性固体降解率80%
投资成本	项目总投资 8000 万元,耗电量为 70～90 千瓦时·(吨原料)$^{-1}$,耗水量为 0.25 吨·(吨原料)$^{-1}$,处理成本约 150 元·(吨原料)$^{-1}$

项目名称	新余市某餐厨垃圾处理项目
运行效果	项目每天约产生 89.5 t 沼液、8.58 t 沼气(折合 7460 m³,其中甲烷含量约为 55%～60%),即相当于每吨餐厨垃圾可产生 74.6 m³ 的沼气;若沼气低位热值按照 19.69 MJ·m⁻³ 计,则可产生 146 904 MJ 的能量;沼气经净化处理后一部分输送至锅炉用于加热新鲜垃圾,其余约 60% 用于发电,在满足自用电的情况下,余电上网;同时该项目每天约产生 3.6 t 粗油脂,经除渣和脱水处理后可出售

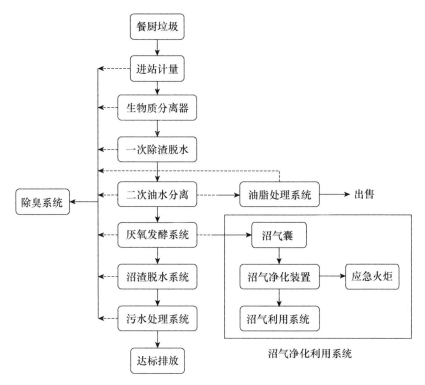

图 4.29　厌氧发酵处理工艺流程

厌氧发酵系统是整个工艺的核心,也是需要控制因素最多的一个系统。厌氧发酵在无氧或缺氧的条件下,利用产乙酸细菌和产甲烷细菌等多种细菌协同作用,将有机物最终分解成甲烷、二氧化碳和水等。影响厌氧发酵的因素很多,包括发酵温度(高温发酵 50～60℃)、pH(6.5～7.5)、碱度(2500～5000 mg·L⁻¹,以 $CaCO_3$ 计)、氧化还原电位(产甲烷菌－400～－150 mV)、营养物质、F/M(即有机负荷率,5～10 kg COD·m⁻³·d⁻¹)、有毒物质等。除渣脱水及油水分离主要是调节物料的 TS 以及分离油分。整个过程复杂,工程投资大,但有机负荷高,所产生的沼气可回收为能源,实现资源利用。甲烷易燃易爆,其爆炸极限为 5%～15%,具有刺激性气味和轻微毒性。当空气中的沼气含量为 8.6%～20.8% 时,就会形成爆炸性的混合气体。在沼气净化利用系统设计中,要保证从收集到处理再到存储装置的管道设备的密封性。沼气囊配置低压报警装置和自动超压释放装置,整个系统配置侧漏检测系统和气量检测系统。同时该工艺还须配置应急火炬系统,以应对生物气泄漏和事故等紧急情况。

该项目厌氧发酵处理工艺采用生物质分离器,同时将无机杂质分离、将有机物料破碎成直径 8 mm 以下的颗粒,物料制成浆液。设计处理量为 15 t·h⁻¹。该设备对塑料、纸张等无机杂质的去除率可达 95% 左右。将有机物料破碎成小颗粒有利于生物降解以及缩短发酵时间。该项目厌氧罐设计有效容积为 3000 m³($\Phi \times H = 16$ m×16 m),罐顶中心设有搅拌器。

3. 民和有机肥生产项目

民和有机肥生产项目(表 4.14)以纯鸡粪为主要原料,花生壳、秸秆为辅料,添加生物菌剂等成分,按一定比例配方,达到除臭、保氮、促腐的效果。厌氧发酵采用条形堆肥,最高发酵温度 60℃ 左右。翻桩时采用行走式翻抛机,发酵周期约为 25 d。发酵后的物料经过干燥,干燥后可进行包装。生产过程严格执行 ISO 9001:2015 标准。该项目年产 2×10^4 t 商用有机肥,产品销往全国各地,肥料利用率得到广泛认可。

表 4.14 项目详细信息

项目名称	民和有机肥生产项目
规模	年产 20 000 t 商品有机肥,日产沼气 30 000 m³
主要工艺	高浓度高氨氮鸡粪厌氧发酵技术,纯鸡粪全混式反应器中温厌氧发酵系统
工艺参数	发酵过程通风采用间歇式,每间隔 2～4 h 通风 0.5～1 h;发酵周期 25d;翻堆每天一次;温度保持在 55℃ 以上 7d;最高温度不超过 65℃
运行效果	发酵进料 TS 为 8%～10%,系统耐受氨氮能力由 3000 mg·L⁻¹ 提升至 6000 mg·L⁻¹,发酵装置容积产气率 1.5 m³·m⁻³·d⁻¹ 以上,沼气甲烷含 60% 以上,年可售电 2.2×10^7 kW·h

该项目创新了高浓度氨氮鸡粪厌氧发酵工艺,解决了高浓度氨氮鸡粪厌氧发酵工程难以稳定运行的世界性难题。连续 10 年稳定调控全混式反应器中温纯鸡粪厌氧发酵系统,发酵饲料 TS 约为 9%,系统耐受氨氮能力提高一倍,发酵装置产气率大于 1.5 m³·m⁻³·d⁻¹,沼气甲烷含量大于 60%,启动产甲烷促进剂的工程应用研究,以进一步提高饲料 TS,增强产甲烷效果。大型沼气工程发酵系统启动后,需要根据发酵物料的特性,长期平衡总固形物含量、氨氮、挥发性有机酸等参数。该项目创新发酵"三定原则",使厌氧发酵系统连续 10 年平衡稳定,无须停产维护。而"三定原则"的原理如图 4.30 所示,包括进料稳定原则(进料定时、料量定量、种类固定)、操作稳定原则(稳定搅拌、排渣排砂等操作)、定期监测原则(定时监测发酵罐内参数,如挥发性有机酸、碱度、pH、TS、氨氮等)。

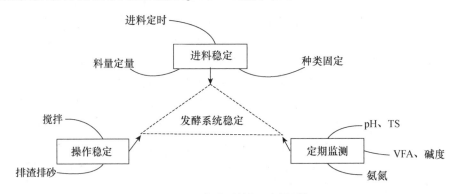

图 4.30 发酵系统"三定原则"

4. 南京农业机械化研究所——柔性膜顶车库式多元废物干发酵装置

柔性膜顶车库式多元废物干发酵装置采用开放的顶部设计(图 4.31),灵活的膜覆盖加沟槽水密封,库门采用充气环和压条耦合密封技术,库体密封可靠,可以通过库顶库门两个渠道进料,不仅确保加载更多装料,而且易于实现材料的机械化。

图 4.31　柔性膜顶车库式多元废物干发酵装置

容积产气率(中温发酵)$\geqslant 0.5 \ m^3 \cdot m^{-3} \cdot d$,甲烷含量$\geqslant 55\%$。适用于作物秸秆、畜禽粪便、生活垃圾等各种性质复杂的有机固体废物的厌氧发酵处理。

5. 河北省安新县(雄安新区)生活垃圾综合处理厂厨余垃圾干式厌氧发酵项目

河北省安新县(雄安新区)生活垃圾综合处理厂厨余垃圾干式厌氧发酵项目每天可处理 300 t 生活垃圾。生活垃圾进入工厂后,先用挤出机进行挤出。将干渣进行热解气化,高浓度有机浆液(TS 20%~30%)进入干式厌氧发酵罐(图 4.32),发酵产生的沼气用于发电。

图 4.32　干式厌氧发酵罐

　　厌氧发酵系统由两个 2400 m³ 的干式厌氧发酵罐组成,38℃发酵。每天处理高浓度有机浆液 150 t,每天生产沼气 1.5×10^4 m³。

　　厨余垃圾杂质多,水分含量低。如果采用传统的湿法发酵预处理,工艺复杂,投资大,运行成本高,废水排放量大。干式厌氧发酵技术的出现,解决了生活垃圾厌氧发酵的问题。在干式厌氧发酵罐中,发酵液的 TS 可达到 35%,始终保持泥浆状态,不会出现湿式发酵罐常见的浮渣和沉淀物沉淀隐患。该项目的沼渣脱车间见图 4.33,可处理的固体废物种类见图 4.34。

图 4.33　沼渣脱水车间

图 4.34　项目可处理的固体废物种类

参 考 文 献

[1] 赵天涛,梅娟,赵由才.固体废物堆肥原理与技术[M]. 2 版.北京：化学工业出版社,2017.

[2] 白帆. 好氧堆肥反应器的污染物分解及迁移转化规律研究[D]. 西安建筑科技大学,2011.

[3] 任春晓,席北斗,赵越,等. 有机生活垃圾不同微生物接种工艺堆肥腐熟度评价[J]. 环境科学研究,
2012, 25(2)：226-231.

[4] 赵依恒,张宇心,许晶晶,等.农村生活垃圾好氧堆肥资源化技术[J]. 浙江农业科学,2020,61(1)：186-
189.

[5] 吕吉华. 城市污水处理厂污泥好氧堆肥技术研究[D]. 贵州大学, 2007.

[6] 常勤学,魏源送,夏世斌. 堆肥通风技术及进展[J]. 环境科学与技术,2007(10)：98-103＋107＋121.

[7] 陈聪,林伟腾,李钰. 好氧堆肥的研究进展[J]. 荆楚学术,2017,7(15)：492-496.

[8] 余群、董红敏、张肇鲲. 国内外堆肥技术研究进展(综述)[J]. 安徽农业大学学报,2003(1)：109-112.

[9] 李艳霞、王敏健、王菊思、等. 固体废弃物的堆肥化处理技术[J]. 环境污染治理技术与设备,2000
(4)：39-45.

[10] 李敏. 污泥好氧堆肥技术及其应用[J]. 智能城市,2020,6(1)：131-132.

[11] 梁浩,吴德胜,赵明杰,等. 好氧堆肥技术发展现状与应用[J]. 农业工程,2020, 4：50-53.

[12] 桂厚瑛,彭辉,桂绍庸,等. 污泥堆肥工程技术[M]. 北京：中国水利水电出版社,2015.

[13] 车悦驰,颜蓓蓓,王旭彤,等.污泥堆肥技术及工艺优化研究进展[J].环境工程,2021,39(4)：164-173.

[14] 李君,李成江,徐文刚.秦皇岛市绿港污泥处理工程简介及设计特点[C]// 2010 年中国城镇污泥处理
处置技术与应用高级研讨会论文集,2010.

[15] 章菁,张健,万若. 万若环境 ENS 堆肥工艺及在北京庞各庄污泥堆肥厂的应用[C]// 2010 年中国城
镇污泥处理处置技术与应用高级研讨会论文集,2010.

[16] 王大鹏,杨明. 污泥高温好氧发酵技术在沈阳市污水处理厂污泥处理工程中的应用[J]. 环境科学与
管理, 2012, 10：136-139.

[17] 张小平. 固体废物污染控制工程[M]. 北京：化学工业出版社,2010.

[18] 蒋建国. 固体废物处置与资源化[M]. 北京：化学工业出版社,2013.

[19] 刘建伟,赵高辉. 城市生活垃圾资源化综合处理技术研究和应用进展[J].科学技术与工程,2019,19
(34)：40-47.

[20] 许晓杰,冯向鹏,张锋,等. 餐厨垃圾资源化处理技术[M]. 北京：化学工业出版社,2015.

[21] 刘建伟,程磊,李汉军,等.生活垃圾综合处理与资源化利用技术[M]. 北京：中国环境出版集团,
2018.

第5章　固体废物焚烧技术

随着我国城市化发展进程的推进以及人民生活水平的不断提高,生活垃圾的产生量也不断增加,给环境带来了极大的危害。生活垃圾的无害化处置对医疗卫生、环境、社会等方面具有重大意义。目前我国生活垃圾无害化处理的方式有垃圾焚烧、分类回收、卫生填埋、垃圾堆肥等。其中垃圾焚烧技术具有处理量大、占地面积小、速度快等优点,同时鉴于我国填埋场容量有限、土地供应日益紧张等实际情况,使得垃圾焚烧技术成为我国垃圾处理的主要发展方向。本章的固体废物焚烧技术主要应用对象即为生活垃圾这一类固体废物。德国汉堡于 1869 年、法国巴黎于 1898 年先后建立了垃圾焚烧厂,垃圾焚烧技术自此广泛应用。对垃圾焚烧产生的烟气进行余热利用,逐渐形成了垃圾焚烧发电成套技术,实现了垃圾焚烧的资源化利用。

垃圾发电是将生活垃圾通过热分解、燃烧和熔融等反应,使得生活垃圾和助燃物在高温下进行氧化燃烧,实现生活垃圾减量化,该过程产生的高温烟气通过锅炉加热,产生的过热蒸汽用于驱动涡轮机发电,实现了能量的综合利用以及对污染物的综合控制,是中国最主要的垃圾处理方式之一。我国垃圾焚烧技术的应用出现在 20 世纪 80 年代中后期,虽起步较晚,但发展迅速。1988 年,我国第一座垃圾焚烧厂深圳市清水河垃圾焚烧厂投入运行,其引进了日本三菱重工集团处理能力为 150 $t \cdot d^{-1}$ 的炉排焚烧炉。1992 年,珠海市筹建 3 个 2000 $t \cdot d^{-1}$ 的生活垃圾焚烧处理厂,此后我国垃圾焚烧发电技术进入了快速发展的时期。2002 年,我国城市生活垃圾焚烧处理量仅占垃圾处理总量的 3.71%,而 2009 年已达到 15.2%。截至 2019 年,生活垃圾焚烧处理量达 1.21742×10^8 t,占垃圾处理总量比例达 50.3%。

中国作为发展中国家,城市生活垃圾的管理和处理尚处于较低的水平,垃圾分类处理程度低,且城市生活垃圾具有成分复杂、含水率高、热值低等基本特点。目前,许多城市面临"垃圾围城"的困境,焚烧技术可以实现生活垃圾减容 80% 以上,经过分类收集的可燃垃圾焚烧后甚至可以减容 90%。垃圾焚烧技术作为处理生活垃圾的有效途径得到了社会各界越来越多的关注,且因其在节省土地、减少固体废物及再生能源方面的卓越表现,获得了我国政府的大力支持。2016 年,国家发展改革委、住房和城乡建设部印发了《"十三五"全国城镇生活垃圾无害化处理设施建设规划》,要求到 2020 年年底,设市城市生活垃圾焚烧处理能力占无害化处理总能力的 50% 以上,其中东部地区达到 60% 以上。

2016—2020 年,全国新建的垃圾焚烧发电厂达 304 座,总处理能力为 1.028×10^8 $t \cdot a^{-1}$,是 2011—2015 年新建装机容量的 1.8 倍。大多数垃圾焚烧发电厂集中在经济蓬勃发展的地区,如长三角地区(处理能力 5.78×10^7 $t \cdot a^{-1}$)、珠三角地区(处理能力 2.29×10^7 $t \cdot a^{-1}$)和京津冀地区(处理能力 1.42×10^7 $t \cdot a^{-1}$)。处理能力排前几位的省份是广东(处理能力 2.83×

10^7 t・a^{-1})、江苏(处理能力 2.23×10^7 t・a^{-1})、浙江(处理能力 2.005×10^7 t・a^{-1})、山东(处理能力 1.923×10^7 t・a^{-1}),占全国垃圾焚烧发电总处理能力的 47% 左右。

　　虽然我国生活垃圾焚烧设施的发展已历经多年,垃圾焚烧设备的数量明显增加,但缺口仍比较大。由于我国人口密度区域差异较大,针对不同地区的垃圾焚烧设备的要求也不尽相同。随着垃圾焚烧技术成为我国垃圾处理的首要方式,我国的垃圾焚烧技术在未来较长时间内仍会持续高速发展,城市垃圾焚烧设施布局也将不断完善,并由一线、二线城市向三线、四线城市扩散,最终实现全面覆盖。此外,随着垃圾焚烧技术的发展,我国的环保标准也在不断完善,对垃圾焚烧的监管更加严格,对垃圾焚烧企业实行在线监管制度,要求实现焚烧炉温度和污染物排放等指标的在线传输管控,实现政府对垃圾焚烧企业的全面监管。

5.1　焚　烧　原　理

1. 焚烧的基本概念

　　焚烧是固体废物与空气在焚烧炉内发生高温氧化热解反应的过程,固体废物通过焚烧过程实现了减量化、资源化、无害化。利用焚烧技术可处理生活垃圾、危险废物、工业固体废物等。

　　焚烧的减量化效果显著,相较于填埋可以节约大量场地。固体废物经焚烧处理后,可以实现有害细菌、病毒的彻底杀灭,分解破坏恶臭氨气和有毒有机物。通过固体废物焚烧产生的高温烟气可以加热蒸汽后用来供热及发电,炉渣还可以回收金属资源或用作建筑材料。同时相较于填埋场,垃圾焚烧不受天气影响,可实现全天候操作。

　　焚烧技术的缺点体现在设备投资较大,占用资金的周期较长。据统计,我国垃圾焚烧发电厂的建设投资在 50 万元・吨$^{-1}$ 左右。焚烧厂还会排放 SO_2、NO_x、HCl、PM、CO、重金属和二噁英等污染物。此外,焚烧技术对入炉固体废物的热值有一定要求(垃圾热值一般不宜低于 5000 kJ・kg^{-1}),这在一定程度上限制了焚烧技术的应用。

2. 固体废物的理化特性

　　固体废物的理化特性一般通过工业分析和元素分析进行测定。

　　工业分析的指标包括水分(M)、灰分(A_{ash})、挥发分(V)和固定碳(FC),这四个指标是了解固体废物性质的主要指标。其中,水分与灰分是不可燃组分,挥发分与固定碳是可燃组分,可燃组分与不可燃组分之和为固体废物的全部组成。固体废物的水分、灰分、挥发分通常通过试验直接测量得出,而固定碳则利用差减法计算得出。工业分析的目的主要是了解固体废物中发热量及其可燃物质含量的高低。其中将可燃物(挥发分和固定碳)、水分、灰分称为三成分,可近似地判断固体废物的可燃性。

　　水分表示固体废物中的水分含量,是固体废物处理过程中的一个重要参数,一般要求生活垃圾的含水率不得超过 50%。对于水分含量高、热值低的固体废物,须在入炉焚烧之前放入贮存坑 5~7 d 来降低含水率,从而提高焚烧效率。

　　灰分主要包括可燃有机物的燃烧残渣和不可燃无机物。固体废物灰分含量过高,会降低热值,并妨碍可燃物与氧气接触,不利于着火和燃尽。多灰固体废物的焚烧会造成燃烧过程中炉渣和飞灰的增加,造成除渣困难,增加处理炉渣和飞灰的成本。

固定碳是以固体形态燃烧的碳。其特点是热值较高,具有较高的着火温度和较长的燃尽时间,难以与氧气充分接触。固定碳一般可通过差减法计算:

$$FC = (1 - M - A_{ash} - V) \times 100\% \tag{5.1}$$

相较于发达国家,我国生活垃圾水分含量较高,且不同地区成分变化较大。我国生活垃圾典型组分的工业分析结果见表 5.1[1]。

表 5.1　生活垃圾典型组分工业分析

样　品	工业分析/%			
	水分	灰分	挥发分	固定碳
纸	10.3	8.15	70.68	10.87
织物	5.20	0.58	83.52	10.70
厨余	89.09	1.48	7.60	1.83
厨余(干)	6.72	12.68	64.96	15.64
木屑	16.18	0.82	68.08	14.92
橡胶	0.65	14.28	68.64	19.23
塑料	0.57	2.58	97.15	0
PVC	0.01	0.04	99.49	0.27

元素分析是指对固体废物中的碳、氢、氧、氮、硫、氯等元素进行定量分析。结果可用于计算固体废物的热值以及预测烟气中成分含量等。我国生活垃圾典型组分的元素分析见表 5.2[1]。

表 5.2　生活垃圾典型组分元素分析

样　品	元素分析/%					
	C	N	H	O	S	Cl
纸	39.88	0.40	6.42	33.95	0.20	0.70
织物	51.72	2.32	5.04	34.93	0.12	0.09
厨余	5.02	0.36	0.73	3.3	0.02	0
厨余(干)	42.91	3.07	6.72	28.21	0.14	0
木屑	45.88	0.97	5.54	30.05	0.50	0.06
橡胶	75.76	1.08	7.51	0	0.92	0.04
塑料	82.55	0.33	13.94	0	0.03	0
PVC	35.13	0.05	4.12	14.07	0.01	46.57

工业分析和元素分析都是固体废物成分的表示方法,都必须要明确基准。分析结果基准一般主要有收到基、空气干燥基、干燥基、干燥无灰基几种。收到基是以收到状态的生活垃圾分析结果为基准;空气干燥基以生活垃圾水分与空气中的湿度达到平衡状态时的分析结果为基准;干燥基以假想的无水状态的生活垃圾分析结果为基准;干燥无灰基以假想的无水无灰状态的分析结果为基准。生活垃圾工业分析和元素分析成分与基准的关系如图 5.1 所示。

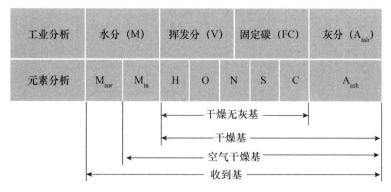

图 5.1 生活垃圾工业分析和元素分析成分与基准的关系

3. 固体废物的热值

热值,也称发热量,是单位质量的固体废物通过完全燃烧后冷却到其原始温度时释放的热量,是设计垃圾焚烧设备最重要的指标。垃圾的热值主要受其水分、灰分和挥发分的影响,判断垃圾是否可燃可通过三成分法进行分析。图 5.2 中,斜线覆盖部分为可燃区,边界或边界外为不可燃区。可燃区的界限值为 $V \geqslant 25\%$、$M \leqslant 50\%$、$A_{ash} \leqslant 60\%$。

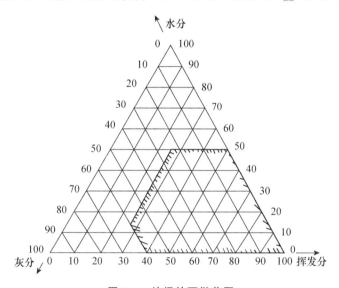

图 5.2 垃圾的可燃范围

热值分为高位热值和低位热值。高位热值是指单位质量的固体废物在恒压下完全燃烧,产生的水分凝聚成液体状态的发热量。低位热值又称净热值或蒸发热量,与高位热值相比,产生的水分以蒸汽状态存在,两者的差值是水的汽化潜热。高位热值通过标准实验计算得到,进而通过式(5.2)计算低位热值:

$$LHV = HHV - 2420 \left[9 \left(H - \frac{Cl}{35.5} - \frac{F}{19} \right) + M \right] \tag{5.2}$$

式中,LHV 为低位热值,单位 $kJ \cdot kg^{-1}$;HHV 为高位热值,单位 $kJ \cdot kg^{-1}$;H、Cl、F 为固体废物中氢、氯、氟的质量分数,单位%;M 为燃料水分的质量分数,单位%。

除了标准实验,也可利用 Dulong 方程式,基于固体废物的元素组成近似计算低位热值:

$$LHV = 2.32\left[14\,000C + 4500\left(H - \frac{1}{8}O\right) - 760Cl + 4500S\right] \tag{5.3}$$

式中,C、O、S 分别为固体废物中碳、氧和硫的质量分数,单位%。

4. 燃烧空气量

理论燃烧空气量(A_0,单位 kg·kg^{-1})是指理论上固体废物完全燃烧所需要的最小空气量,是焚烧炉设计和运行所需要的重要参数,计算方法如下:

$$A_0 = \frac{1}{0.231} \times \left[\frac{C}{12} + \frac{1}{4}\left(H - \frac{O}{8} - \frac{Cl}{35.5} - \frac{F}{19}\right) + \frac{S}{32}\right] \times 32 \tag{5.4}$$

式中,C、O、S、Cl、F 分别为废物中碳、氧、硫、氯和氟的质量分数,单位%。

为了保证入炉废物燃烧彻底,入炉空气量往往会大于理论燃烧空气量,此时的入炉空气量称为实际燃烧空气量(A):

$$A = mA_0 (m > 1) \tag{5.5}$$

式中,m 为过剩空气系数,单位%。

5. 焚烧烟气产量

理论烟气产量(FG_0,单位 kg·kg^{-1})指的是在固体废物仅供给理论燃烧空气量而完全燃烧所产生的烟气产量,理论烟气产量的确定对垃圾焚烧烟气净化工艺组合的设计至关重要。理论湿基烟气产量的计算公式如下:

$$FG_0 = 0.77A_0 + 3.67C + 2S + 1.03Cl + 1.05F + N + 9\left(H - \frac{Cl}{35.5} - \frac{F}{19}\right) + M \tag{5.6}$$

理论干基烟气产量(FG_0',单位 kg·kg^{-1})的计算方法为:

$$FG_0' = 0.77A_0 + 3.67C + 2S + 1.03Cl + 1.05F + N \tag{5.7}$$

6. 烟气停留时间

烟气停留时间(t)指的是固体废物燃烧后,在燃烧室内部,其产生的烟气与空气接触的时间。假设焚烧为一级反应,烟气停留时间的计算方法为:

$$t = -\frac{1}{k}\ln\left(\frac{c_A}{c_{A_0}}\right) \tag{5.8}$$

式中,c_{A_0} 为空气初始浓度,单位 g·mol^{-1};c_A 为 t 时间后空气浓度,单位 g·mol^{-1};t 为烟气停留时间,单位 s;k 为反应速率常数,单位 s^{-1}。

7. 理论燃烧温度

固体废物在燃烧过程中会放出热量,在燃烧系统为绝热状态条件下,燃料燃烧后产生的热量全部用于提高燃烧系统温度,燃烧系统最终达到的温度称为理论燃烧温度(T,单位℃),也可称为绝热火焰温度。理论燃烧温度受到反应物成分、反应初始温度及压力的影响。由于固体废物来源广泛、成分复杂,工程上经常采用经验公式计算理论燃烧温度,计算方法为:

$$T = \frac{LHV}{[1 + mA_0]c_p} + 25 \tag{5.9}$$

式中,c_p 为在 16~1100℃ 的条件下,烟气的近似比热容,一般为 1.254 kJ·kg^{-1}·℃$^{-1}$。

8. 固体废物的燃烧特性

热重分析法（TGA）可以准确地表征固体废物的燃烧特性。热重分析法是一种通过研究物质在一定温度与气氛条件下的质量变化来测量物质含量的方法，其结果常用 TG 热重曲线来表示。热重分析法的原理为在特定速度的温升控制下进行升温，升温过程中，固体废物的水分析出；随着温度的继续升高，挥发分析出，同时固体废物的质量逐渐减少；当升温达到一定温度，剩余物质开始着火燃烧，反应速度迅速增加。反映在 TGA 曲线上有一个突变点，在突变点附近曲线做切线，交点即定义为着火点。通过热重分析法可确定固体废物的开始热分解温度、着火温度、燃尽温度以及平均燃烧速度等参数。

9. 焚烧的影响因素

影响固体废物焚烧的关键参数包括焚烧温度（temperature）、湍流度（turbulence）、停留时间（time）和过剩空气系数（excess air）。这 4 个最重要的影响因素间相互依赖，通常称"3T1E 原则"。

（1）焚烧温度

固体废物焚烧温度是指固体废物中的有害成分在高温下进行氧化、分解和破坏所需要的温度。固体废物的焚烧温度远高于其着火温度。

适宜的温度一般通过实验确定。有机固体废物的焚烧温度大部分都在 $800 \sim 1100 ℃$。其中，生活垃圾为 $850 \sim 950 ℃$，医疗垃圾、危险废物要达到 $1150 ℃$。大多数有机固体废物的焚烧温度为 $800 \sim 1100 ℃$。脱臭工艺一般采用 $800 \sim 950 ℃$ 的焚烧温度。对于含有氯化物的固体废物，当焚烧温度高于 $800 \sim 850 ℃$，Cl_2 会转化为 HCl，可回收利用或通过污染物控制系统去除；若焚烧温度低于 $800 ℃$ 则会产生 Cl_2，较难去除。达到 $850 \sim 900 ℃$ 才能分解固体废物中的氰化物。而对于碱金属废物，焚烧温度不宜高于 $750 \sim 800 ℃$，否则易产生碱金属熔融盐，附着于焚烧炉管壁表面，造成腐蚀，可能导致炸炉等严重后果。

（2）湍流度

湍流度是用来表示固体废物与空气混合程度的指数。湍流度越大，固体废物与空气的混合越充分，空气的利用率越高，传质和传热过程越快，燃烧效果越好。扰动是焚烧过程中提升湍流度的关键，主要包括机械炉排扰动、旋转扰动、空气流扰动和流态化扰动等。流态化扰动具有最好的效果。空气流扰动是固定式炉排炉的主要扰动方式，其包括炉床下送风和炉床上送风这两种送风方式。旋转扰动一般发生在二次燃烧室，二次燃烧室的气流速度一般为 $3 \sim 7 \ m \cdot s^{-1}$，气流速度过高会导致停留时间缩短，同时带走大量热量，不利于燃烧。

（3）停留时间

固体废物在焚烧炉内的停留时间指的是生活垃圾从进入焚烧炉开始到焚烧结束从焚烧炉排出所需要的时间。焚烧的烟气停留时间是指生活垃圾产生的烟气从生活垃圾层逸出到焚烧炉排放所需要的时间。焚烧过程中烟气停留时间取决于燃烧室的几何形状、助燃空气供给速率和废气产率。垃圾焚烧过程中，垃圾的停留时间能达到 $1.5 \sim 2 \ h$，为了减少二噁英的排放，烟气停留时间一般大于 $2 \ s$（温度 $850 \sim 1000 ℃$）。

（4）过剩空气系数

在实际焚烧过程中，空气中的氧气与可燃固体废物不能充分达到理想的混合度和反应效果。为了完全燃烧固体废物，除了理论燃烧空气量外，还需要提供更多助燃空气，以便固体废物和空气完全混合燃烧。增加过剩空气系数可以增加焚烧用氧量，改善炉内湍流和燃烧效果。但当过剩空气系数过大时,空气会迅速带走炉内热量,降低焚烧温度,增加焚烧烟气产量。

过剩空气系数的定义为实际燃烧空气量与理论燃烧空气量的比值:

$$m = \frac{A}{A_0} \tag{5.10}$$

除"3T1E 原则"以外,还有其他影响固体废物焚烧的因素,如空气预热温度、料层的厚度、固体废物在炉中的运动方式、烟气净化系统阻力、燃烧器性能、进气方式等,这些基本参数也需要在实际生产中严格控制。

10. 焚烧处理的技术指标

(1)减量比

减量比是指固体废物焚烧后减少的质量与投加固体废物中可燃废物的总质量的百分比。减量比较高说明可燃废物燃烧较充分,焚烧处理效果较好。减量比通过以下公式计算:

$$\text{MRC} = \frac{m_b - m_a}{m_b - m_c} \times 100\% \tag{5.11}$$

式中,MRC 为减量比,单位%;m_a 为固体废物焚烧后残渣的质量,单位 kg;m_b 为投加固体废物的质量,单位 kg;m_c 为固体废物焚烧后残渣中的不可燃物质,单位 kg。

(2)热灼减率

热灼减率是指固体废物焚烧产生的炉渣灼热后减少的质量与原炉渣质量的百分比。热灼减率较低说明炉渣中可燃的固体废物含量较低,燃烧较完全,焚烧效果较好。热灼减率可通过以下公式计算:

$$P = \frac{m_A - m_B}{m_A} \times 100\% \tag{5.12}$$

式中,P 为热灼减率,单位%;m_A 为炉渣干燥到室温下的质量,单位 g;m_B 为在 $600 \pm 25^{\circ}\text{C}$ 条件下,炉渣灼热 3 h 后冷却至室温的质量,单位 g。

(3)燃烧效率

燃烧效率常用于评估城市生活垃圾焚烧处理是否可达预期处理要求。燃烧效率较高则具有较好的焚烧效果。燃烧效率可通过以下公式计算:

$$\text{CE} = \frac{[CO_2]}{[CO_2] - [CO]} \times 100\% \tag{5.13}$$

式中,$[CO_2]$ 为烟气中二氧化碳的浓度;$[CO]$ 为烟气中一氧化碳的浓度。

【例题】表 5.3、表 5.4 中为某垃圾样品的三成分分析和元素分析结果,试计算:

(1)垃圾的高位热值和低位热值。

(2)理论燃烧空气量,理论湿基烟气量。

表 5.3 垃圾样品三成分分析

项 目	工业分析/%
挥发分 V	37.5
灰分 A_{ash}	15.9
水分 M	46.6

表 5.4　垃圾样品元素分析

项　目	元素分析/%
C	20.00
H	3.00
F	0.19
N	0.50
S	0.02
Cl	0.35
O	14.00

解： (1) $\text{LHV} = 2.32 \times \left[14\,000\text{C} + 4500\left(\text{H} - \dfrac{1}{8}\text{O}\right) - 760\text{Cl} + 4500\text{S} \right]$

$$= 2.32 \times \left[14\,000 \times 20.00\% + 4500 \times \left(3.00\% - \dfrac{1}{8} \times 14.00\%\right) - 760 \right.$$

$$\left. \times 0.35\% + 4500 \times 0.02\% \right]$$

$$= 6622.42\,(\text{kJ} \cdot \text{kg}^{-1})$$

$$\text{HHV} = \text{LHV} + 2420\left[9\left(\text{H} - \dfrac{\text{Cl}}{35.5} - \dfrac{\text{F}}{19}\right) + \text{M} \right]$$

$$= 6622.42 + 2420 \times \left[9 \times \left(3\% - \dfrac{0.35\%}{35.5} - \dfrac{0.19\%}{19}\right) + 46.6\% \right]$$

$$= 8399.21\,(\text{kJ} \cdot \text{kg}^{-1})$$

(2) $A_0 = \dfrac{1}{0.231} \times \left[\dfrac{\text{C}}{12} + \dfrac{1}{4}\left(\text{H} - \dfrac{\text{O}}{8} - \dfrac{\text{Cl}}{35.5} - \dfrac{\text{F}}{19}\right) + \dfrac{\text{S}}{32} \right] \times 32$

$$= \dfrac{1}{0.231} \times \left[\dfrac{20\%}{12} + \dfrac{1}{4}\left(3\% - \dfrac{14\%}{8} - \dfrac{0.35\%}{35.5} - \dfrac{0.19\%}{19}\right) + \dfrac{0.02\%}{32} \right] \times 32$$

$$= 2.74\,(\text{kg} \cdot \text{kg}^{-1})$$

$\text{FG}_0 = 0.77\,A_0 + 3.67\text{C} + 2\text{S} + 1.03\text{Cl} + 1.05\text{F} + \text{N} + 9\left(\text{H} - \dfrac{\text{Cl}}{35.5} - \dfrac{\text{F}}{19}\right) + \text{M}$

$$= 0.77 \times 2.74 + 3.67 \times 20\% + 2 \times 0.02\% + 1.03 \times 0.35\% + 1.05 \times 0.19\% + 0.5\%$$

$$+ 9\left(3\% - \dfrac{0.35\%}{35.5} - \dfrac{0.19\%}{19}\right) + 46.6\%$$

$$= 3.59\,(\text{kg} \cdot \text{kg}^{-1})$$

5.2　固体废物焚烧工艺与设备

5.2.1　固体废物焚烧系统

固体废物焚烧系统以垃圾焚烧发电厂为主,垃圾焚烧发电厂的组成系统包括垃圾贮存及进料系统、点火及助燃系统、焚烧炉、废热回收系统、烟气处理系统、灰渣收集与处理系统等。垃圾通过运输车运入焚烧发电厂,经地磅称重后,卸料进入垃圾贮坑。贮坑一般采用密封装置并维持负压,用以抑制垃圾贮坑中臭气溢出,产生的臭气一般输送至焚烧炉中焚烧处理。垃圾在坑内发酵脱水后被给料抓斗送入给料器,之后进入焚烧炉焚烧。垃圾焚烧前需要喷入燃料油助燃,炉内温度达到850℃后垃圾进入焚烧炉焚烧,此时助燃装置可停用。垃圾焚烧生成的炉渣处理后可用于填埋或资源化利用,焚烧产生的高温烟气加热余热锅炉用于发电,经烟气处理系统处理后排放进入大气。

以合肥某环保产业园垃圾焚烧发电项目为例,该项目建设有 4 台 500 t·d⁻¹ 机械炉排焚烧炉,余热锅炉采用 5.4 MPa、450℃的中温次高压蒸汽参数,可提高发电热效率以及余热的利用效率。配套建设 2×25MW 凝汽式汽轮发电机组,具有较低的运行故障率和较高的内效率,可有效增加项目运行收益。该项目还同步建设了辅助工艺系统和公用工程等配套设施,其工艺流程图见图5.3。

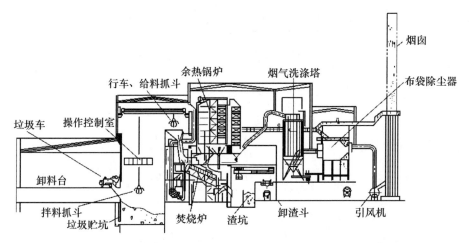

图 5.3　垃圾焚烧工艺流程

5.2.2　垃圾贮存及进料系统

生活垃圾由运输车运入焚烧厂首先应通过计量磅站称重记录,之后经卸料口倒入垃圾贮坑。垃圾贮坑一般可以堆放 3~5 d 的焚烧垃圾,垃圾发酵脱水产生的渗滤液通过贮坑下部不锈钢格槽流入收集井,送入污水处理设施进行处理,在燃料热值较高的情况下也可能喷入焚烧炉焚烧处理。垃圾贮坑不设置伸缩缝,使用混凝土的抗渗等级为 P8,并在贮坑底部和外侧铺设防渗材料,保证了贮坑的防渗性能;采用抗腐蚀能力强的水泥材料,并在贮坑内壁涂设防腐涂料,保证了贮坑的抗腐蚀性能。垃圾贮坑配备鼓风机,抽气维持坑内负压,防止恶臭气体向外泄漏,抽离的臭气通过专用风道送入焚烧炉进行焚烧处理,当焚烧炉停炉检修时,抽离的臭气利用活性炭除臭装置处理,达到排放标准后经过烟囱排放。垃圾贮坑中的垃圾经 1~2 座吊车及抓斗进入进料系统,进料系统包括料斗和落料槽,运行时槽内一般存有约 3 m 高的料层,避免空气从进料系统进入焚烧炉。进料系统应具有较好的稳定性和耐久性,并同时具有良好的密闭性。

5.2.3　固体废物焚烧设备

焚烧炉作为垃圾焚烧发电厂建设工程前期投资的主要设备,其炉型的选择和设计至关重要,关系到垃圾入炉后是否可以正常燃烧,因此本小节将针对垃圾焚烧发电厂的焚烧设备进行介绍。

1. 炉排型焚烧炉

我国处理生活垃圾使用最为广泛的焚烧炉炉型为炉排型焚烧炉(简称"炉排炉")。2020年,全国 87.6% 的垃圾焚烧发电厂采用炉排炉,炉排炉具有技术成熟、运行稳定、适应性广、维护简单等优点。绝大部分固体废物不需要经过预处理即可直接进入炉排炉焚烧,炉排炉对于大规模垃圾集中处理尤其适用。炉排炉采用层状燃烧技术,对垃圾预处理的要求较低,适用范围较广,在国内外均获得广泛应用,当下炉排炉的技术已经较为成熟,其单炉最大处理规模可达 1200 t·d^{-1}。但炉排炉对材质的要求较高,投资成本较高,占地面积相对较大。对于污泥等含水率较高的固体废物,适应性有待提高。且高温过热器易发生腐蚀,制约了垃圾焚烧的热效率。炉排炉内部的有机污染物浓度也相对较高。炉排炉包括固定炉排焚烧炉和机械炉排焚烧炉两种炉型。固定炉排焚烧炉的炉排是固定不动的,采用间歇式进料,将固体废物放置于炉排上进行焚烧,利用自然风补给,该炉型适用于较小型的焚烧炉。机械炉排焚烧炉的典型代表为活动炉排焚烧炉,该炉型可实现垃圾焚烧操作的连续化、自动化。

炉排主要用于运输焚烧炉内燃料,供给和输送燃料,部分与焚烧炉性能控制措施相结合。固体废物在炉排上的停留时间一般不超过 60 min。从炉排的基本结构形式来讲,一般可以分为链条式炉排、阶梯往复式炉排、滚动式炉排等。

(1)链条式炉排

链条式炉排一般分为三段或两段结构,其中,每段炉排分别由独立的传动系统驱动。前段为干燥段,炉排采用倾斜布置,用于去除固体废物中水分;后段为燃烧段,炉排采用水平布置。链条式炉排通过链条的移动向前运输固体废物,结构简单,无法搅拌物料,因此可能造成局部燃烧不完全的现象。其结构如图 5.4 所示。

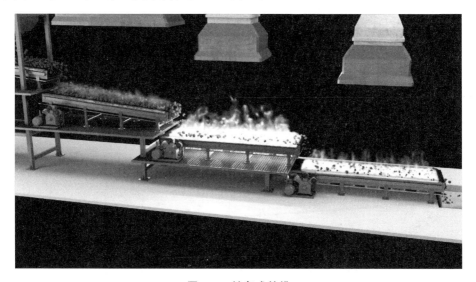

图 5.4　链条式炉排

(2)阶梯往复式炉排

阶梯往复式炉排一般为阶梯状布置,固定炉排和活动炉排是其炉排的两个组成部分,两者交替叠放,机械推动活动炉排往复运动,推动固体废物向前,而固定炉排保持不动。有的阶梯往复式炉排相邻的两层一层移动,一层固定,有的阶梯往复式炉排相邻几层移动,另外几层固定,可实现对固体废物的翻动、搅拌和混合,使炉排炉底部的空气和固体废物充分接触,实现焚烧的高效率。因此,相较于链条式炉排,阶梯往复式炉排的性能要更好。阶梯往复式炉排的结构见图5.5。

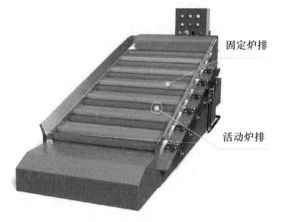

图 5.5　阶梯往复式炉排

（3）滚动式炉排

滚动式炉排属于前推式炉排的一种,其包含倾斜布置的多个滚筒,滚筒横贯炉宽,串联安排,利用液压装置实现旋转运动,旋转过程中使得滚筒上的垃圾在焚烧的同时波浪式运动,充分搅拌垃圾,燃烧效果好。

滚动式炉排运行过程中,滚筒区域为垃圾的干燥和焚烧区,该区域内,含水量较高的垃圾迅速干燥脱水并及时着火。在高温热辐射的作用下,炉膛内形成垃圾焚烧所需要的高温环境,使得垃圾燃烧充分,同时减少有害物质的生成。前方燃烧生成的高温烟气使经过火焰冲刷后滚筒上的垃圾进一步燃尽。图5.6为滚动式炉排。

图 5.6　滚动式炉排

2. 流化床焚烧炉

流化床焚烧炉是我国常用的垃圾焚烧炉炉型,广泛用于处理经粉碎处理后的颗粒固体废物,2020 年我国 12.4% 的垃圾焚烧发电厂采用流化床焚烧炉。流化床焚烧炉利用高速气流驱动垃圾颗粒在炉膛内部充分流动,使垃圾能够完全燃烧。因此,须对一般生活垃圾进行预处理,粉碎之后再投入炉内与高温流动砂混合接触,实现燃烧。未燃尽成分和部分轻质垃圾上流至上部燃烧室继续燃烧。上部燃烧室也称为二燃室,容积占流化层的 4～5 倍,燃烧占 40% 左右。上部空间的温度通常达到 850～950℃,而床层本身温度可达到 650℃ 或稍高。流动砂和不可燃物沉底后排出。对混合物进行分离,带有大量热量的流动砂流回流化床焚烧炉内循环使用。以飞灰形式流向烟气处理设备的灰分约占垃圾灰分的 70%。流化床焚烧炉具有燃料适应性强、燃烧彻底、可有效控制污染物排放的特点。

目前流化床焚烧炉的主体为立式气缸形式的直线燃烧室,主要采用耐火材料钢制容器。流化床焚烧炉内有一定粒径的石英砂,焚烧炉运行时,气体以一定速度通过布风板从炉底向上通过传热介质(石英砂)进入炉膛内,在气流作用下,石英砂“沸腾”呈流化状态。

同时,从喷油嘴喷入液体燃料并点火,对炉膛和石英砂进行预热。可选择掺烧适量煤粉,使炉膛温度达到预设温度后再从塔顶或塔侧加入预处理后的垃圾进行燃烧。垃圾颗粒入炉后和灼热石英砂迅速完全混合,经过干燥、燃烧后,产生的烟气从塔顶排出,烟气携带的传热介质颗粒以及灰渣经除尘器捕集后返回流化床内。焚烧需要的风量分两级进入焚烧炉,其中,一次风从流化床底部进入,而二次风则从流化床中部进入,可以有效抑制氮氧化物的生成。

循环流化床是最典型的流化床燃烧炉,除了拥有一般流化床燃料适应性强的优点,还增加了物料循环回路,并具有更高的流化速度,如图 5.7 所示。由于流化床焚烧炉内气体流速较高,带走了大部分燃料和床层物质,这些颗粒在循环旋流器中分离出来,通过循环管送回至焚烧炉内。

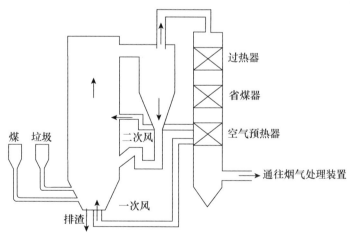

图 5.7　循环流化床示意

流化床焚烧炉采用流态化燃烧,传热、传质速率快,焚烧效率高,垃圾燃烧后排出炉体的未燃部分仅为 1% 左右;流化床焚烧炉结构简单,造价较低;由于燃烧温度多控制在 800～900℃,氮氧化物生成量少;流化床可处理含水率较高的固体废物,如污泥等。

流化床焚烧炉的缺点主要在于烟气中颗粒物含量较高,加重了后期处理负担;为了保证入炉垃圾能够充分流化,需要增设大功率的垃圾破碎装置筛除比重或直径较大的组分再入炉焚烧,增加了耗电量;流化床锅炉对操作运行以及维护的要求较高,操作运行及维护费用较高,年运行时间通常只有 6000 h,而炉排炉的年运行时间为 8000 h 左右。

3. 回转窑焚烧炉

回转窑焚烧技术是一种成熟的工业焚烧技术,最初主要应用于生产水泥熟料,具有耐用性强和适用性广的特点,广泛应用于危险废物的焚烧,也用于焚烧干湿混合的固体废物,特别是焚烧污泥。回转窑焚烧炉为可旋转锅炉,在其钢制圆筒内部衬设耐火涂料,其沿轴线方向有一定倾斜度。垃圾由回转窑焚烧炉上部投入,随着炉体的慢速旋转,垃圾不断地反转,并沿炉体向炉尾移动,在炉体旋转的同时,炉筒内壁耐高温抄板将垃圾由筒体下部带到筒体上部,然后靠垃圾自重落下。回转窑焚烧炉筒体内上半部分为燃烧空间,下半部分为物料层。物料在筒体内经过翻动前进、燃烧、燃尽成渣等阶段,由筒体的尾部排出。用于固体废物处理的回转窑工作温度可达到 500～1450℃,传统氧化燃烧温度一般在 850℃ 以上,危险废物在窑内的焚烧温度一般为 900～1200℃。回转窑焚烧炉通常设有辅助燃烧器用以维持窑内较高温度,进料前,利用辅助燃烧器将窑内温度升高到要求温度,燃烧器所使用的燃料包括燃料油、液化气或高热值废液。回转窑焚烧炉有时还配有前置推动炉排或后置推动炉排,分别起到干燥和促进物料燃尽的作用。回转窑焚烧炉的缺点为:燃烧控制较难、热值低的垃圾不易燃烧;处理量比较小,规模在 200 t·d^{-1} 左右;连续传动装置较为复杂,维修困难,炉内的耐火材料容易损坏。回转窑焚烧炉结构见图 5.8。

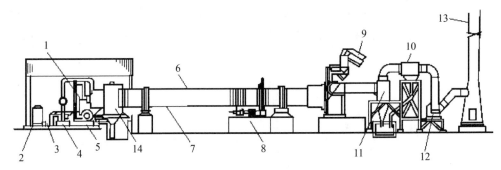

1—燃烧喷嘴;2—重油贮槽;3—油泵;4—三次空气风机;
5——次及二次空气风机;6—回转窑焚烧炉;7—取样口;8—驱动装置;
9—投料传送带;10—除尘器;11—旋风分离器;12—排风机;13—烟囱;14—二次燃烧室。

图 5.8　回转窑焚烧炉

采用回转窑焚烧炉进行垃圾处理时,可以考虑以下几种技术方案:① 垃圾与其他物料协同焚烧;② 先将垃圾制成垃圾衍生燃料(RDF),再采用回转窑焚烧炉焚烧;③ 垃圾热解后,产生的烟气利用回转窑焚烧炉进行焚烧;④ 在炉排炉后设置回转窑焚烧炉,用以提高炉排炉炉渣的燃尽率,从而将炉渣资源化利用;⑤ 将简易回转窑焚烧炉用于烘干湿垃圾,然后再进入炉排炉或热解气化炉进行处理。上述几种技术方案各有利弊,须根据实际情况慎重选择合适的技术方案。

　　回转窑焚烧炉的温度场较高,热力场的气流滞留时间长,绝大部分重金属元素被转化为稳定的盐类,从而固化在水泥熟料中,避免了垃圾焚烧过程中容易产生的二次污染。

　　炉排型焚烧炉、流化床焚烧炉和回转窑焚烧炉 3 种焚烧炉的比较见表 5.5。

表 5.5　3 种典型焚烧炉炉型的比较

项　目	炉排型焚烧炉	流化床焚烧炉	回转窑焚烧炉
炉排样式	机械炉排	无炉排	无炉排
主要传动机构	炉排	砂循环	炉体
燃烧空气压力	低	高	低
垃圾与空气接触	较好	最好	较好
点火升温	较快	快	慢
二次燃烧室	需要	需要	需要
烟气温度	较高	中	较低
烟气中含尘量	低	高	较高
占地面积	大	小	中
垃圾破碎情况	不需要	需要	不需要
燃烧介质	不用载体	需要石英砂作热载体	不用载体
燃烧炉体积	较大	小	大
加料斗高度	高	较高	低
焚烧炉状态	静止	静止	旋转
残渣中未燃分	少,<3%	最少,<1%	较少,<5%
操作运行	方便	不太方便	方便
适应垃圾热值	低	低	高
适应垃圾水分	高	较高	较低
操作方式	连续	可间断	连续
单炉垃圾处理量	大	大	中
耐火材料磨损性	小	大	大
检修工作量	较多	较多	较少
运行费用	较高	高	低
垃圾焚烧市场比例	高	低	较低
设备投资	高	低	较低
垃圾焚烧历史	长	短	较长

　　通过表 5.5 可以看出,炉排炉技术最为成熟,更适合应用于大型焚烧炉,是国内焚烧炉应用的主流类型。炉排炉可以保证含水率高、热值低、成分波动垃圾完全燃烧,操作方便可靠,相对不易造成二次污染;经济性较高,垃圾入炉前不需要预处理,设备运行相对稳定,使用寿命长。

5.2.4　点火及助燃系统

　　在焚烧炉开始焚烧垃圾之前,为防止炉内温度较低而造成污染物排放超标,需要利用点火燃烧器喷入燃气或燃油,将炉内温度提升至 850℃ 以上。在停炉时,也需要点火燃烧器维持炉内温度在 850℃ 以上。当投入焚烧炉能以正常温度连续运行以后,点火燃烧器即可关闭。相较于燃气,燃油运输更方便,安全性更高,同时价格更贵;燃气的管道施工周期长,且需要单独铺设。当垃圾热值较低无法保证焚烧炉出口烟气温度在850℃以上时,需要辅助燃烧器喷入辅助燃料,确保炉内焚烧烟气温度达到850℃以上且温度保持2 s以上。促使焚烧炉温度恢复以后,辅助燃烧器自动熄火。为防止焚烧炉前后拱温度过高造成浇注料脱落,避免局部温度过高造成灰熔融固化,形成结渣附着于炉壁,同时提高余热利用效率,须通过炉壁冷却装置将锅炉房内的冷空气送入炉墙空气室,达到冷却炉壁、提高耐火砖使用寿命的目的。

助燃空气系统用于为焚烧炉提供燃烧所需的过量空气,还可以冷却炉排、控制烟气气流、混合以及干燥物料等。助燃空气可以分为一次助燃空气和二次助燃空气两种。由鼓风机在垃圾贮坑上方抽取一次助燃空气,一次助燃空气经过空气预热器加热到220℃后,从炉排下方的漏渣斗送入焚烧炉内,约占助燃空气的60%～80%。为利用余热,炉壁冷却装置喷出的温风也被送入一次风道。一次助燃空气主要发挥助燃、搅动物料、冷却炉排的作用。二次助燃空气从焚烧炉室和除渣机出口抽入空气,经过预热后由焚烧炉炉壁上的二次风喷嘴喷入焚烧炉内,约占助燃空气的20%～40%,主要发挥助燃、控制湍流度、调节炉膛温度、控制锅炉出口氧含量以及增加烟气停留时间的作用。

5.2.5　废热回收系统

垃圾焚烧会产生高温烟气,为了回收烟气热量,实现垃圾能源化,提高垃圾焚烧发电厂的经济效益,一般选择安装余热锅炉进行发电或供热。余热的利用方式一般分为余热发电、回收热量和热电联供3种。

1. 余热发电

将高温烟气中的热能转化为便于传输的电力可以最大程度上提高利用效率,获得可观的经济收益。余热锅炉利用垃圾焚烧产生的高温烟气加热换热管中的水,形成过热蒸汽推动汽轮机发电机组发电。一般情况下,焚烧1 t垃圾可生成0.3～0.7 MW的电力。随着垃圾分类的全面实施,垃圾的热值逐渐升高,其发电潜力巨大,是具有利用价值的可再生能源。

2. 回收热量

回收热量是对垃圾焚烧高温烟气所携带的热量进行回收,使其转化为高温蒸汽、热水或者热空气,直接向外界提供。该利用方式具有较高的热利用率、能够节约设备投资费用,主要适用于日处理量小于100 t的小型垃圾焚烧发电厂。该类型的垃圾焚烧发电厂建设前须做好综合规划,否则难以形成良好的供需关系。

3. 热电联供

热电联供即采用高压蒸汽发电的同时利用低压蒸汽向外供热。与余热发电相比,热电联供降低了热损失,大大提高热能的利用率。

相较于燃煤电厂,垃圾焚烧发电厂的烟气中颗粒物、HCl等污染物含量较高,其对锅炉受热面的磨损和腐蚀更为剧烈。垃圾焚烧产生的烟气中,碱金属的存在形式为气相氯化物或氢氧化物,其冷凝于换热器管束表面,使得换热管束积灰增加,加大了结渣、结焦的可能性,使得换热效率降低和锅炉设备腐蚀。为了减少积灰腐蚀和管道堵塞,余热锅炉一般采用卧式布置。为提高焚烧发电效率,减少腐蚀,可选用耐腐蚀合金制造锅炉设备,研发耐高温氯腐蚀涂层技术;选择合理的清灰方式,有效减少锅炉受热面附着的积灰;将高温过热器和省煤器的烟气温度控制在650℃和350℃以下以抑制高温腐蚀。

5.2.6　灰渣收集与处理系统

垃圾焚烧灰渣作为垃圾焚烧产生的副产物,质量一般为垃圾焚烧前的 5%～30%。一般可包含底灰、炉渣、飞灰等几种。底灰指的是炉排末端输出的残余物质,主要包括垃圾焚烧后产生的灰分以及部分不完全燃烧的物质。炉渣指的是从炉排缝隙掉出的残余物质,主要包含玻璃碎片及金属等,一般可归入底灰。飞灰指的是除尘设施收集的颗粒物。因此,焚烧灰渣一般可分为底灰和飞灰两种,其中底灰约占总重的 80%,飞灰约占 20%。

1. 底灰处理技术

根据《生活垃圾焚烧污染控制标准》(GB 18485—2014)规定,底灰按照一般固体废物处理。当前我国垃圾焚烧底灰一般采取填埋处理,该处理方法占用大量土地资源。底灰作为城市资源的一部分,具有资源化利用的广阔前景。底灰制备建材是其资源化利用的最佳选择之一,是环境风险较低的再生材料。道路建设需要消耗大量建材,在当前优质建材供应难度越来越大的前提下,底灰作为回填路基材料能够为城市道路建设提供可持续的建材来源,作为混凝土的代替骨料与水泥以及其他骨料按照一定比例混合制备混凝土,还可以作为生产微晶玻璃、陶瓷的主要原料。

2. 飞灰处理技术

飞灰由于本身含有重金属和二噁英,属于危险废物,处理不当会污染土壤、大气及水体,严重危害人类健康及生态环境。飞灰处理技术主要包括水泥固化、等离子体(plasma)熔融、化学药剂稳定化、水热处理、生物/化学提取及超临界流体萃取技术等。

(1) 水泥固化技术

水泥固化技术是指将飞灰和水泥进行混合,发生水化反应生成稳定的水化碳化钙块状产物,该技术能够大幅降低飞灰重金属浸出毒性。通过水泥固化技术,飞灰中的重金属以氢氧化物或络合物的形式被包裹在水化硅酸盐中,因其具有比表面积小和渗透性低的特点,从而可以达到降低飞灰浸出毒性的目的[2]。目前,最常用的固化剂水泥品种为普通硅酸盐水泥。利用水泥固化技术处理飞灰的优点包括操作简单、材料来源广、工艺设备成熟、处理成本低等优点。但该方法也普遍存在一些缺点:加入水泥会造成处理后填埋产物体积的增加;水泥固化对于六价铬、钼、镉等部分重金属的固化效果一般;该方法无法实现二噁英类的降解;处理飞灰消耗的大量水泥的生产会造成大量 CO_2 气体的排放,不利于碳中和、碳达峰目标的实现。

(2) 等离子体熔融技术

处理飞灰的等离子体熔融技术起源于玻璃工业的高温熔融技术。工业熔融温度一般可以达到 1500℃,能够将飞灰熔融成为熔浆态,实现减量化和无害化。等离子体熔融技术利用等离子体形成高温环境,彻底破坏二噁英等有机污染物;飞灰熔融后冷却形成玻璃体,重金属被稳定固化在玻璃体的硅氧四面体结构中,难以浸出,解决了重金属污染问题;产生的玻璃体还可以进一步资源化利用,如用于铺路或作为建筑材料等。因此,等离子体熔融技术是飞灰减量化、资源化、无害化处理最有效的技术之一。但是该技术具有能耗高、成本高的缺点,且重金属挥发分离形成的二次飞灰收集和回收困难,一定程度上制约了该技术的发展。

(3) 化学药剂稳定化技术

化学药剂稳定化技术是利用化学药剂通过化学反应使有毒有害物质转变为低溶解性、低迁移性及低毒性物质的过程[2]。该技术具有飞灰处理效率较高、适合规模化运用等优点。

常用的稳定化药剂包括石膏、漂白粉、磷酸盐、硫化物(硫代硫酸钠、硫化钠)、高分子有机稳定剂、铁酸盐、黏土矿物等[2]。化学药剂稳定化技术可与水泥固化技术联合使用,一方面可以减少水泥用量,另一方面又能增强处理效果。

化学药剂稳定化技术可以实现无害化处理飞灰,且增容量少,通过优化螯合剂的结构和性能可以进一步加强螯合作用,从而提高反应产物的稳定性,减少对环境的危害。但是大多数化学药剂对溶解盐以及二噁英的稳定效果较差,且具有选择性,难以制备得到适用性广泛的化学药剂。

(4) 水热处理技术

水分子在水热条件下的运动速度、离子积常数和扩散系数会显著增加,水热处理技术指的是在水热条件下利用飞灰中或外加的 Al、Si 源在碱性条件下合成硅铝酸盐矿物,将重金属稳定于矿物中。对于重金属的稳定化可选择较低的水热条件[2]。

水热处理技术飞灰因其能有效地提高飞灰化学稳定性,并且在经济、技术及环境等方面有明显优点。该方法已经成功应用于碱性条件下(氢氧化钠和氢氧化钾)处理煤飞灰,同样也能够在城市生活垃圾飞灰处理方面取得很好的效果。因此,水热处理技术是一种非常有潜力的飞灰处理技术。

(5) 生物/化学提取技术

生物/化学提取技术指的是利用生物方法或者化学方法使得重金属从飞灰中分离出来,在回收飞灰中重金属的同时,使得飞灰成为普通固体废物。该技术不仅降低了飞灰的环境危害性,同时可将提取重金属后的飞灰用于建筑材料以实现其资源化利用。飞灰重金属提取方法主要包括生物浸提法和化学浸提法等。

① 生物浸提法

生物浸提法是利用微生物将重金属溶出的方法。其中,氧化亚铁硫杆菌、铁氧化钩端螺旋菌和氧化硫硫杆菌都有广泛的应用。一般认为生物淋滤过程存在直接作用机理和间接作用机理两种浸出机制。直接作用机理是指矿物颗粒表面微生物通过细胞外多聚物与矿物表面金属直接作用,矿物中金属在特定酶的作用下以离子形式浸出,同时将硫氧化成硫酸根[3]。间接作用机理指矿物中金属是在化学反应过程中逐步浸出的,其间没有微生物的直接作用。方程式如下,其中 Me 表示二价金属[4]:

$$MeS+2O_2+2H^+\longrightarrow Me^{2+}+H_2SO_4$$
$$MeS+2Fe^{3+}\longrightarrow Me^{2+}+2Fe^{2+}+S$$

相较于使用单一的菌种,采用多菌种并存的方式更有利于重金属的溶出。因为共培养方式有利于加快细菌的生长速度及增加体系的酸度,而多菌种并存时各菌种可以相互弥补各自的缺点[5]。

② 化学浸提法

化学浸提法指的是通过加入特定的化学药剂将易溶性重金属提取出来,达到回收利用的目的[2]。HCl、HNO_3、H_2SO_4、NaOH、NH_3 和螯合剂等都是常用的化学试剂。其中HCl、HNO_3 可实现绝大部分金属的提取,H_2SO_4 能提取除 Pb、Ca 以外的大部分金属,碱可选择性提取两性金属。螯合剂能与飞灰中重金属反应生成可溶性配合物,进而提取重金属。Wu 等[6]认为化学浸提法与生物浸提法配合使用更有利于重金属的提取,因为化学浸提法有利于飞灰中 Cu 的溶出,生物浸提法有利于飞灰中 Mn 和 Zn 的溶出。

采用生物/化学提取技术处理飞灰,可以提取回收重金属,且该工艺简单可靠,可操作性强。但微生物的培养所需要的各类化学药剂成本较高,回收的重金属往往不能抵消药剂成本。

(6) 超临界流体萃取技术

超临界流体萃取技术的原理是利用流体在超临界区内,待分离混合物中的溶质在温度和压力的微小变化时,其溶解度会在相当大的范围内变动,从而达到分离提纯的目的[2]。目前 CO_2 是最常用的超临界流体,但由于 CO_2 是非极性流体,而重金属离子常带有很强的极性,使得重金属与超临界 CO_2 之间的范德瓦耳斯力较弱。为了解决这个问题,β-二酮、冠醚类、有机磷类、有机胺等物质常用于超临界 CO_2 萃取重金属的配合剂。飞灰内部的传质效率或反应速度、飞灰中玻璃相含量和飞灰的湿度是影响超临界流体萃取重金属效率的主要因素。超临界流体萃取技术适应性非常广泛,然而该技术工作环境压力较高,对设备及工艺技术具有较高要求,需要高额投资成本。

5.3　固体废物焚烧发电烟气净化工艺

5.3.1　生活垃圾焚烧烟气污染物

由于生活垃圾含有大量的可燃有机物、有机氯、无机氯和重金属等,成分复杂,性质不均,在焚烧过程中经过大量化学反应,产生烟气污染物。根据烟气污染物的性质不同,将其分为颗粒物、酸性气体、重金属和有机污染物 4 大类。

1. 颗粒物

烟气中的颗粒物主要包括完全燃烧的小颗粒灰分无机物以及不完全燃烧的颗粒炭等有机物、高温挥发的金属盐类和金属氧化物等,重金属和二噁英常附着于颗粒物。一般可分为 $PM_{2.5}$ 和 PM_{10}。

2. 酸性气体

酸性气体主要包括 HCl、硫氧化物(SO_2 和 SO_3)、卤化氢(氟、溴、碘等)、NO_x、碳氧化物以及五氧化磷(PO_5)和磷酸(H_3PO_4)。酸性气体的主要成分是 HCl,主要来自垃圾中含氯塑料(如 PVC)、厨余垃圾和漂白纸张的燃烧。HCl 不仅损害人的皮肤和呼吸系统,危害人体健康,而且会导致炉膛高温腐蚀和受热面低温腐蚀,威胁焚烧炉高效稳定运行。

3. 重金属污染物

重金属污染物主要包括铅、汞、铬、镉、砷、锑、铊、锰、钴、铜、镍及其化合物。生活垃圾中含有的重金属及其化合物是烟气中重金属的主要来源。重金属在人体内无法被分解,易在人体内富集,其致癌作用受到广泛关注,是生活垃圾焚烧致癌风险的最主要来源。重金属(如铜及其氯化物)还可以催化剧毒物质二噁英的形成。

4. 有机污染物

生活垃圾焚烧过程中,有机物经过分解、合成、取代等化学反应生成一些有害有机污染物,其产生的二噁英为垃圾焚烧发电项目"邻避效应"的主要原因。自垃圾焚烧技术应用以来,二噁英一直备受关注,是目前已知的毒性最高的物质之一。二噁英摄入后易在人体内积聚,具有极强的致癌、致畸和致突变作用。

5.3.2 垃圾焚烧发电厂污染物排放现状

1. 烟气污染物排放限制

环境保护部于2014年发布了《生活垃圾焚烧污染控制标准》，并于2014年7月正式实施。其中规定了垃圾焚烧烟气中颗粒物、CO、SO_2、HCl、NO_x、重金属和二噁英的污染物排放浓度限值，如表5.6所示。

表5.6　生活垃圾焚烧炉排放烟气中污染物限值

标　准	颗粒物 /(mg· m^{-3})	CO /(mg· m^{-3})	SO_2 /(mg· m^{-3})	HCl /(mg· m^{-3})	NO_x /(mg· m^{-3})	Cd、Tl及 其化合物 /(mg· m^{-3})	Hg及 其化合物 /(mg· m^{-3})	Pb、Sb、As、 Cr、Co、Cu、 Mn、Ni及 其化合物 /(mg· m^{-3})	二噁英类 /(ng TEQ· m^{-3})
24 h均值	20	80	80	50	250	—	—	—	—
1 h均值	30	100	100	60	300	—	—	—	—
测量均值	—	—	—	—	—	0.1	0.05	1.0	0.1

资料来源：《生活垃圾焚烧污染控制标准》。Cd、Tl及其化合物以Cd+Tl计，Hg及其化合物以Hg计，Sb、As、Pb、Cr、Co、Cu、Mn、Ni及其化合物以Sb+As+Pb+Cr+Co+Cu+Mn+Ni计，后同。

此外，海南、河北等地分别发布了更严格的垃圾焚烧污染物控制的地方标准，如表5.7、5.8所示。

表5.7　海南省生活垃圾焚烧炉排放烟气中污染物限值

标　准	颗粒物 /(mg· m^{-3})	CO /(mg· m^{-3})	SO_2 /(mg· m^{-3})	HCl /(mg· m^{-3})	NO_x /(mg· m^{-3})	Cd、Tl及 其化合物 /(mg· m^{-3})	Hg及 其化合物 /(mg· m^{-3})	Pb、Sb、As、 Cr、Co、Cu、 Mn、Ni及 其化合物 /(mg· m^{-3})	二噁英类 /(ng TEQ· m^{-3})
24 h均值	8	30	20	8	120	—	—	—	—
1 h均值	10	50	30	10	150	—	—	—	—
测量均值	—	—	—	—	—	0.03	0.02	0.3	0.05

资料来源：海南省地方标准《生活垃圾焚烧污染控制标准》（DB 48/484—2019）。

表5.8　河北省生活垃圾焚烧炉烟气中污染物排放限值

标　准	颗粒物 /(mg· m^{-3})	CO /(mg· m^{-3})	SO_2 /(mg· m^{-3})	HCl /(mg· m^{-3})	NO_x /(mg· m^{-3})	Cd、Tl及 其化合物 /(mg· m^{-3})	Hg及 其化合物 /(mg· m^{-3})	Pb、Sb、As、 Cr、Co、Cu、 Mn、Ni及 其化合物 /(mg· m^{-3})	二噁英类 /(ng TEQ· m^{-3})
24 h均值	8	80	20	10	120	—	—	—	—
1 h均值	10	100	40	20	150	—	—	—	—
测量均值	—	—	—	—	—	0.03	0.02	0.3	0.1

资料来源：河北省地方标准《生活垃圾焚烧大气污染控制标准》（DB 13/5325—2021）。

2. 我国垃圾焚烧污染物排放水平

2020年，生态环境部建立了垃圾焚烧污染物自动监测数据公开平台，该平台通过垃圾焚烧发电厂烟气在线连续监测系统（CEMS）获得了全国垃圾焚烧发电厂的污染物排放数据,可作为垃圾焚烧发电厂污染物排放超标等违法行为的认定和处罚依据。据该平台的厂级污染物排放数据,可得到 2020 年我国垃圾焚烧发电行业污染物排放因子,如表 5.9 所示。

表 5.9　2020 年我国垃圾焚烧发电行业污染物排放因子

污染物	排放因子/$(mg \cdot m^{-3})$
PM	4.11
SO_2	17.70
NO_x	136.89
CO	10.20
HCl	11.74
二噁英类[①]	0.014 03
Hg	0.003 885
Cd+Tl	0.013 07
Sb+As+Pb+Cr+Co+Cu+Mn+Ni	0.042 66

注: ① 单位为 ng TEQ $\cdot$ m^{-3}。

5.3.3　烟气脱酸工艺

固体废物焚烧产生的酸性气体,如 SO_2 与 HCl 等,都是直接由固体废物中的硫、氯等元素焚烧后生成。生活垃圾中含有的硫元素包括有机硫和无机硫两大类,目前我国生活垃圾含硫量的范围为 $0 \sim 0.6\%$(湿基)。生活垃圾中硫的主要来源是塑料、橡胶、纸类等组分。生活垃圾中的硫元素在焚烧过程中受热分解,与氧气在高温条件下发生反应,若过剩空气系数 <1,反应产物主要为 SO_2、SO、H_2S 等;若过剩空气系数 >1,超过 95% 的硫发生反应生成 SO_2,部分 SO_2 继续反应生成 SO_3[7]。具体反应过程如下:

$$C_X H_Y O_Z S_P + O_2 \longrightarrow CO_2 + H_2O + SO_2 + 未完全燃烧物$$

$$S + O_2 \longrightarrow SO_2$$

$$2SO_2 + O_2 \longrightarrow SO_3$$

此外,焚烧过程中产生的 H_2S 在一定条件下转化为 SO_2,反应过程如下[8]:

$$H_2S \longrightarrow HS \longrightarrow SO \longrightarrow SO_2$$

在焚烧过程中合理调控停留时间、焚烧温度、过剩空气系数等运行参数,可以一定程度避免 H_2S、SO_3 等物质的产生,同时抑制 SO_2 的产生。

我国生活垃圾中含有氯元素的垃圾有很多,如 PVC 和硬质塑料等,其氯含量一般超过 100 g $\cdot$ kg^{-1};厨余垃圾的氯含量约为 3.37 g $\cdot$ kg^{-1};蔬菜、纤维和灰土的氯含量约为 0.99 g $\cdot$ kg^{-1};橡胶的氯含量约为 0.4 g $\cdot$ kg^{-1}。生活垃圾中绝大部分氯会在焚烧的过程中释放出来,并与有机物中的氢反应生成 HCl[9]。此外,若生活垃圾中氯含量较高,还会产生 Cl_2。如果过剩空气系数较大,HCl 会被氧化成 Cl_2。同无机氯(如 NaCl、$CaCl_2$ 等)相比,由于有机氯(如 PVC 等)在燃烧过程能提供更充足的氢,因此更容易产生 HCl 气体。相较于有机氯,无机氯的结合能较高。在焚烧过程中,KCl 与 NaCl 会在 $700 \sim 800℃$ 时气化,部分转化为 HCl 气体。PVC 在 $200 \sim 360℃$ 开始释放 HCl 气体,$550℃$ 左右就释放完毕。无机氯在 O_2、SO_2 和 H_2O 的存在下通过以下反应生成 HCl 和 Cl_2[9],M 代表 Na、Ca、K。

$$\text{MCl}_x + \frac{x}{2}\text{SO}_2 + \frac{x}{2}\text{H}_2\text{O} + \frac{x}{4}\text{O}_2 \longrightarrow \frac{x}{2}\text{M}_\frac{2}{x}\text{SO}_4 + x\text{HCl}$$

$$\text{MCl}_x + \frac{x}{2}\text{SO}_2 + \frac{x}{2}\text{O}_2 \longrightarrow \frac{x}{2}\text{M}_\frac{2}{x}\text{SO}_4 + \frac{x}{2}\text{Cl}_2$$

$$\text{MCl}_x + \frac{x}{2}\text{SO}_2 + \frac{x}{2}\text{H}_2\text{O} \longrightarrow \frac{x}{2}\text{M}_\frac{2}{x}\text{SO}_3 + x\text{HCl}$$

$$\text{MCl}_x + \frac{x}{2}\text{H}_2\text{O} \longrightarrow \frac{x}{2}\text{M}_\frac{2}{x}\text{O} + x\text{HCl}$$

$$\text{MCl}_x + x\text{H}_2\text{O} \longrightarrow \text{M(OH)}_x + x\text{HCl}$$

$$\text{MCl}_x + \frac{x}{4}\text{O}_2 \longrightarrow \frac{x}{2}\text{M}_\frac{2}{x}\text{O} + \frac{x}{2}\text{Cl}_2$$

$$\text{MCl}_x + \frac{x}{2}\text{SiO}_2 + \frac{x}{2}\text{H}_2\text{O} \longrightarrow \frac{x}{2}\text{M}_\frac{2}{x}\text{SiO}_3 + x\text{HCl}$$

一般利用碱性吸收剂与污染物发生化学反应实现烟气的脱硫或脱酸,根据碱性吸收剂的形态可以将脱酸工艺(脱硫工艺)分为干法、半干法和湿法 3 种方法。其中湿法脱酸技术成熟、效率高、钙硫比低、运行可靠、操作简单,但该技术脱酸产物不易处理,且烟气温度显著降低,不利于污染物扩散,而且传统的湿法脱酸工艺还具有工艺复杂、占地面积大、投资成本高等缺点。干法和半干法的脱酸产物为干粉状,处理容易,投资较低,工艺简单,但相对而言,脱酸剂的利用率和脱酸率较低。

1. 湿法脱酸工艺

湿法脱酸工艺主要是利用 NaOH、石灰石浆液等碱性溶液,在适当的排气温度(70℃)条件下,对固体废物焚烧产生的烟气进行洗涤,以达到去除酸性气体的目的。湿法脱酸工艺系统主要包括湿法洗涤塔、循环冷却水系统、循环液喷射系统、NaOH 储存与制备系统等组成。湿法洗涤塔一般分为冷却和吸收减湿两部分。烟气进入冷却部分后,通过上方喷入的冷却液将烟气温度降低至 60~70℃,并脱除烟气中的 SO_2 和 HCl 等酸性气体。之后进入吸收减湿部分,吸收液经雾化器雾化后,由吸收减湿部分上方喷入,其均匀地在填充层与烟气充分接触反应,实现酸性气体的进一步去除。通过以上步骤,湿法脱酸工艺对 HCl 和 SO_2 的去除率高达 99%。

湿法脱酸的优点是污染物净化效率最高,不仅可以去除 HCl 和 SO_x,还能协同控制颗粒物、重金属和二噁英的排放,可以满足较为严格的排放标准,且具有多种多样的工艺组合形式。缺点是具有复杂的工艺流程和较多配套设备,投资成本和运行费用高,产生的后续废水需要进一步处理。湿法脱酸工艺流程见图 5.9。

2. 半干法脱酸工艺

半干法脱酸工艺是将磨粉后的石灰石或石灰与水进行混合形成吸收剂,利用吸收剂与烟气中的污染物进行反应,生成副产物石膏(CaSO_3),进而达到污染物脱除的目的。半干法脱酸工艺利用烟气中的热量蒸发吸收剂中的水分,使最终产物呈干粉状。半干法脱酸工艺一般设置在除尘器之前,其具有较高的污染物净化效率,且无须处置废水,投资和运行费用低,流程简单。半干法脱酸工艺的缺点是对烟气的停留时间、吸收浆液等工况操作水平和喷嘴的要求较高。半干法脱硫工艺在应用过程中须充分考虑固态物质的干燥问题,防止固态物质收集时发生堵塞与黏附。半干法脱酸工艺流程图见图 5.10。

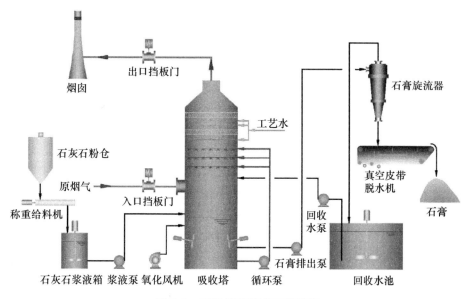

图 5.9　湿法脱酸技术工艺流程

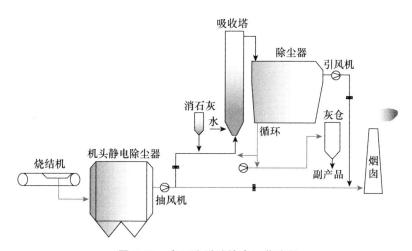

图 5.10　半干法脱酸技术工艺流程

常见的半干法脱酸工艺包括循环流化半干法以及旋转喷雾半干法等。旋转喷雾半干法在垃圾焚烧发电行业获得了非常广泛的应用,工艺主要包括冷却水供应系统、石灰浆制备系统、含高速旋转雾化器的反应塔系统。利用消解后的生石灰(CaO)或熟石灰[Ca(OH)$_2$]加入水配置成为 8%~20% 的石灰浆,将石灰浆通过渣浆泵送至位于反应塔顶部的高速旋转雾化器。利用雾化器 8000~15 000 r·min^{-1} 的高速旋转将石灰浆雾化成 20~50 μm 的液滴,使液滴与烟气充分接触,石灰浆中的 Ca(OH)$_2$ 成分与烟气中的酸性气体(HCl、SO$_2$ 等)发生中和反应。该反应过程分为两个阶段,第一阶段为气液接触发生中和反应,液滴中水分蒸发,烟气冷却。第二阶段为气固接触进一步发生中和反应,同时获得 CaCl$_2$、CaSO$_4$、CaSO$_3$ 等干燥的固态反应物。

半干法脱酸工艺效率一般情况下可达到 95%，脱酸效率较高。主要受雾化液滴粒径、烟气温度、烟气停留时间等因素影响。

（1）雾化液滴粒径的影响

一方面，液滴粒径越小，比表面积越大，其与酸性气体接触面积越大，脱酸效率越高。另一方面，液滴粒径越小，表面水膜气化所需要的时间越短，脱酸效率降低[10]。而较大粒径的液滴在反应塔内的停留时间较长，可能会导致反应塔湿壁腐蚀。根据工程应用实际情况，当液滴粒径范围为 50～80 μm 时，半干法脱酸工艺具有较高的脱酸效率。

（2）烟气温度的影响

入口烟气温度的升高会导致酸性气体具有较高的分子扩散系数，酸性气体进入液滴速度较快，减少了反应时间，提高了脱酸效率。由于液相之间的反应效率最高，反应温度保持在 135～145℃，即酸性气体的酸露点时，半干法脱酸工艺具有较高的脱酸效率。此外，$CaCl_2$、$CaSO_4$、$CaSO_3$ 等反应产物在温度较低时会造成结焦、湿壁和飞灰输送板结等问题。因此，出口烟气温度为 145～150℃ 且相对湿度为 6% 时反应塔具有较高的运行效率。

（3）烟气停留时间的影响

半干法需要烟气在塔内的停留时间足够长，以保证化学吸收反应完全，同时令反应产物所含水分蒸发完全，最终获得固态产物，从而减少对下游输送设备的影响。一般情况下停留时间≥15 s。

3. 干法脱酸工艺

干法脱酸工艺采用以 $CaCO_3$、Na_2CO_3、$Ca(OH)_2$ 等为代表的干法吸收剂，将干粉喷入炉内或烟道内，使其与酸性气体发生化学反应，产生的固体物质通过除尘器进行收集。干法吸收剂几乎不在塔壁附着，具有工艺简单、投资和运行费用较低的优点，且不存在后续的废水处理问题。缺点是净化效率较低，除尘装置易堵塞，可以选择脱酸效果好的药品并适当延长反应时间。应用干法脱酸工艺需要充分考虑到后续除尘装置的容量。干法脱酸工艺流程见图 5.11。

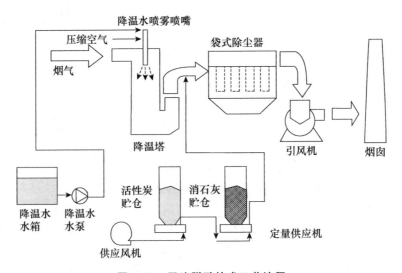

图 5.11　干法脱酸技术工艺流程

干法脱酸工艺主要由喷射装置和降温塔构成。喷射装置将干式吸收剂通过专门的喷头喷入除尘器入口烟道内。干法吸收剂微粒表面与烟气中的酸性气体直接接触,发生中和反应,生成中性盐。反应生成物、烟气粉尘和未反应干法吸收剂一起通过袋式除尘器,在滤袋表面发生第二次反应,在净化酸性气体的同时实现干法吸收剂的高效利用。降温塔用于喷水降温,使烟气温度保持在反应的最佳温度,即 150℃左右。

干法脱酸工艺独立运行可确保排放污染物满足《生活垃圾焚烧污染控制标准》,但无法满足《欧盟工业排放指令》(2010/75/EU)的要求。因此,相对简单的干法脱酸工艺常作为湿法和半干法的备用工艺,作为发生故障时确保污染物短时达标排放的应急手段。单独的湿法或半干法脱酸工艺均可满足《生活垃圾焚烧污染控制标准》和《欧盟工业排放指令》的要求。因此,半干法＋湿法、半干法＋干法和干法＋湿法是 3 种常规的烟气脱酸工艺方案。半干法＋干法可以满足《生活垃圾焚烧污染控制标准》和《欧盟工业排放指令》的要求,同时具有技术成熟稳定、工艺简单、投资和运行成本适中等优势,应用案例较多。其他两种方法工艺相对复杂、投资和运行成本较高,且需要考虑烟气脱白以及废水处理,适用于要求更严格的地方标准。

5.3.4　烟气除尘工艺

1. 烟气除尘设备分类

烟气除尘设备根据其所利用的除尘机理可分为以下 4 大类:

(1) 机械式除尘器

机械式除尘器包括重力除尘器、离心除尘器和惯性除尘器等,除尘效果较差,尤其对细小颗粒物,可用作预除尘,与其他除尘工艺组合使用。

(2) 洗涤式除尘器

洗涤式除尘器是利用液膜或液滴对含尘烟气进行洗涤,从而分离气流中的颗粒物的除尘器,包括水浴式除尘器、文丘里管除尘器、泡沫式除尘器、水膜式除尘器等。由于存在后续的废水处理问题,不再作为主要的烟气除尘设施。

(3) 过滤式除尘器

过滤式除尘器是利用多孔填料或织物过滤分离烟气中的颗粒物的装置,包括袋式除尘器和颗粒层除尘器。

(4) 静电除尘器

静电除尘器是利用静电捕获烟气中颗粒物的装置,包括干式静电除尘器和湿式静电除尘器。

以上 4 种除尘器中,袋式除尘器和静电除尘器是广泛应用于发达国家的烟气除尘设备,除尘效率均大于 99%。静电除尘器一般可以使颗粒物浓度降低到 45 mg·m^{-3} 以下,而袋式除尘器具有更高的除尘效率,且能够实现对二噁英的截留。

2. 常用的烟气除尘设备

(1) 静电除尘器

静电除尘器是利用电力进行收尘的装置,如图 5.12 所示。静电除尘器内部设置有一系列交错的集尘板和电极,烟气中的颗粒物沿水平方向通过静电除尘器,烟气中的颗粒物受到电场作用带负电荷,进而受到电场的引力作用逐渐移动到集尘板上被收集。通过振打集尘板振落吸附其上的颗粒物,使其落入下方的集灰斗内。为防止在振打集尘板的过程中附着其上的颗粒物再次被气体带起,静电除尘器一般设置多个电场,以提高其除尘效率。颗粒物的电阻率是影响静电除尘器除尘效率的最主要因素。若颗粒物电阻率大于 $10^{11} \sim 10^{12} \ \Omega \cdot \text{cm}$,除尘效率会显著降低。烟气中的 SO_x 能降低颗粒物电阻率,提高静电除尘器的除尘效率。静电除尘器的工作温度一般为 $160 \sim 260 \ ℃$,过高的温度可能会导致二噁英的再合成。

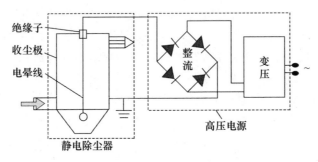

图 5.12 静电除尘器

(2) 袋式除尘器

过滤是通过借助多孔介质将气流中的气溶胶粒子分离出来的过程。利用纤维层(滤布、滤纸、金属绒、袋式除尘器等),颗粒层(矿渣、石英砂、活性炭粒等)或液滴对气体进行净化均属于同样的过滤机理。过滤对微细粒子有较高的捕集效率,所以应用非常广泛,是目前烟尘净化的主要方法之一。

袋式除尘器一般可用于去除颗粒污染物以及重金属,如图 5.13 所示。袋式除尘器通常设置有多组密闭式集尘单元,其中包含多个具有骨架支撑的滤袋。含尘烟气从袋式除尘器进入后,流经滤袋时,颗粒物被滤袋过滤并附着在滤袋表面,形成粉尘层。滤袋需要及时清灰以保证过滤效率,清灰方法通常有 3 种:反吹清灰法、摇动清灰法和脉冲喷射清除法。灰尘掉落后落入集灰斗内并被运走。袋式除尘器启动时温度较低,为了防止烟气中水分冷凝导致糊袋,需要用干粉进行预喷涂,同时利用与加热系统加热袋式除尘器至 140 ℃。

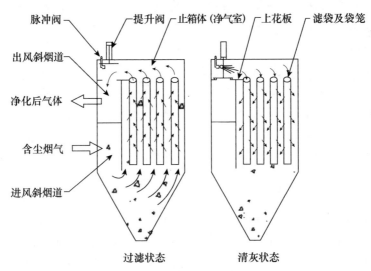

图 5.13 袋式除尘器

滤袋作为袋式除尘器最关键的部件,是决定除尘效率最直接的因素。传统袋式除尘器的滤袋材质脆弱,易受化学腐蚀、烟气高温、堵塞和破裂等问题影响,使用寿命较短。聚四氟乙烯的应用极大改善了袋式除尘器的上述缺点。根据垃圾焚烧烟气的特性,滤袋常采用聚四氟乙烯合成纤维滤料或聚四氟乙烯覆膜式滤料。

聚四氟乙烯合成纤维滤料的运行温度为 240℃,瞬时最高温度可达 260℃,不受酸腐蚀影响,滤袋使用寿命较长,缺点是耐磨性一般。聚四氟乙烯覆膜式滤料不采用传统的一次性尘饼,采用覆膜表面,具有 $0.2\sim0.3\,\mu m$ 的均匀细微的孔径,除尘不改变孔隙率,可将粉尘全部截留,除尘效率较高且稳定,但是开始使用时压力损失较普通滤料更高。聚四氟乙烯薄膜具有低表面摩擦系数、抗腐蚀、疏水耐温等优点,提高了其捕集灰尘的效果和经济效益,得到广泛的应用。

随着环保要求的逐渐提高,静电除尘器不适用于脱除有机污染物和重金属,且颗粒物排放水平较高,目前较少应用于垃圾焚烧发电厂的烟气除尘装置。《生活垃圾焚烧处理工程技术规范》明确要求生活垃圾焚烧炉的除尘装置必须设置袋式除尘器。

3. 新机理除尘技术

传统除尘技术的净化机理主要包括空气动力分离和静电收集,包括重力、过滤、惯性或离心分离、静电和湿式净化等方法,但仍存在其他许多技术可实现气溶胶粒子的收集,如泳力、分子力、磁力等。目前,具有发展前景的新机理除尘技术包括磁力除尘技术和凝聚除尘技术。新机理除尘技术存在着如何在实用的工艺基础上实现的问题。

5.3.5　烟气脱硝工艺

生活垃圾焚烧过程中 NO_x 的生成主要受到固体废物化学成分和炉内温度的影响。垃圾焚烧产生的 NO_x 主要分为两大类:一类是由焚烧过程中空气中的 N_2 和 O_2 在高温下生成的热力型 NO_x,当火焰温度达到 1000℃时会产生大量热力型 NO_x;另一类是由垃圾中含有的氮在焚烧过程中氧化生成的燃料型 NO_x。垃圾焚烧烟气中的 NO_x 约有 75% 为燃料型 NO_x,热力型 NO_x 约占 25%[11]。焚烧产生的 NO_x 中 95% 以上是 NO,其余是 NO_2。NO_x 在垃圾焚烧厂中形成的反应方程式如下:

$$N_2 + O \longrightarrow NO + N \tag{5.14}$$

$$N + O_2 \longrightarrow NO + O \tag{5.15}$$

根据 NO_x 的生成机理,烟气脱硝工艺主要包括燃烧控制法、选择性非催化还原法、选择性催化还原法、SNCR/SCR 联合技术等方法。

1. 燃烧控制法

（1）炉膛中间加挡板

在垃圾焚烧炉炉膛中间添加隔板可引起烟气二次回流,适用于各种热值的生活垃圾,使其稳定、充分焚烧,控制 NO_x 和二噁英的产生量,可有效降低热灼减率,如图 5.14 所示。

（2）降低空气过剩系数

降低垃圾焚烧炉的空气过剩系数,减少垃圾焚烧炉中的 O_2 含量,可保证 O_2 满足焚烧的需要

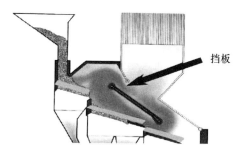

挡板

图 5.14　焚烧炉炉膛挡板示意

但不足以与 N_2 反应生成大量的 NO_x 和 CO,有效降低 NO_x 的生成。

（3）烟气再循环

烟气再循环是利用风机抽取一部分经过烟气净化后的烟气，代替 $10\% \sim 20\%$ 的助燃空气输入焚烧炉，在焚烧炉内部形成贫氧燃烧区，进而减少垃圾焚烧过程中 NO_x 的生成。再循环的烟气温度较低，可以在不影响垃圾充分燃烧的同时实现对 NO_x 生成的抑制，适用于垃圾热值较高的项目。该方法可与降低空燃比搭配应用。

2. 选择性非催化还原法

选择性非催化还原法（SNCR）脱硝工艺是在 $850 \sim 1050$℃ 的温度条件下，利用氨或尿素等作为还原剂，在有 O_2 存在的条件下，将 NO_x 还原为 N_2 和 H_2O 的工艺，达到脱硝的目的。烟气中氧的含量较高，但在 SNCR 的反应温度内，大部分还原剂没有与氧结合，而是与烟气中的 NO_x 发生还原反应，体现出 SNCR 的选择性。该还原反应为吸热反应，其所需要的热量由锅炉提供。由于此法不需要贵金属催化剂的作用，避免了催化剂堵塞或中毒问题的发生；不需要对烟气进行再次加热，减少了热量消耗，降低运行成本。但在最佳反应温度区间内，烟气和还原剂的停留时间短，难以良好混合，造成 SNCR 的脱硝效率一般仅为 $30\% \sim 40\%$。

加入的过量还原剂氨在进入空气污染控制系统时烟气温度若低于 250℃，会在热交换器表面（如节热器）形成泥垢（NH_4HSO_4），NH_4HSO_4 具有黏性和腐蚀性，可能会造成尾部烟道设施损坏，其反应式如下：

$$SO_3 + H_2O + NH_3 \longrightarrow NH_4HSO_4$$

因此，SNCR 的还原剂喷射量须有效控制，一般情况下当量达到 $35\% \sim 50\%$ 的脱硝效率时效果较好。若在 SNCR 运行时加入一些辅助药剂，可使脱硝效率提高到 75%。

3. 选择性催化还原法

选择性催化还原法（SCR）是目前常用的烟气脱硝工艺，在加入的 NH_3 催化剂的催化作用下烟气中的 NO_x 发生氧化还原反应生成氮气和水，从而实现垃圾焚烧烟气的脱硝。SCR 反应温度一般为 $300 \sim 400$℃，SCR 可以将烟气中 NO_x 的排放浓度控制在 $50 \text{ mg} \cdot \text{m}^{-3}$ 以下。由于烟气中硫氧化合物可能造成催化剂活性降低，且颗粒物堆积会造成催化剂阻塞，因此，反应塔一般设置在除尘及脱酸设备之后，催化剂使用年限为 $3 \sim 5$ 年。目前商用的催化剂通常选用 V_2O_5-WO_3（或 MoO_3）类催化剂，以 TiO_2 作为载体。根据催化剂适用温度的不同，一般可分为低温催化剂（$80 \sim 300$℃）、中温催化剂（$260 \sim 380$℃）和高温催化剂（$345 \sim 590$℃）3 类。目前国内外使用的催化剂一般为高温催化剂，反应温度区间为 $315 \sim 400$℃，其价格相对较低，脱硝效率较高。烟气在经过脱酸及除尘后温度多在 200℃ 以下，所以需要将烟气温度加热到 350℃ 左右后进入 SCR。催化剂的存在使得 NO_x 无须高温即可有效进行还原反应，其反应式如下：

$$4NO + 4NH_3 + O_2 \longrightarrow 4N_2 + 6H_2O \tag{5.16}$$

$$NO + NO_2 + 2NH_3 \longrightarrow 2N_2 + 3H_2O \tag{5.17}$$

SCR 的构造形式包括垂直气流式和水平气流式两种，如图 5.15 所示。SCR 的脱硝效率可达 80%，且具有药品（如氨）耗量较少、无锅炉管线结垢等优点，但该方法触媒再生、成本昂贵，采用该方法时需要根据实际情况进一步考虑。此外，有研究表明触媒也具有脱除二噁英的效果。采用触媒还原器时，可利用热交换器在烟囱排烟前回收热量，节约能源。

SCR 和 SNCR 所发生的化学反应相同,两者的根本差别在于,SCR 采用了金属催化剂,NO_x 与氨(或尿素)的反应在催化剂活动中心进行且使得反应速度加快,同时 SCR 技术反应温度低,反应温度范围较宽。SCR 的脱硝效率一般能达到 80%～90%,甚至高达 95%[12]。此外,SCR 反应塔内的催化剂有助于烟气中单质汞的氧化过程,因此 SCR 对于排烟中汞的脱除具有重要意义,是当前应用最为广泛的脱硝工艺。但 SCR 的投资和运行成本也是所有脱硝工艺中最高的。

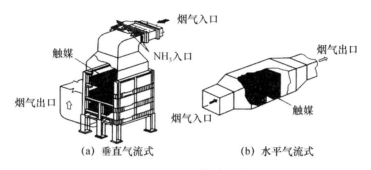

(a) 垂直气流式   (b) 水平气流式

图 5.15 SCR 构造形式

4. SNCR/SCR 联合技术

由于 SCR 技术投资高,新建电厂难以承受,而 SNCR 技术存在氨逃逸的问题,于是相关研究提出了 SNCR/SCR 联合技术,如图 5.16 所示。SNCR/SCR 联合技术是将 SNCR 所逃逸的氨作为下游 SCR 的还原剂,进一步利用 SCR 提高脱硝效率,同时减少了 SCR 催化剂的使用量,降低成本。该联合技术将 SCR 脱硝效率高、氨逃逸率低的优点与 SNCR 费用低的优点进行了结合。由于该联合技术催化剂用量减少,无须建造安装催化剂的反应塔,可将其布置在尾部烟道内。有研究表明,该联合技术可将采用低氮燃烧技术后的 NO 排放浓度再降低 50%～60%,使得氨逃逸率小于 5 mg·Nm^{-3}[①],而初期投资仅为 SCR 的 1/2 左右。

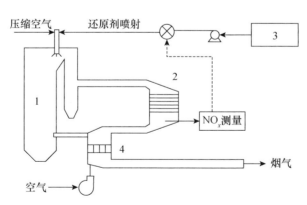

1—锅炉炉膛;2—高温段空气预热器;3—尿素溶液储槽;4—低温段空气预热器。

图 5.16 SNCR/SCR 联合技术流程

---

① Nm³ 为标准立方米,以温度 293.15 K、压力 101.325 kPa 作为标准状态。

SNCR/SCR 联合技术在应用时遇到的主要难题为 SCR 反应段氨与 NO 的充分混合问题,虽然 SNCR 可以向下游 SCR 反应段提供充足的氨,但是如何控制好氨的分布来适应 NO_x 分布的变化是非常困难的。为解决该难题,联合技术的设计须为 SCR 反应段提供辅助的氨喷射系统,尽可能避免催化剂中出现缺氨区域。在实际运行中,SNCR 一般是在其温度窗口的末端喷入还原剂以逸出氨的产生模式运行的,仍需要调整逸出氨量来满足 NO_x 的总脱硝效率以及氨逃逸浓度的要求。

5.3.6 烟气中重金属及二噁英的去除工艺

生活垃圾中的重金属来源主要有电池(如汞锌电池和碱性电池)、温度计、电子元件(如荧光灯管)、塑料、报纸和杂志、纺织品、颜料、橡胶、稳定剂/软化剂、涂料、彩色胶卷、杂草和不锈钢等。为有效焚烧生活垃圾中的有机物质,垃圾焚烧需要相当高的温度,但随着燃烧温度的升高,生活垃圾中部分重金属会以气态形式附着于飞灰表面并随废气排出。一般而言,垃圾焚烧厂排出烟气中所含重金属量的多少与生活垃圾的组成与性质、焚烧炉的操作、重金属存在形式及空气污染控制方式等有密切关系。

1. 重金属控制技术

(1) 焚烧前控制

焚烧前控制是指通过对生活垃圾进行分类和分拣,分离生活垃圾中重金属含量高的组分,如电池、电器等。通过减少入炉生活垃圾的重金属含量,以降低烟气中的重金属浓度,进而减小烟气处理的负荷。我国垃圾分类的强制实施即可有效地降低烟气重金属含量。

(2) 除尘器去除法

除尘器去除法是指当温度降到饱和温度时,重金属凝结成粒状物,通过降低尾部烟气的温度,利用除尘器可达到重金属脱除的目的。单独使用静电除尘器对重金属脱除效果较差,而袋式除尘器与干法或半干法洗气塔串联使用时效果非常好,并且进入除尘器的烟气温度越低,重金属的脱除效果越好。由于汞金属的饱和蒸气压较高,不易凝结,因此该方法对其处理效果不佳。

(3) 活性炭吸附法

活性炭可以实现物理吸附和化学吸附双重吸附,是优良的吸附剂。通过在袋式除尘器前喷入活性炭,或者在流程尾端使用活性炭滤床可以实现烟气中重金属的脱除,如图 5.17

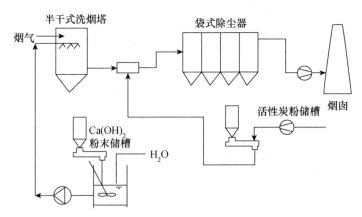

图 5.17 活性炭吸附法去除重金属

所示。通过对活性炭进行改性，可以进一步提高其对重金属的脱除效率。Hu 等[13]利用氯化锌改性的活性炭吸附烟气中的汞，实验结果表明活性炭负载氯化锌后，汞可以被活性炭表面物质氧化，因此提高了活性炭对单质汞的吸附能力。申哲民等[14]利用氯化钴对活性炭进行改性，当氯化钴负载量为 20% 时，可以实现对烟气中汞的有效吸附。

（4）化学药剂法

针对汞金属的脱除可在袋式除尘器前喷入能与气反应生成不溶物的化学药剂，例如，喷入 Na_2S 药剂，其与汞反应生成 HgS 颗粒，再通过除尘系统将 HgS 颗粒脱除。研究表明，通过喷入抗高温液体螯合剂可脱除 50%～70% 的汞，在湿式洗气塔的洗涤液内添加催化剂（如 $CuCl_2$）促使更多水溶性的 $HgCl_2$ 生成，再利用螯合剂固定已吸收汞的循环液，也可达到较好的脱汞效果。

（5）湿式洗气法

对于部分水溶性重金属化合物，通过湿式洗涤塔洗涤后，使其吸收到洗涤液中，再加以处理，如图 5.18 所示。湿式洗气法可与化学药剂法结合使用。此外，当尾气通过热量回收或者其他冷却设备后，由于凝结和吸附作用，重金属会附着在细尘表面，随细尘一起通过除尘器去除，因此，尾气中的粉尘也有一定的脱除重金属的作用。

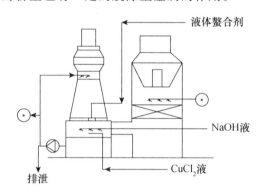

图 5.18　湿式洗气法去除重金属

2. 烟气中二噁英的控制技术

二噁英是指含有 2 个或 1 个—O—键连接 2 个苯环的含氯有机化合物（图 5.19）。由于氯原子在 1～9 的取代位置不同，构成 75 种异构体多氯代二苯并二噁英（polychlorinated dibenzo-p-dioxin，PCDDs）和 135 种异构体多氯代二苯并呋喃（polychlorinated dibenzofuran，PCDFs），其分子结构如图 5.19 所示。这两大类化合物总称为二噁英。二噁英在一般情况下性质较稳定，熔点高，难溶于水，可溶于有机溶剂，无色无味，容易在人体内积累，在自然界很

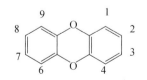

（a）多氯二苯并-对-二噁英（PCDDs）

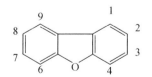

（a）多氯二苯并呋喃（PCDFs）

图 5.19　二噁英分子结构

难自然降解消除。二噁英附着土壤的能力非常强,且不易渗出,污染地下水的可能性很小,其在土壤中的半衰期至少为 1 年,在人体中的半衰期至少为 7 年,人体吸收的二噁英很难排出体外。

目前已被证明存在的二噁英的生成机理主要有以下 3 种:

(1) 高温气相机理

二噁英的高温气相生成机理指的是结构较简单的短链氯化碳氢化合物通过缩合和环化反应后得到氯苯,氯苯在一定条件下转化为多氯联苯,进而在 871～982℃ 条件下转化为 PCDFs,部分 PCDFs 转化为 PCDDs。在这一过程中,氧气可以促进生成苯氧自由基,而 2 个苯氧自由基在氢取代的邻位碳的二聚作用会得到二羟基联苯和邻苯氧基苯,这 2 种中间产物进一步反应可以分别形成 PCDFs 和 PCDDs。当温度在 500～700℃ 时,气相反应生成二噁英的量最大,通过邻位的氯取代进而形成的 C—O—C 键以及通过无取代的邻位的 C—C 键可以分别生成 PCDDs 和 PCDFs。高温气相条件下短链氯化烃在氧化和氯化竞争机制中生成二噁英的反应过程如图 5.20 所示。有研究表明在高温燃烧的过程中气相生成 PCDDs 不是二噁英的主要来源,高温气相生成机理所产生的二噁英对总的二噁英的贡献量不足 10%[15]。

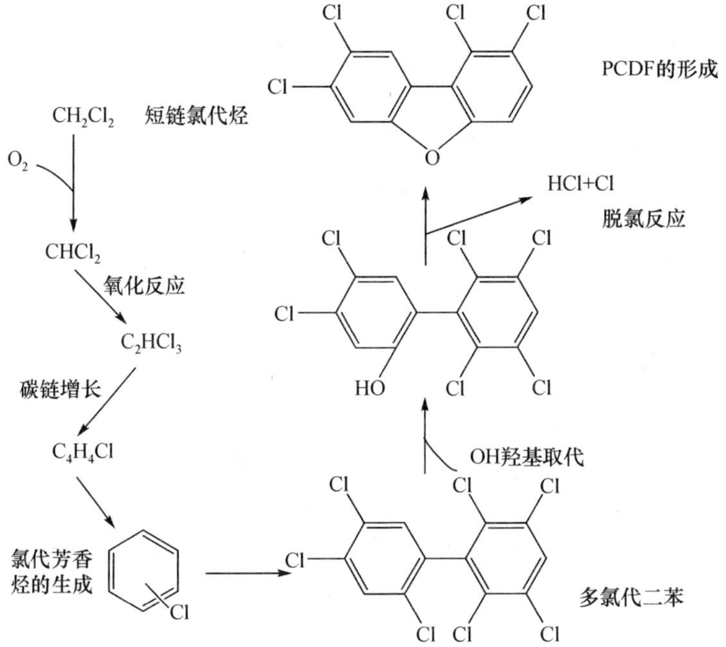

图 5.20 二噁英的高温气相生成机理

(2) 前体合成机理

二噁英的前体合成机理是指在焚烧过程中产生的飞灰表面发生异相催化反应,从而形成包括多氯代苯和多氯苯酚在内的多种有机前体,这些前体会在催化媒介发生缩合反应生成二噁英。多氯酚、多氯联苯、多氯苯等前体分子在飞灰和热源存在且温度为 300～600℃ 的条件下,较容易催化生成二噁英,这样的前体催化合成反应是形成二噁英的主要催化反应。

PCDFs 的生成首先是无取代的苯酚分子发生缩合反应,其次是二聚体发生氯化反应。相较于 PCDFs,前体合成生成 PCDDs 的倾向性更强。这里以两个三氯苯酚为例,通过化学动力学模型描述了 PCDFs 和 PCDDs 的生成过程,如图 5.21 所示。

由此可见,在垃圾焚烧过程中,飞灰中包含的大量金属氧化物以及金属氯化物(如 CuO、Fe_2O_3、$CuCl_2$ 和 $FeCl_3$)是有机氯化物的直接催化媒介,造成烟气中二噁英的浓度显著升高,其中通过前体合成机理生成的主要是 PCDDs,在二噁英中占有较大比例。

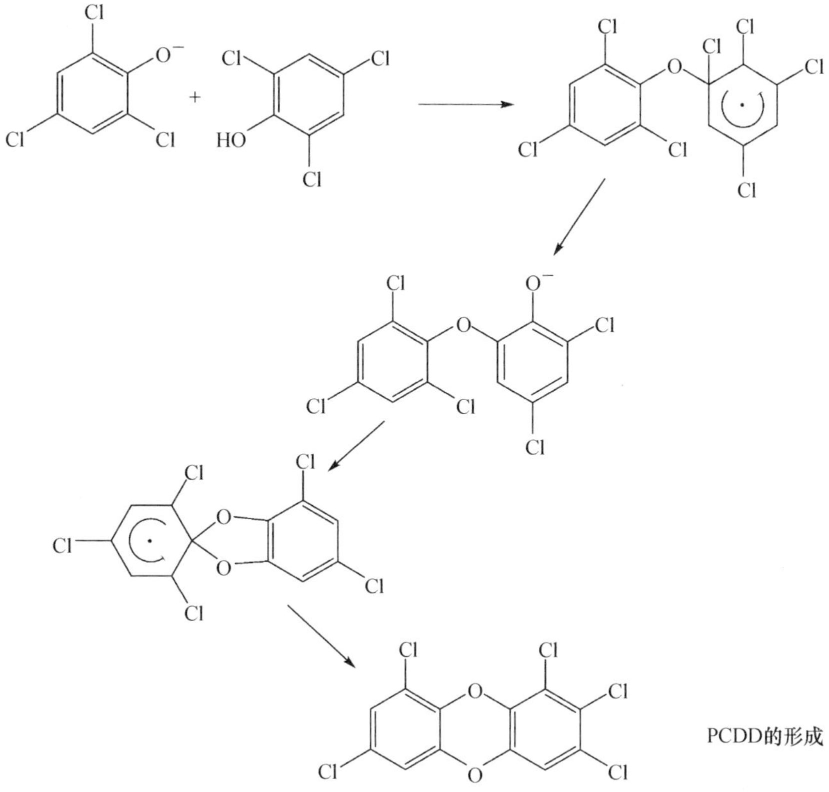

图 5.21　二噁英的前体合成机理

（3）从头合成机理

二噁英的从头合成机理指的是飞灰中含有的包括有机碳源(芳香族和脂肪族化合物片段)、无机碳源(炭黑和活性炭)、羰基和羧基等在内的燃烧不完全的残碳,以及包括有机氯源(氯化的芳香族和脂肪族化合物片段)、无机氯源(HCl 和 Cl_2)和 $CuCl_2$ 等相应的金属氧化物在内的氯源,在 $200\sim400℃$ 的条件下,通过异相催化反应生成二噁英。因此,在 $200\sim400℃$ 的温度范围内,垃圾焚烧主要是通过从头合成机理合成二噁英的,飞灰中的活性氯元素参与了二噁英的生成,并且二噁英的成分中 80% 为 PCDFs。利用化学动力学方法建立从头合成的机理简图,如图 5.22 所示。相较于 PCDDs,从头合成机理更倾向于生成 PCDFs。作为垃圾焚烧发电厂产生的飞灰中的主要成分,$CuCl_2$ 在二噁英的生成过程中具有很高的反应活性。

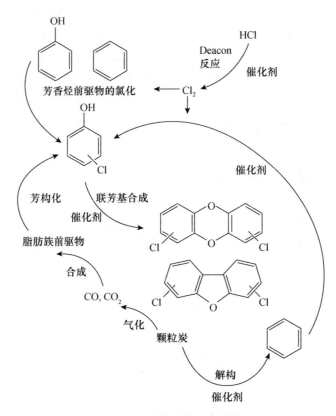

图 5.22　二噁英的从头合成机理

除以上 3 种生成机理外,生活垃圾本身含有少量二噁英,在焚烧过程中部分二噁英未分解释放出来,进入烟气中。而且在燃烧后的低温区域(250~450℃),通过低温异相催化反应也会生成二噁英,最佳生成温度为 300℃[15]。

垃圾焚烧二噁英的控制方法包括源头控制、减少炉内生成("3T1E"原则)、避免炉外低温再合成和末端处理等方法。

(1) 源头控制

尽可能使垃圾中的可燃组分充分燃烧,通过固体废物分类收集,加强资源回收,避免含二噁英物质及含氯成分高的物质(如餐厨垃圾、PVC 等)进入垃圾焚烧炉中。

(2) 减少炉内生成

① 焚烧温度:二噁英在 705℃ 以下非常稳定,保持炉内温度在 850℃ 以上,可以将二噁英完全分解。② 停留时间:保证烟气停留时间在 2 s 以上,使二噁英有足够的时间充分分解。③ 湍流度:优化焚烧炉炉形和二次空气的喷入方法,使烟气得到充分混合搅拌,帮助二噁英完全分解。④ 过量空气系数:合理控制助燃空气的风量、温度和注入位置。

(3) 避免炉外低温再合成

由于二噁英再合成的温度控制区间为 250~450℃,因此需要控制除尘器入口的烟气温度,以避开二噁英容易重新合成的湿度段。通过提高烟气流速和骤冷措施,缩短烟气在 250~450℃ 的停留时间,以抑制二噁英再合成的进行。控制减少二噁英再合成所需要的催化剂载体(铜或铁的化合物)也可以减少二噁英的低温再合成。

（4）末端处理

利用具有极大的比表面积的吸附剂吸附脱除烟气中的二噁英,配合袋式除尘器进行拦截,二噁英去除率能够达到 90%。吸附剂脱除只是将二噁英吸附聚集而并未分解破坏,因此还必须对高浓度富含二噁英的飞灰进行后续处理。常见的吸附剂脱除技术有活性炭喷射技术、湿式洗涤吸附技术与吸附过滤技术等。

5.3.7　温室气体减排

温室气体排放导致了全球气候变暖等一系列问题,受到了全世界的广泛关注。习近平总书记在第七十六届联合国大会一般性辩论上的讲话中指出,中国将力争 2030 年前实现碳达峰、2060 年前实现碳中和。生活垃圾包含大量碳中性的生物质成分,是重要的可再生能源,具有广阔的碳减排前景。一方面,垃圾焚烧发电厂可以通过提高能源利用效率,提升上网发电量,进而代替减少燃煤的使用,实现碳减排;另一方面,可以通过碳捕集技术控制末端 CO_2 的排放。

利用碳捕集技术可从垃圾焚烧发电厂烟气净化工艺处理后的尾部烟气中分离和回收 CO_2,该工艺较为简单成熟,投资成本较低,且对电厂影响较小。但由于烟气中 CO_2 浓度低,且化学吸收工艺用于吸收剂再生消耗的中低温饱和蒸汽较多,会造成垃圾焚烧发电厂发电效率降低。因此可选择采用高纯度氧以及部分循环烟气的混合气体代替空气进入焚烧炉中,以提高烟气中 CO_2 浓度,从而降低碳捕集能耗。此外,还可以将烟气净化工艺处理后的尾部烟气通入烧碱溶液用于制取纯碱。

垃圾焚烧发电厂还会排放少量具有较高温室气体潜力的亚硝酸氧化物。当焚烧温度较低,低于 850℃ 时,以及使用 SNCR 还原氮氧化物,特别是选用尿素作为还原剂时,均可能产生亚硝酸氧化物。一般情况下,当焚烧温度高于 850℃ 时,焚烧过程和 SCR 的 N_2O 排放量很低,SNCR 是 N_2O 排放的唯一来源。可通过工艺优化以减少还原剂使用量、优化选择还原剂注入温度窗口、优化还原剂喷射管位置、使用氨作为还原剂等方式降低 SNCR 运行过程中亚硝酸氧化物的排放。

5.3.8　垃圾焚烧厂烟气净化工艺流程

生活垃圾焚烧净化工艺的组合须保证整个烟气净化系统能够最有效地去除烟气中存在的各种污染物,并具有经济性和实用性。全世界目前有垃圾焚烧烟气净化工艺 408 种,常用的净化工艺有以下 5 种:① 半干法脱酸＋活性炭喷射＋布袋除尘;② 半干法脱酸＋活性炭喷射＋布袋除尘＋SCR 脱硝;③ SNCR 脱硝＋半干法脱酸＋活性炭喷射＋布袋除尘;④ 半干法脱酸＋活性炭喷射＋布袋除尘＋湿法脱酸＋活性炭床;⑤ 半干法脱酸＋活性炭喷射＋布袋除尘＋湿法脱酸＋SCR 脱硝。

烟气净化工艺主要取决于执行的排放标准以及垃圾焚烧过程产生的废气中污染物的组分和浓度。一般情况下,烟气净化工艺会针对酸性气体、二噁英、颗粒物及重金属等进行控制,其中烟气污染物控制工艺的主要部分为酸性气体脱除和颗粒物捕集。不同典型烟气净化工艺组合对比如表 5.10。

表 5.10　典型烟气净化工艺组合对比

项　目	干法脱酸＋布袋除尘	半干法脱酸＋布袋除尘	湿法脱酸＋布袋除尘
SO_2 排放浓度/($mg \cdot Nm^{-3}$)	＜200	＜200	＜60
HCl 排放浓度/($mg \cdot Nm^{-3}$)	＜50	＜50	＜30
颗粒物排放浓度/($mg \cdot Nm^{-3}$)	＜30	＜30	＜10
重金属有机毒物去除率	较高	高	高
飞灰产生量	多	一般	少
污泥及废水产生	没有	没有	多
工程投资	较低	一般	高
经营成本	较高	一般	高

　　随着垃圾焚烧烟气排放标准逐渐变得严格,垃圾焚烧厂的烟气净化系统也需要随时进行改进。以德国慕尼黑焚烧厂为例(图 5.23),原有的烟气净化系统采用半干式洗烟塔和袋式除尘器,可减少二噁英的生成,提高燃烧室的温度,但造成了 NO_x 的大量增加,因此在袋式除尘器后方增加了 SCR 用于控制 NO_x 排放。瑞典 Aveita 焚烧厂的烟气净化系统如图 5.24 所示,采用了半干式洗烟塔配合袋式除尘器,SO_2 的去除率可达 80% 左右,但排放标准更改后,酸性气体无法达标,因此,在后方增设湿式洗烟塔。

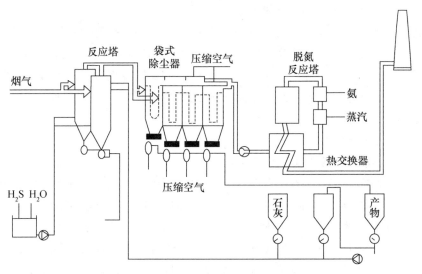

图 5.23　德国慕尼黑焚烧厂的空气污染控制系统

　　随着海南、河北、上海等地方排放标准的相继发布,对污染物排放的要求日趋严格,若垃圾焚烧烟气污染物浓度达到超低排放限值规定,SO_x、NO_x 和颗粒物的浓度需要分别降低到 35 $mg \cdot Nm^{-3}$、50 $mg \cdot Nm^{-3}$ 和 10 $mg \cdot Nm^{-3}$,这将对烟气净化工艺提出更高的要求。可通过提高袋式除尘器材质和性能进一步提高除尘效率,而 SO_x 和 NO_x 则需要分别增加湿法烟气洗涤系统和 SCR,技术路线见图 5.25[16]。烟气洗涤系统产生的废水可以用于半干法脱酸所需的石灰浆液的制备,达到废水零排放的效果。

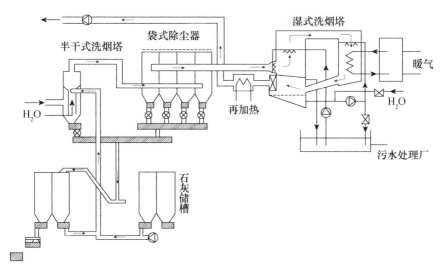

图 5.24　瑞典 Aveita 焚烧厂的空气污染控制系统

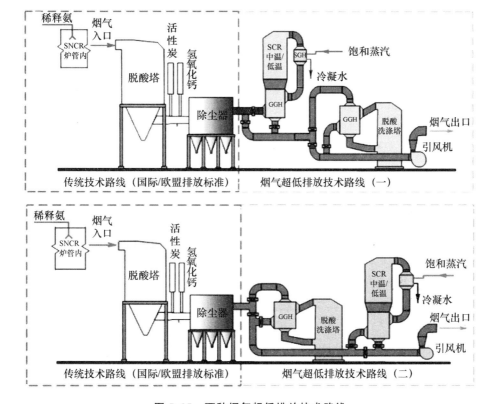

图 5.25　两种烟气超低排放技术路线

注：GGH 为烟气-烟气加热器，SGH 为蒸汽-烟气加热器。

5.4　固体废物焚烧发电应用案例

随着我国经济水平的不断发展,固体废物产生量持续增长。以生活垃圾为例,其具有较高的有机质含量,湿基热值达到 5337 kJ·kg^{-1},干基热值达到 13 509 kJ·kg^{-1},适合作为燃料进入焚烧炉焚烧发电或供热。本节将以吴江扩容垃圾焚烧发电项目和苏州垃圾焚烧发电项目为例,对垃圾焚烧发电的设计运营过程进行分析。

5.4.1　吴江扩容垃圾焚烧发电项目

1. 项目概况

近年来,苏州市吴江区生活垃圾产生量迅猛增长,2016 年 8 月,吴江区生活垃圾焚烧厂建成投运,吴江区生活垃圾基本实现全量焚烧。但随着垃圾产生量增幅持续扩大,尤其是与生活垃圾相近的各类一般工业固体废物产生量的持续增大,需要提升固体废物处理能力,全力推进生活垃圾焚烧扩容。吴江扩容生活垃圾焚烧发电项目(以下简称"吴江扩容项目")的建设能有效化解垃圾围城困境,协调解决吴江区一般工业固体废物及市政污泥的处理难题。吴江扩容项目设计规模为日处理垃圾 3000 t,采用 3 台 1000 t·d^{-1} 机械炉排炉,配套相应的烟气处理系统及污水处理系统,实现高热值一般工业固体废物、生活垃圾、高含水污泥和蓝藻协同处理。

项目运营过程产生的污染物主要包括:垃圾仓渗滤液,焚烧炉渣及飞灰,焚烧烟气污染物如 HCl、SO$_2$、NO$_x$ 等。烟气净化工艺采取"高效 SNCR 脱硝＋半干法(旋转喷雾)脱酸吸收塔＋活性炭吸附＋干法脱酸＋袋式除尘器 ＋GGH＋湿法(NaOH 溶液)脱酸＋SGH＋烟气再循环"的组合净化工艺,烟气排放满足《欧盟工业排放指令》。渗滤液采取"预处理＋膜处理"的处理工艺。焚烧炉渣综合利用制作实心砖,飞灰采取稳定剂固化技术工艺进行飞灰稳定化后填埋处理,项目工艺流程见图 5.26。

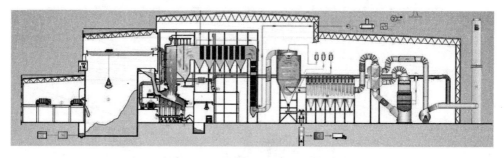

图 5.26　吴江扩容项目工艺流程

2. 生活垃圾焚烧炉

吴江扩容项目选用的炉型为 1000 t·d^{-1} 机械炉排炉,是世界单机处理量最大的焚烧炉之一。项目每日可处理生活垃圾约 1500 t,处理与生活垃圾相近的一般工业固体废物约 1200 t,市政污泥约 300 t。针对高含水污泥、蓝藻等固体废物,设计有独特的污泥进料系统,湿污泥掺烧比可达 10% 以上,且混合均匀燃烧完全。焚烧炉为"翻动炉排＋加长设计",可实现多种固体废物充分混合,并具备充分的固体废物燃烧停留时间,垃圾热渣灼减率在 2% 以下。采用 CFD 模拟,强化炉排片的空冷效果,降低炉排片的运行温度,延长运行寿命。作为国内最高设计热值的垃圾焚烧项目之一,使用"自清洁水冷炉膛＋高效空冷炉排片",保证焚烧炉在高热值固体废物燃烧工况下的稳定运行。

针对目前垃圾焚烧厂全厂热效率仅为 21％～22％、造成大量余热浪费的现状,吴江扩容项目创新性地采用高参数技术,配置三炉两机发电系统,全厂热效率可超过 28％。由于垃圾焚烧烟气中含有大量 HCl、SO_x、NO_x 等酸性腐蚀性气体,提高蒸气参数会加大对流换热面腐蚀爆管的风险。为解决腐蚀难题,高参数再热锅炉采用堆焊防腐设计,可有效延缓高温腐蚀,确保锅炉可靠运行,延长锅炉连续运行周期。高参数技术的成功应用引领垃圾焚烧行业向更高水平、更高效方向发展。

3. 烟气净化工艺

吴江扩容项目烟气净化采用"高效 SNCR 脱硝＋半干法(旋转喷雾)脱酸吸收塔＋活性炭吸附＋干法脱酸＋袋式除尘器＋GGH＋湿法(NaOH 溶液)脱酸＋SGH＋烟气再循环"组合净化工艺。为实现 NO_x 超低排放,项目设置高效炉内 SNCR 系统＋烟气再循环系统。利用高效 SNCR 脱硝装置,在焚烧炉第一通道喷射还原剂(氨水)与 NO_x 发生化学反应,在高温(900～1100℃)区域,将 NO_x 还原成 N_2 和 H_2O,达到脱除 NO_x 的目的,脱除效率可达 30％～50％。烟气再循环装置抽取引风机后部分烟气回到焚烧炉,控制整体燃烧系统保持低氧燃烧,有效降低烟气中氧含量,从而降低 NO_x 排放浓度,实现 NO_x 排放浓度达到 100 mg·Nm^{-3}。

经余热锅炉发电后,温度为 180～220℃的烟气首先进入半干法反应塔,烟气中的酸性气体与塔顶旋转喷雾器喷出的 $Ca(OH)_2$ 溶液发生化学反应,并使烟气温度降低至 140～160℃。少部分粉尘、反应产物和未完全反应的石灰进入反应塔底部,大部分随着烟气进入布袋除尘器。脱酸后的烟气通过连接管进入袋式除尘器,其中连接管设置有活性炭和干法脱酸喷口,喷入管内的活性炭可吸附烟气中的重金属、二噁英和汞。垃圾焚烧产生的烟尘、喷入的活性炭、石灰反应剂和反应产物、凝结的重金属等各种颗粒物均被截留于袋式除尘器的滤袋表面,形成滤饼,烟气中的酸性气体与过量的反应剂进一步反应,进一步提高酸性气体去除效率,同时,滤袋表面的活性炭也再次发挥吸附作用。经压缩空气反吹后的滤袋外表面的飞灰,排入灰斗后经旋转卸灰阀排至输送机,通过输灰系统送入灰仓。烟气从布袋除尘器排出后进入湿法脱酸系统,烧碱溶液与烟气中部分的酸性气体 HCl、SO_2 等进行反应,生成 NaCl、NaF、Na_2SO_3、Na_2SO_4 等盐类,使烟气中的酸性气体含量进一步降低。经过净化后的烟气通过 80 m 高的烟囱排放进入大气。

4. 垃圾渗滤液处理工艺

垃圾渗滤液来源于垃圾仓生活垃圾渗出的水分液体。垃圾渗滤液由垃圾仓集液沟收集进入渗滤液收集贮存池,再由渗滤液输送泵加压输送至渗滤液处理站调节池。垃圾渗滤液具有高有机物、高油脂、高硬度、高盐废水的特点,通过采取"预处理＋膜处理"的组合工艺进行处理。同时对垃圾渗滤液处理系统生产运行数据分析建模,统计分析各单元处理效率与进出料、加药量等参数的关系并建立大数据模型。在保证处理效率的同时降低运行功耗以及加药量,达到降本增效的目的。最终实现渗滤液及其混合液的全量化处理,将浓水完全消纳,确保垃圾渗滤液处理出水水质达到《污水综合排放标准》(GB 8978—1996)和《城市污水再生利用 工业用水水质》(GB/T 19923—2005)后回用,用作循环冷却水补充水。

5. 项目示范效应

吴江扩容项目全年约处理生活垃圾 5.475×10^5 t、工业固体废物 4.38×10^5 t、市政污泥 1.095×10^5 t,年上网电量约 5.44×10^8 kW·h,最大程度实现了垃圾处理的减量化、无害化和资源化,有效改善了苏州市的生态环境。高热值工业固体废物、生活垃圾、高含水污泥和蓝藻协同焚烧模式具有示范效应,对于统筹处理工业固体废物及生活垃圾具有借鉴意义。

5.4.2　苏州生活垃圾焚烧发电项目

1. 项目概况

随着民众环保意识的不断提升和资源的日益短缺,单一的垃圾焚烧发电已经无法满足苏州市的发展需求,为提高生活垃圾及其资源化过程中副产物的综合利用量和效率,苏州市开始构建以生活垃圾焚烧发电为核心的关中静脉产业园(以下简称"产业园")。产业园包括生活垃圾焚烧发电项目、生活垃圾填埋项目、炉渣制砖项目、沼气发电项目、餐厨垃圾资源化利用项目、医疗废物处置项目、危险废物焚烧项目、危险废物填埋项目及危险废物综合利用项目等,项目之间共用蒸汽、电力等能源。通过对产业园的规划、同园区内合作者建立契约机制、不断提标改造与自主研发,实现了产业园内项目间相互耦合、相互依存,从而达到规模效益以及对资源的最大利用和污染的最小排放,提升了区域环境质量。

2. 生活垃圾焚烧发电项目

苏州生活垃圾焚烧发电项目总设计规模为日处理垃圾 3.550 t,目前正在进行拆旧建新及提标改造工程,设计日处理规模将增至 6.850 t。提标改造一阶段采用 3×750 t·d^{-1} 中温超高压再热技术,也是国内目前唯一在运行的垃圾焚烧高参数母管制再热机组,全厂热效率约 30%。烟气污染物排放指标优于《欧盟工业排放指令》,渗滤液处理采用"预处理+膜处理"系统生产工艺,处理后的出水全部回用于焚烧厂各用水点,实现了"全回用、零排放"的目标,消除了污水对周边生态环境的影响。

3. 产业园协同项目

产业园中沼气发电项目收集生活垃圾填埋场产生的沼气,将其作为二次能源用于发电,并对高温、烟气余热进行综合利用。医疗废物处置项目采用国际先进的高温蒸汽灭菌生产工艺,灭菌后的医疗垃圾进入生活垃圾焚烧厂进行焚烧处理。危险废物焚烧项目采用热碱炉加燃烧炉组合工艺设备,年处置各类危险废物 3000 t。炉渣制砖项目制备多孔砖及实心砖,产品已广泛应用于各级市政工程。餐厨垃圾处置项目设计年处理餐厨垃圾量为 1.2×10^5 t,年产 6000 t 生物柴油,4×10^6 m^3 沼气。危险废物综合利用项目对各类工业废物进行回收及再利用,综合处置利用各类工业废油、废水 1.5×10^4 t·a^{-1}。

产业园内项目间相互耦合、相互依存。以生活垃圾焚烧发电项目为核心,构建了完整的工业生态链,垃圾焚烧厂生产过程产生的炉渣进入炉渣厂进行综合利用,进一步实现了生活垃圾的减量化、资源化目标;垃圾焚烧厂飞灰经稳定化处理后进入生活垃圾填埋场进行填埋;垃圾焚烧厂生产过程产生的危险废物进入危险废物焚烧厂或危险废物填埋场处理;餐厨垃圾的筛上物和经高温灭菌后的医疗垃圾进入垃圾焚烧厂协同处理;餐厨厂的渗滤液也与生活垃圾的渗滤液共同处理。垃圾焚烧厂通过向餐厨厂、医疗废物处理厂等周边企业供应蒸汽,不但提高了能源利用效率,而且增加了企业收益;餐厨厂、医疗废物处理厂使用焚烧厂的蒸汽,降低了运营成本,也减少了污染物的排放;炉渣厂、填埋场的电力供应也依赖于焚烧厂。产业园各项目耦合关系详见图 5.27。

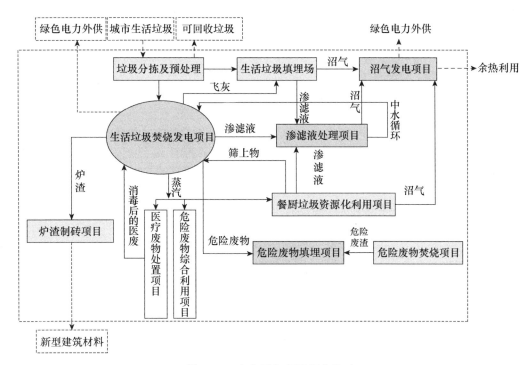

图 5.27 产业园各项目耦合关系

4. 项目示范效应

2013 年,以苏州市生活垃圾焚烧发电项目为核心的产业园成为江苏省首个经江苏省环境保护厅考核验收小组验收通过的静脉产业园区。产业园把"资源—产品—废弃物"改造为"资源—产品—再生资源"闭环经济模式,实现变废为宝的循环利用。生活垃圾焚烧发电项目采用垃圾焚烧高参数技术,大幅提高能源利用效率,引领垃圾焚烧行业向更高水平、更高效方向发展。产业园以提高生活垃圾资源化及其资源化过程中副产物的综合利用量和效率为目标,从源头到终端全产业链治理,多项目协同处理,为采用静脉产业园区来解决综合处理城市固体废物问题提供了重要的借鉴。

参 考 文 献

[1] 罗永浩,陈祎,杨明辉,等. 生活垃圾典型组分热解及 NO_x 前驱物析出特性研究 [J]. 农业工程学报,2018, 34(S1):143-148.

[2] 熊祖鸿,范根育,鲁敏,等. 垃圾焚烧飞灰处置技术研究进展 [J]. 化工进展,2013, 32(7):1678-1684.

[3] Rohwerder T, Gehrke T, Kinzler K, et al. Bioleaching review part A [J]. Applied Microbiology and Biotechnology, 2003, 63(3):239-248.

[4] Fowler T A, Holmes P R, Crundwell F K. On the kinetics and mechanism of the dissolution of pyrite in the presence of Thiobacillus ferrooxidans [J]. Hydrometallurgy, 2001.

[5] Ishigaki T, Nakanishi A, Tateda M, et al. Bioleaching of metal from municipal waste incineration fly ash using a mixed culture of sulfur-oxidizing and iron-oxidizing bacteria [J]. Chemosphere, 2005, 60

(8)：1087-1094.

[6] Wu H Y，Ting Y P. Metal extraction from municipal solid waste(MSW)incinerator fly ash—Chemical leaching and fungal bioleaching [J]. Enzyme and Microbial Technology，2006，38(6)：839-847.

[7] 谢明，林晓伟，黄武军. 危险废物焚烧烟气脱酸工艺的研究与探讨 [J]. 广东化工，2020，47(11)：3.

[8] 刘雪珂，段盼巧，党文达，等. 生活垃圾焚烧中 SO_x 的生成及控制技术进展 [J]. 广东化工，2021，48(22)：176-177＋179.

[9] 衣静，刘阳生. 垃圾焚烧烟气中氯化氢产生机理及其脱除技术研究进展 [J]. 环境工程，2012，30(5)：50-54＋113.

[10] 孙中涛，刘露. 垃圾焚烧烟气脱酸工艺选择及应用 [J]. 环境卫生工程，2018，26(6)：93-96.

[11] 吴锐. 城市生活垃圾焚烧发电厂烟气主要成分分析与研究 [D]. 华南理工大学，2009.

[12] 胡桂川，朱新才，周雄. 垃圾焚烧发电与二次污染控制技术 [M]. 重庆：重庆大学出版社，2011.

[13] Hu C，Zhou J，He S，et al. Effect of chemical activation of an activated carbon using zinc chloride on elemental mercury adsorption [J]. Fuel Processing Technology，2009，90(6)：812-817.

[14] 申哲民，马晶，向飞. 活性炭负载催化剂去除燃煤烟气中单质汞的研究 [J]. 环境监控与预警，2010，2(2)：46-48.

[15] 罗阿群，刘少光，林文松，等. 二噁英生成机理及减排方法研究进展 [J]. 化工进展，2016，35(3)：910-916.

[16] 赵丹. 垃圾焚烧电厂烟气超低排放技术路线研究 [J]. 锅炉技术，2019，50(4)：75-79.

第6章 固体废物的化学与热化学处理方法

6.1 固体废物热解技术

热解（pyrolysis）是一种传统的生产工艺，大量应用于木材、煤炭、重油、油母页岩等燃料的加工处理中，已有非常悠久的历史。20 世纪 70 年代初，热解被应用于城市固体废物处理，固体废物经过热解处理后不仅可以得到便于贮存和运输的燃料和化学产品，而且在高温条件下所得到的炭渣还会与物料中某些无机物与重金属成分构成硬而脆的惰性固态产物，使其后续的填埋处理作业可以更为安全和便利地进行。随着现代工业的发展，热解技术已经成为有发展前景的固体废物处理方法之一，它可以处理城市生活垃圾，污泥，废塑料、废橡胶等工业固体废物，农林废物，人畜粪便等具有一定能量的有机固体废物。

6.1.1 热解技术及其发展概况

1. 热解原理

热解是利用有机物的热不稳定性，在无氧或缺氧条件下对之进行加热蒸馏，使有机物产生热裂解，经冷凝后形成各种新的气体、液体及固体，并从中提取燃料油、油脂和燃料气的过程。

一般而言，固体废物的热解有两种含义：一种是固体废物的干馏，指在惰性气氛中加热固体废物使挥发分析出的过程；另一种是在氧化性气氛中加热固体废物时，其中的挥发分析出的过程。

热解反应是一个非常复杂的反应过程，包括大分子键的断裂、异构化和小分子的聚合等反应，随着热解温度的升高，热解物料依次经历干燥、干馏和气体生成阶段。干燥阶段，物料温度从常温升至 200℃，物料中的水分蒸发析出；干馏阶段，物料温度继续升高，达到 250～500℃，物料内的结合水析出，大分子物质如蛋白质、纤维素和脂肪等有机物质裂解为小分子的物质，陆续发生脱氧、脱硫及 CO_2 析出等过程；气体生成阶段，物料温度可达 500～1200℃，干馏阶段产生的小分子量的产物进一步裂解，液态和固态的有机物质可裂解生成 H_2、CO、CO_2、CH_4 等气态产物。气体产生阶段的化学反应主要包括：

$$C_n H_m \longrightarrow x CH_4 + \left(\frac{m-4x}{2}\right) H_2 + (n-x)C \tag{6.1}$$

$$CH_4 + H_2O \longrightarrow CO + 3H_2 \tag{6.2}$$

$$C + H_2O \longrightarrow CO + H_2 \tag{6.3}$$

$$C + CO_2 \longrightarrow 2CO \tag{6.4}$$

在热解过程中,中间产物存在两种变化趋势:一方面,存在从大分子变成小分子甚至气体的裂解反应;另一方面,也存在小分子聚合成较大分子的聚合过程。总的来说,热解过程包括裂解反应、脱氢反应、加氢反应、缩合反应、桥键反应等。

2. 热解技术发展概况及优势

热解技术在 20 世纪 70 年代开始逐渐引起研究者关注,发达国家的一些科研院所率先开展了相关研究。热解技术一直被认为是焚烧技术的取代方法,在过去的数十年,世界范围内已有很多垃圾热解气化技术项目通过测试并进入稳定运行阶段,许多垃圾热解气化工艺已经比较成熟并投入商业应用。但迄今为止国内外成功工业化应用的热解气化技术项目仍面临着技术、环境和经济效益上的挑战。

固体废物热解技术与其他处理方法如焚烧相比具有以下优势:① 热解可将固体废物中的有机物转化为以燃料气、燃料油和炭黑为主的贮存性能源;② 热解产生的 NO_x、SO_x、HCl 等污染物较少,生成的气体或油能在低空气比下燃烧,排气量少,对大气的污染小;③ 热解时固体废物中的硫、金属等有害元素大部分被固定在炭黑中;④ 由于热解过程为还原气氛,Cr^{3+} 等不会被转化为毒性更强的 Cr^{6+};⑤ 热解残渣中无腐败性的有机物,能减轻残渣在填埋场处理时产生的危害,且排出物的密度大,减容性好,灰渣在热解过程熔融还可防止危害性较强的金属类物质溶出;⑥ 热解能处理不适合焚烧和填埋的难处理固体废物。

6.1.2　热解产物及其影响因素

1. 热解过程和产物

热解过程一般在 $400\sim800℃$ 的条件下进行,通过加热使固体物质挥发、液化或分解,主要产物有以下几类:

(1) 可燃性气体

可燃性气体主要包括 H_2、CH_4、CO、CO_2、C_2H_4 和其他少量高分子烃类化合物气体。热解过程产生的可燃性气体量大,特别是在温度较高的情况下,固体废物有机成分的 50% 以上都转化为气态产物。除少部分维持热解过程所需要热量,剩余气体可作为气体燃料输出。

(2) 燃料油

热解产生的有机液体是一类复杂的化学混合物,主要包括有机酸、芳烃、焦油和其他高分子烃类油等,可作为燃料油输出。

(3) 炭黑及灰渣

固体废物热解后,减容量大,残余炭渣较少。这些炭渣化学性质稳定,含碳量高,有一定热值,可用作燃料添加剂,或者作为道路路基材料、混凝土骨料或制砖材料使用。

固体废物热解产生的气体、液体和固体产物,其产量根据热解的工艺和反应参数(如温度)的不同而有所差异(表 6.1)。低温通常会产生较多的液体产物,而高温则会使气体产物增多。慢速热解(炭化)过程需要在较低温度下以较慢的反应速度进行,使固体焦类物质的产量能够达到最大。快速或者闪式热解是为了使气体和液体产物的产量最大化。这样得到的气体产物通常具有适中的热值($13\sim21\ MJ\cdot Nm^{-3}$),而液体产物通常称之为热解油或生物油,是混有许多碳水化合物的复杂物质,这些物质可以通过转化,成为各种化学产品或者电能及热能。

表 6.1　不同热解工艺的产物

工 艺	停留时间	加热速率	温 度/℃	主要产物
炭化	几小时到几天	极低	300～500	固体
加压炭化	15 min～2 h	中速	400	固体
常规热解	几小时	低速	400～600	固体、液体和气体
	5～30 min	中速	700～900	固体和气体
真空热解	2～30 s	中速	350～450	液体
快速热解	0.1～2 s	高速	400～650	液体
	小于 1 s	高速	650～900	液体和气体
	小于 1 s	极高	1000～3000	气体

数据来源：赵由才,牛冬杰,柴晓利. 固体废物处理与资源化[M]. 北京：化学工业出版社,2012.

　　对于不同类型的固体废物,热解过程产生的气体、液体和固体产物的成分和比例是不同的。固体废物热解能否获得高能量产物,取决于原料中氢转化为可燃气体与水的比例。不同固体燃料及固体废物的 $C_6H_xO_y$ 组成如表 6.2 所示,该表的最后一栏分别表示原料中所有氧与氢结合成水后所余氢元素原子与碳元素原子的个数比值,对于固体燃料,该 H/C 为 0～5。美国城市垃圾的 H/C 位于泥煤和褐煤之间；而日本城市垃圾的 H/C 则高于所有固体燃料,这是因为日本城市垃圾中的塑料含量相对比较高[1]。

表 6.2　各类固体燃料与固体废物的 $C_6H_xO_y$ 组成

固体燃料	$C_6H_xO_y$	H/C	$H_2+\dfrac{1}{2}O_2 \longrightarrow H_2O$ 完全反应后的 H/C	固体废物	$C_6H_xO_y$	H/C	$H_2+\dfrac{1}{2}O_2 \longrightarrow H_2O$ 完全反应后的 H/C
纤维素	$C_6H_{10}O_5$	1.67	0/6＝0	无烟煤	$C_6H_{1.5}O_{0.07}$	0.25	1.4/6＝0.23
木材	$C_6H_{8.6}O_4$	1.43	0.6/6＝0.1	城市垃圾	$C_6H_{9.64}O_{3.75}$	1.61	2.14/6＝0.36
泥煤	$C_6H_{7.2}O_{2.6}$	1.20	2.0/6＝0.33	新闻纸	$C_6H_{9.12}O_{3.75}$	1.52	1.2/6＝0.20
褐煤	$C_6H_{6.7}O_2$	1.12	2.7/6＝0.45	塑料薄膜	$C_6H_{10.4}O_{1.06}$	1.73	8.28/6＝1.38
烟煤	$C_6H_4O_{0.53}$	0.67	2.94/6＝0.49	餐厨垃圾	$C_6H_{9.93}O_{2.97}$	1.66	4.0/6＝0.67

数据来源：唐雪娇,沈伯雄. 固体废物处理与处置[M]. 北京：化学工业出版社,2018.

2. 热解过程影响因素

　　从热解开始到热解结束的整个过程中,有机物都处在一个复杂的化学反应过程。不同的温度区间所进行的反应不同,产物的组成也不同。在通常的反应温度下,高温热解过程以吸热反应为主,但有时也伴随着少量放热的二次反应。此外,当物料粒度较大时,由于达到热解温度需要的传热时间长,扩散传质时间也长,则整个过程更容易发生许多二次反应,使产物组成及性能发生改变。固体废物热解的主要影响因素如下：

　　(1) 反应温度

　　反应温度会影响热解产物的成分和产量,热解温度与气体产物的产量成正比,液体、固体产物则会随反应温度的升高而减少。反应温度的变化还会影响气体产物的质量。

　　(2) 湿度

　　湿度对热解过程的影响是多方面的,主要表现在气体产物的产量与成分、热解过程内部的化学过程以及整个反应系统的能量平衡等方面。湿度对热解过程的影响主要由系统中的水分引起。热解过程中的水分主要来自物料自身的含水量和物料外部的高温水蒸气,其中反应过程生成的水分所起作用更接近物料外部的高温水蒸气。物料自身的水分在热解前期的干燥阶段会先失去,然后凝结在装置的冷却系统中或随热解气体产物一同排出。但如果水蒸气混合在热解气体产物中,会极大地降低热解气的热值及其可用性。故而为了提高热解气的可用性,应将蒸发出的水分凝结下来从系统中排出。同时,水分对热解过程的影响会因热解方式和反应器具体结构的不同而产生差异。

(3)加热速率

加热速率的大小对固体废物的热解过程产生直接影响,从而影响热解的最终产物。低温-低速的反应条件下,物料中的有机分子有足够的反应时间在其最薄弱的接点处分解,然后重新结合生成热稳定性固体,使得终产物的固体产率增加;而在高温-高速的反应条件下,热解反应速度快,物料中的有机分子结构发生全面裂解,生成多种低分子有机物,从而使得终产物中的气体组分增加。

(4)反应时间

反应时间是指物料完成反应时在炉内停留的时间,它与物料尺寸、物料分子结构特性、反应器内部的温度水平及热解方式等因素密切相关,同时还会影响热解产物的成分和总量。

一般来说,物料尺寸愈小,反应时间愈短;物料分子结构愈复杂,反应时间愈长;反应温度愈高,物料颗粒内外温度梯度愈大,物料被加热的速度愈快,反应时间愈短。热解方式对反应时间的影响比较明显,直接加热与间接加热相比热解时间要短得多[2]。因为直接加热可理解为在反应器同一断面的物料基本上处于等温状态;而对于墙式导热的间接加热,反应器的同一断面上物料并非等温状态,而是存在一个温度梯度。采用中间介质的间接加热方式,热解反应时间直接与处理的量有关,处理的量的大小与反应器的热平衡直接相关,与设备的尺寸相关。如采用间接加热的沸腾床,它的反应时间短,但单位时间的处理量不大,要加大处理量时相应的设备尺寸就需要加大[3]。

(5)物料组成

物料组成包括有机物成分、含水率、尺寸大小等,这些性质对热解过程有重要影响。不同的物料成分不同,可热解性也不一样。有机物成分比例大、热值高的物料,其可热解性相对就好,产品热值高,可回收性好,残渣也少。物料含水率低,加热到工作温度所需要的时间就短,干燥和热解过程的能耗就少。尺寸较小的物料颗粒有利于促进热量传递,保证热解过程的顺利进行。通常,城市固体废物比大多数工业固体废物更适合用热解方法生产燃气、焦油以及各种有机液体,但生产残渣较多[4]。

此外,物料的预处理、反应器的类型以及供气供氧等因素也会对热解过程产生影响。

6.1.3 热解技术工艺流程及设备

1. 热解工艺分类

热解过程由于反应温度、供热方式、热解炉结构以及产品状态等参数的不同,热解工艺也存在差异。按反应温度可分为高温热解、中温热解和低温热解;按供热方式可分为直接加热法和间接加热法。

（1）按反应温度分类

① 高温热解

高温热解的反应温度一般超过 1000℃，加热方式主要采用直接加热法。若采用高温纯氧热解工艺，反应器内的氧化-熔渣区段的温度高达 1500℃，可将热解残留的惰性固体（金属盐类及其氧化物和氧化硅等）熔化，以液态渣的形式排出反应器，清水淬冷后粒化，粒化后的玻璃态渣可作为建筑材料的骨料，这样可大大减少固体残渣的处理难度。

② 中温热解

中温热解的反应温度一般在 600～700℃，主要用于较为单一的固体废物能源及资源回收的工艺上，如废轮胎、废塑料转换为类重油物质的工艺，所得的类重油物质既可作能源，也可作为化工初级原料。

③ 低温热解

低温热解的反应温度一般在 600℃ 以下，可用于林业和农业产品加工后的固体废物生产低硫、低灰的炭，生产出的炭随着原料和加工深度的不同，可作为不同等级的活性炭和水煤气原料。

（2）按供热方式分类

① 直接加热法

直接加热法是指供给热解物料的热量由物料部分直接燃烧产生，或向热解反应器补给燃料来提供加热物所需热量的一种方法。由于燃烧需要提供氧气，反应过程会产生 CO_2、H_2O 等气体混在热解产生的可燃气中，导致可燃气被稀释，热值降低。若采用空气作为氧化剂，其中含有的大量的氮气会进一步稀释产生的可燃气，使可燃气的热值大大降低。所以氧化剂的选择会对热解气体产物的热值产生很大影响。

直接加热法的优势在于其设备简单，可采用高温热解，不仅处理量大，且产气率高，但其热解气体产物的热值并不高，无法作为单一燃料直接利用。另外，若采用高温热解，需要考虑 NO_x 的控制问题。

② 间接加热法

间接加热法是指被热解物料与用于直接加热的介质在反应器内分离开的一种方法，可利用墙式导热或中间介质（热砂料或熔化的某种金属床层）实现传热。墙式导热法目前发展受到一定的限制，因其热阻较大，熔渣可能会出现包覆传热壁面或者腐蚀等问题，且不能采用更高的热解温度；中间介质法虽然可能出现固体传热或物料与中间介质的分离等问题，但综合来看，中间介质法比墙式导热法的效果要好一些。

间接加热法的主要优点在于其产品的热值较高，可作为燃气直接燃烧利用，但其产气率（单位质量物料的燃气产量）远低于直接加热法。

2. 热解设备

反应器是固体废物热解系统中的核心设备，按照设备运行方式可分为固定床、流化床、回转窑及其他类型的反应器。

（1）固定床反应器

固定床反应器的优点是制造简单、成本低、运动部件少、操作简单，但同时存在炉内易形成空腔、物料处理量较小的缺点。典型的固定床反应器分为下吸式、上吸式两种。下吸式热解气化炉适用于含水率不高（低于 30%）的物料，突出优点是气体产物通过高温区，故生成气中焦油含量较低。袁浩然等[5]通过扩大上吸式热解气化炉高温区的直径延长气相停留时间,进一步降低了气相中的焦油含量,同时增加机械搅拌装置,解决了炉内物料架空的问题。上吸式热解气化炉的气体产物不通过高温区,焦油含量较高,但物料被向上流动的热空气烘干,可用于含水率较高(可达50%)的物料。

（2）流化床反应器

流化床反应器具有传热传质效率高、反应强度大、原料适应性广、处理量大的优点,可进一步分为单流化床、循环流化床、双流化床、携带床。单流化床生成气直接送入净化系统;循环流化床生成气中夹带的固体颗粒经旋风分离器分离后返回至流化床,碳转化率较高;双流化床具有两级反应器,热解反应主要在一级反应器进行,气化反应主要在二级反应器进行,碳转化率也较高;携带床要求原料破碎为细小颗粒,采用气化剂直接吹动原料,运行温度高达1100～1300℃,气相中焦油含量很低,碳转化率可达100%,其缺点是对炉体材质有一定要求。

（3）回转窑反应器

回转窑反应器根据加热方式分为外热式和内热式,对物料具有很强的适应性,适用于各种尺寸及形状的固体和液体、气体废物,同时具有控制方便、操作简单的优点,缺点是热解反应不够充分,回转窑出口处易产生燃气泄漏[5]。

（4）其他反应器

在固定床反应器、流化床反应器的基础上,针对其使用过程中的缺点形成一些改进型反应器,如旋转床反应器、多级循环流化床。旋转床反应器克服了固定床反应器原料内部搭桥、架空的问题。多级循环流化床每段圆锥体首尾相连,锥体底部形成流化床,气体和固体间的回混被有效地阻止,气滞留时间的比例比一般流化床反应器的高很多,气化效率相应提高[5]。但同时,改进后的反应器结构更为复杂,操作难度加大,实际应用不多。

6.1.4　不同固体废物的热解产物与污染控制

1. 污泥的热解

污泥热解的主要工艺包括污泥脱水、干燥、热解、炭灰分离、油气冷凝、热量回收、二次污染防治等过程(图6.1)[5]。污泥热解的炉型通常采用竖式多段炉,为了提高热解炉的效率,在能够控制二次污染物产生的范围内,尽可能采用较高的燃烧率,空燃比为0.6～0.8。此外,热解产生的可燃气体及NH_3、HCN等有害气体组分必须经过二次燃烧以实现无害化。对二燃室排放的高温气体还应进行余热回收,回收的热量应主要用于脱水泥饼的干燥、热分解炉助燃空气的预热、二燃室助燃空气的预热。

（1）污泥的低温热解

污泥的低温热解是指在小于500℃、常压和缺氧的条件下,借助污泥中所含的硅酸铝和重金属(尤其是铜)的催化作用将污泥中的脂类和蛋白质转化成碳氢化合物。热解生成的最终产物为燃料油、气体和炭,燃料油还可用来发电。根据污泥低温热解的工艺要求和热解过程的技术特性,一般的污泥低温热解工艺流程见图6.2。

（2）污泥和生活垃圾联合热解

将污泥与生活垃圾混合后进行热解,充分利用其热能,是固体废物热处理的另外一个发展方向。20世纪70年代以来,西欧各国相继建成一些联合处理装置。在德国建设的两套工业规

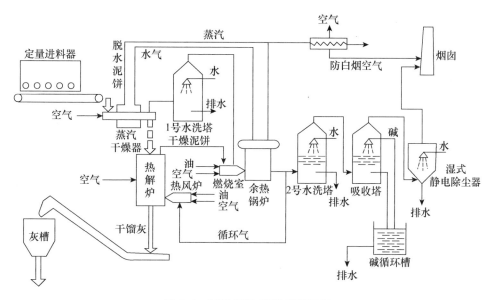

图 6.1　污泥干燥-热解系统示意

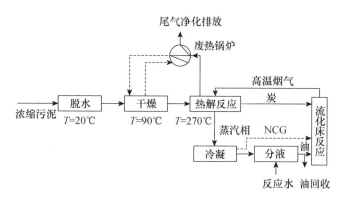

图 6.2　污泥低温热解工艺流程

注：NCG 为不凝性气体。

模的综合废水处理厂联合热解处理设施,处理规模已分别达到了 3170 t·d⁻¹ 和 1680 t·d⁻¹。这类设施采用水墙式焚烧炉,脱水污泥用焚烧炉烟道气吹入焚烧炉进行焚烧,产生的蒸汽除用于污泥处理外,还可供局部加热使用。

2. 废塑料的热解

塑料通常分为热固性塑料和热塑性塑料两大类。前者如酚醛树脂、脲醛树脂等,在日常生活中的应用相对要少些,此类塑料在使用后产生的固体废物也不适宜作为热解原料。而后者种类多,应用广泛,产生废塑料的量也较多,此类废塑料主要有聚乙烯(PE)、聚氯乙烯(PVC)、聚苯乙烯(PS)、聚苯乙烯泡沫(PSF)、聚丙烯(PP)及聚四氟乙烯(PTEF)等。废塑料加热到 300～500℃时,大部分分解为低分子碳氢化合物[6]。塑料热解的原理类似于生活垃圾的热解,与生活垃圾相比,区别在于塑料的加工性能及加工中得到的产品形式。对于生活垃圾来说,具有商业利用价值的产品主要是低热值的燃气,而塑料热解的主要产物则是燃料油或化工原料等。

废塑料热解的基本工艺大致分为两种：一种是将废塑料加热熔融，通过热解生成简单的碳氢化合物，然后在催化剂的作用下生成燃料油；另一种则将热解与催化热解分为两段。一般情况下，废塑料热解工艺主要由前处理、熔融、热分解、油品回收、残渣处理、中和处理、排气处理等工序组成。其中合理确定废塑料热解温度范围是工艺设计的关键。

（1）管式蒸馏法热解系统

管式蒸馏法热解系统工艺流程见图6.3，用蒸馏法可以比较简单地把废聚苯乙烯制成液状单体，而且用于回收单体的分解设备、反应温度和停留时间均可以随工艺要求进行控制。

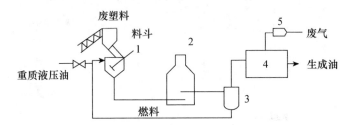

1—溶解槽；2—管式分解炉；3—分解槽；4—油品回收系统；5—补燃器。

图 6.3　管式蒸馏法热解工艺流程

（2）螺旋式热解系统

螺旋式热解系统工艺流程见图 6.4，其处理量为 $100\ \mathrm{kg\cdot h^{-1}}$，其废塑料加热分为两段，先以微波加热熔融，然后送入温度更高的螺旋式反应器中进行分解，最后分别回收油品[7]。

该系统存在的主要问题有：由于抽料泵会导致减压，物料在分解管内停留时间不稳定；高温分解时气化率高；分解速率低的聚合物不能完全实现轻质化；由于是外部加热，耗能比较大。

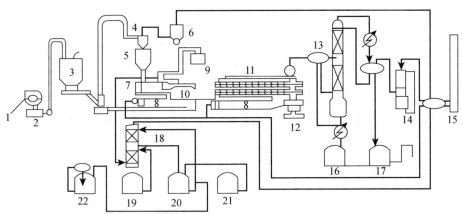

1—传送机；2—破碎机；3—筒仓；4—气流干燥机；5—料斗；6—带滤机；7—熔融炉；
8—热风机；9—微波电源；10—储液槽；11—螺旋式反应器；12—残渣排出机；
13—蒸馏塔；14—煤气洗涤器；15—废气燃烧炉；16—重油贮槽；17—轻质油贮槽；
18—盐酸回收塔；19—盐酸塔；20—中和槽；21—碱槽；22—中和废液槽。

图 6.4　螺旋式热解系统工艺流程

（3）流化床热解系统

对于流化床热解系统,废塑料在流化床内加热熔融成液体,分散于成流态化的热载体颗粒表面进行传热和分解。分解温度超过 450℃时,与加热面接触的部分废塑料产生炭化现象并附于热载体表面。这些炭化物质与从流化床下部进入的空气接触后发生燃烧反应,被加热的颗粒与气体使塑料分解,被上升气体带出反应器,经过冷却、分离、精制而成为优质油品。如果回收的废塑料是较纯的聚苯乙烯塑料,可以得到高达 76％的回收率;如果是混合废塑料,生成的将不是轻质油,而是蜡状或润滑油状的黏糊物质,须进一步进行提炼,如图 6.5 所示。

该系统存在热解原料分散不够均匀、颗粒与气体的热交换率较低、管线容易结焦等问题。

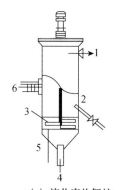 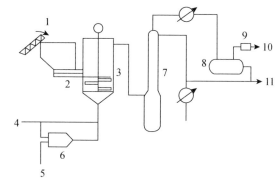

（a）流化床热解炉

1—分解产品;2—溢流管;
3—搅拌浆液;4—流态化用空气入口;
5—流动的热媒体管;6—进料器。

（b）流化床热解工艺流程

1—废塑料;2—料斗及进料器;3—流化床热解炉;
4—空气进口;5—流动的热媒体管;6—预热炉;7—冷却塔;
8—分离槽;9—后燃室;10—排气;11—生成油品。

图 6.5　流化床热解系统装置及工艺流程

3. 废橡胶的热解

橡胶分为天然的与人工合成的两类。可以用于热解的废橡胶主要是指天然橡胶,例如废轮胎、工业部门的废皮带等;人工合成的如氯丁橡胶等由于在热解过程中会产生 HCl 和 HCN,一般不用热解技术对其进行处理。在废橡胶中,废轮胎由于产生的量大,分布最为广泛,因此其热解技术的研究较多。

废橡胶的热解产物非常复杂,根据德国汉堡大学的研究,轮胎热解得到的产物中,按质量计,气体占 22％、液体占 27％、炭灰占 39％、钢丝占 12％。

热解后生成的气体组成主要为甲烷（15.13％）、乙烷（2.95％）、乙烯（3.99％）、丙烯（2.5％）、一氧化碳（3.8％）,水、二氧化碳、氢气和丁二烯也占一定比例。液态组成主要是苯（4.75％）、甲苯（3.62％）和其他芳香族化合物（8.5％）。在气体和液体中还有微量的硫化氢和噻吩,但硫含量都低于相关标准值。热解产物组成随反应温度不同略有变化,一般而言,随着反应温度的提高,热解产物中气体和炭灰含量增加而液体含量减少。

（1）流化床热解炉热解废轮胎工艺

首先将废轮胎用剪切破碎机破碎成粒度小于 5 mm 的小块,然后把轮缘及钢丝帘子布绝大部分分离出来,并用磁选去除金属丝。轮胎颗粒经螺旋输送器进入直径为 50 mm、流化区为 80 mm、底铺石英砂的电加热反应器中进行热解。流化床的气体流量为 500 L·h⁻¹，流化气体由氮及循环热解气组成。热解气流在除尘器中气固分离再由除尘器除去炭灰，在深度冷却器和旋风分离器中将热解所得的液体油品冷凝下来，未冷凝的气体作为燃料气为热解提供热能或作为流化气体用，如图 6.6 所示。

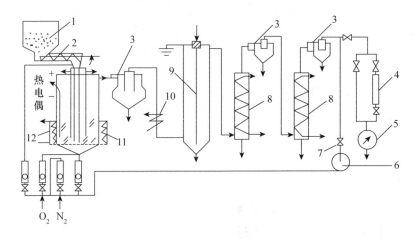

1—加料斗；2—螺旋输送器；3—旋风分离器；4—气体取样器；5—流量计；6—压气机；
7—节气阀；8—深度冷却器；9—静电除尘器；10—冷却器；11—流化床；12—加热器。

图 6.6　流化床热解废轮胎工艺流程

这种工艺的热解炉很小，要求进料切成小块，预加工费较大，实际应用困难。所以美国、日本、德国等国家的公司合作，对其进行了改进，建立了日加工 1.5～2.5 t 废轮胎的较大规模的流化床反应器。该流化床的内部尺寸为 900 mm×900 mm，整个轮胎不经破碎即能进行加工，可节省大量破碎费用。该流化床用砂或炭黑组成，由分置为两层的 7 根辐射火管间接加热。生成的气体一部分用于流化床，另一部分则燃烧为分解反应提供热量。整个轮胎通过气锁进入反应器，轮胎到达流化床后，慢慢地沉入砂内，热的砂粒覆盖在它的表面，使轮胎热透而软化，流化床内的砂粒与软化的轮胎不断交换能量、发生摩擦，使轮胎渐渐分解，2～3 min 后轮胎即可全部分解，残留在砂床内的是一堆弯曲的钢丝。钢丝由伸入流化床内的移动式格栅移走。热解产物连同硫化气体经过旋风分离器及静电除尘器将橡胶、填料、炭黑和氧化锌分离出去。气体通过油洗涤器冷却，分离出含芳香族高的油品，最后得到含甲烷和乙烯较高的热解气体。整个过程所需要的能量不仅可以自给，而且还有剩余热量可供其他地方使用。产物中芳香烃馏分含硫量小于 0.4%，气体含硫量小于 0.1%。含氧化锌和硫化物的炭黑，通过气流分选器可以得到符合质量标准的炭黑，再应用于橡胶工业，残余部分可以回收氧化锌。

（2）Beven 废橡胶热解工艺

Beven 废橡胶热解工艺将轮胎置于热解反应器，然后排空氧气并且间接加热将轮胎分解成合成气和生物油。水冷凝器用于冷凝生物油，在使用之前须先储存。热解流程主要的产物是炭黑，合成气用作燃气来保证工艺运行，部分生物油也可以这样使用，多余的合成气被烧掉，见图 6.7。

一般情况下,合成气在燃烧之前需要先用水洗涤,洗涤水用工艺产生的炭吸附处理到可接受的程度排入排水管,因此工艺要求没有洗涤添加剂,并且没有需要处置的残留物。

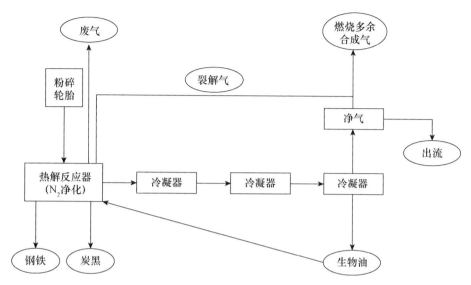

图 6.7　Beven 废橡胶热解工艺流程

4. 生活垃圾的热解

生活垃圾热解可以根据装置特性分为移动床熔融热解炉方式、回转窑方式、流化床热解方式、多段炉热解方式和闪解方式(flush pyrolysis)等。在这些热解方式中,回转窑方式和闪解方式是最早开发的生活垃圾热解技术,代表性系统有 Landward 系统和 Occidental 系统。多段炉热解方式主要用于含水率较高的有机污染物的处理。流化床热解方式有单塔式和双塔式两种,其中双塔式流化床已经达到工业化生产的规模。移动床熔融炉方式是生活垃圾热解技术中最成熟的方法,其代表性系统有新日铁系统[8]、Purox 系统[9]、Occidental 系统[10]和流化床系统。

（1）新日铁热解系统

新日铁热解系统实际上是一种热解和熔融一体化的工艺,通过控制炉温及供氧条件使生活垃圾在同炉体内完成干燥、热解、燃烧和熔融。炉内干燥段温度约为 300℃,热解段温度为 1700～1800℃,其工艺流程见图 6.8。

生活垃圾由炉顶投料口进入炉内,为防止空气的混入和热解气体的泄漏,投料口采用双重密封阀结构。进入炉内的生活垃圾在竖式炉内由上向下移动,通过与上升的高温气体换热,生活垃圾中的水分受热蒸发,逐渐降至热解段,在控制的缺氧状态下有机物发生热解,生成可燃气和灰渣。有机物热解产生的可燃性气体导入二燃室进一步燃烧,并利用尾气的余热发电。灰渣进一步下移进入燃烧区,灰渣中残存的热解固体产物炭黑与从炉下部通入的空气发生燃烧反应,其产生的热量不足以满足灰渣熔融所需要的温度,通过添加焦炭来提供碳源。

灰渣熔融后形成玻璃体和铁,体积大大减小,重金属等有害物质也被完全固定在固体中。玻璃体可以直接填埋处理或作为建材加以利用,磁粉选出的铁也有足够的利用价值。热解得到的可燃气热值为 6276～10 460 kJ·m^{-3},一般用于二次燃烧产生热能发电。

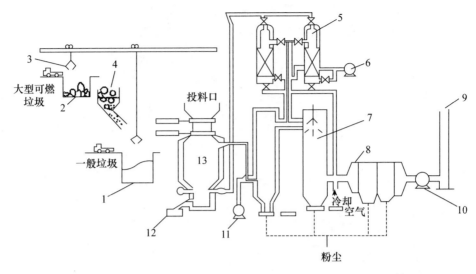

1—垃圾贮槽;2—大型垃圾贮槽;3—吊车;4—破碎机;5—热风炉;6—鼓风机;
7—喷水冷却器;8—静电除尘器;9—烟囱;10—引风机;11—燃烧用鼓风机;
12—熔融渣槽;13—热解熔融炉。

图 6.8　新日铁热解系统工艺流程

（2）Purox 热解系统

Purox 热解系统又称纯氧高温热分解法,是美国公司开发的一种城市生活垃圾热解工艺,见图 6.9。

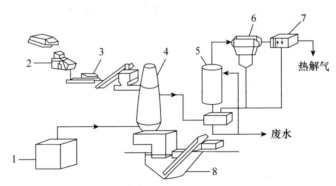

1—产气装置;2—破碎机;3—遴选机;4—热解炉;
5—水洗塔;6—静电除尘器;7—气体冷凝器;8—出渣装置。

图 6.9　Purox 系统工艺示意流程

该系统采用竖式热解炉,破碎后的生活垃圾从塔顶投料口进入并在炉内缓慢下移。纯氧由炉底送入,首先到达燃烧区,参与生活垃圾燃烧。生活垃圾燃烧产生的高温烟气与向下移动的生活垃圾在炉体中部相互作用,有机物在还原状态下发生热解。热解气向上运动穿过上部垃圾层并使其干燥。热解残渣在炉的底部与氧气在 1650℃ 的温度下反应,生成金属块和其他无机物熔融的玻璃体。熔融渣炉底部连续排出,后形成坚硬的颗粒状物质。底部燃烧产生的高温气体在炉内自下向上运动,在热解段和干燥段提供热量后,以 90℃ 的温度从炉顶排出。该气体含有 $30\%\sim40\%$ 的水分,经过洗涤操作去除其中的灰分和焦油后加以回收。洗涤后的气体中含有 75% 左右的 CO 和 H_2,其比例约为 $2:1$,其他气体组分(包括 CO_2、CH_4、N_2 及其他低分子碳氢化合物)约占 25%,热值约为 11 168 $kJ \cdot m^{-3}$。

该系统热解温度高达 $1650\,^\circ\!C$,其中有机物几乎全部分解。由于不是供应空气而是供应纯氧,NO_x 产生量很少,生活垃圾减量较多,为 $95\%\sim98\%$。其突出的优点是对生活垃圾不需要或只需要简单破碎和分选加工,可简化预处理工序。其关键是能否供给廉价的氧气。

（3）Occidental 系统

Occidental 系统是美国开发的一种以有机物液化为目标的热解技术,其工艺可分为垃圾预处理和热解系统两大部分。Occidental 系统工艺流程见图 6.10。

首先,该系统经一次破碎将垃圾破碎至 76 mm 以下,通过磁选分离出铁;其次,通过风力分选将垃圾分为重组分(无机物)和轻组分(有机物);再次,通过二次破碎使有机物粒径小于 3 mm;最后,由空气跳汰机分离出其中的玻璃等无机物,作为热解原料。热解设备为一不锈钢筒式反应器,有机物原料由空气输送至炉内,与加热至 $760\,^\circ\!C$ 的炭黑混合在一起,在通过反应器的过程中实现热解。热解气固混合物首先经旋风分离器分离出炭黑颗粒,在炭黑燃烧器燃烧加温后送至热解反应器用作有机物热解的热源。热解气体经 $80\,^\circ\!C$ 急冷分离出燃料油进入油罐,未液化的残余气体一部分用作生活垃圾输送载气,其余部分用作加热炭黑和送料载气的热源。

该系统得到的热解燃料油的平均热值为 24 401 $kJ \cdot kg^{-1}$,低于普通燃料油的热值（42 400 $kJ \cdot kg^{-1}$）,这主要是由于热解燃料油中的碳、氢含量较低而氧含量较高。

该系统的主要问题是炭黑产生量太大,约占生活垃圾总质量的 20%,占总热值的 30%。大部分热量存于炭黑中,使系统的效益不能得到充分发挥。

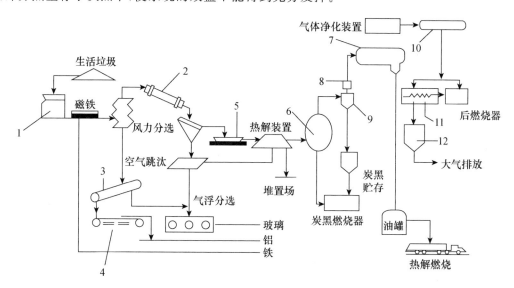

1—破碎机;2—干燥器;3—滚筒筛;4—涡流分选器;5—二次破碎机;6—沉降室;
7—油气分离器;8—冷却管;9—旋风分离器;10—压缩机;11—换热器;12—袋式除尘器。

图 6.10　Occidental 系统工艺流程

（4）流化床热解系统

流化床热解系统将生活垃圾破碎为 50 mm 以下的颗粒，由定量输送带经螺杆进料器加入热解炉内。在流化床内，作为载体的石英砂在热解生成气和助燃空气的作用下产生流动，从投料口进入的生活垃圾在流化床内接受热量，在大约 500℃ 时发生热解，热解过程产生的炭黑在此过程中发生部分燃烧。热解产生的可燃性气体经旋风除尘器除尘后，再经分离塔分出气、油、水。分离的热解气一部分用于燃烧，用来加热辅助流化气回流到热解塔中，另一部分用于补充热解系统所需要的热量。当热解气不足时，由热解油提供所需要的热量。

6.1.5　热解技术工程应用案例

本小节将以广西壮族自治区贺州市昭平县拟建造的昭平县生活垃圾热解低温余热发电厂为例，对热解技术在实际工程中的工艺和污染物控制等设施设计进行阐述。

1. 项目概况

随着昭平县生活垃圾产生量的日益增加，其处理问题已迫在眉睫。昭平县经济发展水平有限，城区生活垃圾日接收量接近 50 t·d^{-1}，县属乡镇生活垃圾日收集量为 80 t·d^{-1}，当地垃圾填埋场的处理规模为 60 t·d^{-1}，已无法满足处理需要。大型垃圾焚烧厂建设初期投资大、生活垃圾需求量高，昭平县生活垃圾产生量不足以满足大型焚烧炉连续运行。热解焚烧处理工艺，处理规模适中、占地面积小，适用于县级生活垃圾减量化处理，可根据需要回收部分热能利用。昭平县生活垃圾热解低温余热发电厂项目工程采用生活垃圾热解低温余热发电技术，单台处理能力为 50 t·d^{-1}，适用于处理偏远县城、乡镇的生活垃圾。

项目处理的生活垃圾主要为昭平县城区及周边其所属乡镇的生活垃圾，其物理组分、工业成分分析如表 6.3、表 6.4 所示。热解炉的进料仓冗余能力干燥层设计相当于传统的垃圾熟化过程，项目通过热空气带动的热量，可以给每千克生活垃圾带来 1000 kJ 热量。因此，根据生活垃圾特性分析，并充分考虑上述因素，将 2021 年的生活垃圾预测热值（5117 kJ·kg^{-1}）定为本项目的设计热值。考虑到夏天或雨季的生活垃圾水分高、热值低，所以生活垃圾的低位热值宜设定在 4420 kJ·kg^{-1} 左右。

表 6.3　混合生活垃圾样物理组分

名　称	平均值/%
厨余	58.20
纸类	16.62
橡塑	9.35
纺织	0.36
木竹	3.32
灰土	6.65
砖瓦陶瓷	4.99
玻璃	0.27
金属	0.24
混合	0
其他	0

表 6.4 混合生活垃圾样工业成分分析

挥发分 /%	固定碳 /%	灰分 /%	含水率 /%	可燃物 /%	有机质 /%	pH	全氮 /%	氯 /%	总铬 /%	全硫 /%	低位热值 /(kJ·kg⁻¹)
21.3	2.48	14.31	61.92	23.77	0.5	7	0.43	0.37	<0.5	0.05	3898

2. 项目工艺设备

结合昭平县现有生活垃圾产生量、热值、含水率等数据分析论证,采用生活垃圾热解低温余热发电技术处理昭平县生活垃圾是最佳选择。该技术集成系统具有以下优势:

(1) 生活垃圾无须分类、分拣,减少占地面积及投资,避免生活垃圾分拣过程中造成的空气环境污染、未分拣生活垃圾堆放带来的渗滤液污染,适合中国国情。

(2) 设备处理能力可大可小,以每天 50~200 t 为佳,填补每天 200 t 以下生活垃圾处理经济性技术空白;尤其对于偏远县城、乡镇地区,生活垃圾产生量满足不了大型垃圾焚烧发电项目建设要求,采用该热解技术,可以有效解决上述地区的生活垃圾处理难题。

(3) 高度集成的主设备为单体,生产线占用地面积小。

(4) 按照国家对生活垃圾处理减量化、资源化、无害化要求,实现了生活垃圾处理的 100% 减量化,废水零排放及少量废气达到国家排放标准。

(5) 将低温余热发电技术与生活垃圾热解处理相结合,利用装置排放余热烟气发电,以达到效益最大化,生活垃圾完全资源化。

项目设计配置 3 套 50 t·d⁻¹ 自聚热热解炉、3 台 125 kW·h⁻¹ 低温余热发电机组,项目流程如图 6.11。

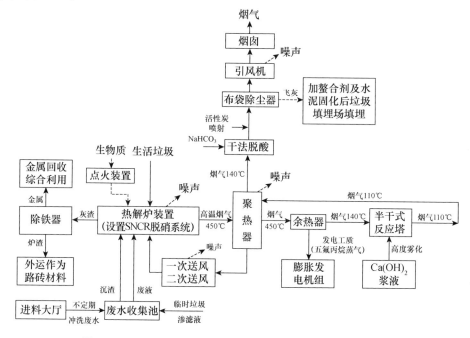

图 6.11 昭平县生活垃圾热解低温余热发电厂项目流程示意

热解炉内生活垃圾料层从上而下依次分为干燥层、裂解层、还原层、氧化层。热解炉内各层发生的主要反应如下:

（1）干燥层：热解炉最上层为干燥层，从上面加入的新鲜生活垃圾直接进入干燥区，生活垃圾在这里同下面的反应层生成的热气体进行换热，使生活垃圾中的水分蒸发出去，该层温度为 200～300℃。

（2）裂解层：生活垃圾向下运行进入裂解层，同时将生活垃圾加热。生活垃圾受热发生热解反应。通过热解反应，生活垃圾中大部分的挥发分从固体中分离出去，在 500～600℃时基本完成。裂解层的主要产物为渣、氢气、水蒸气、一氧化碳、二氧化碳、甲烷、焦油及其他烃类物质等。

（3）还原层：还原层已几乎没有氧气存在。在氧化反应生成的二氧化碳在这里同炭及水蒸气发生还原反应，生成一氧化碳和氢气。由于还原反应是吸热反应，还原层的温度也相应降低，约为 650～800℃。还原层的主要产物为一氧化碳、二氧化碳和氢气。

（4）氧化层：热解的剩余渣与空气发生剧烈反应，释放大量热量。由于是限氧燃烧，氧气的供给是不充分的，因此同时发生不完全燃烧反应，生成一氧化碳，释放热量。在氧化层，温度可达 850℃，燃烧并释放热量，为还原层的还原反应、生活垃圾的裂解和干燥提供热源。在还原层生成的热气体一氧化碳和二氧化碳进入热解炉的还原层，灰渣落入下部。

生活垃圾裂解层及还原层产生的可燃气体进入二燃室完全燃烧，生成二氧化碳和水。为保证可燃气体及二噁英类等在二燃室内完全燃尽，二燃室控制温度 850～1100℃，出口温度控制在 850℃，烟气在二燃室内的停留时间≥2 s。

3. 污染控制工艺

（1）烟气净化系统

生活垃圾热解气化烟气中的污染物可分为颗粒物（粉尘）、酸性气体（HCl、HF、SO_2、NO_x 等）、重金属（Hg、Pb、Cr 等）和有机剧毒性污染物（二噁英、呋喃等）4 大类，执行《生活垃圾焚烧污染控制标准》。项目的烟气处理工艺主要包括以下几个部分：SNCR 脱氮系统、半干法＋干法脱酸系统、浆液制备及喷射系统、活性炭贮存及添加系统、袋式除尘器系统、引风机系统、烟气在线监测系统等。

（2）料渣系统及飞灰处理系统

① 除渣系统

在热解炉的底部配置了自动除渣装置，生活垃圾热解气化后产生的渣料进入底部的渣料液压除渣仓，仓体内的除渣装置将渣料送至热解炉中间，再通过中间除渣器将渣料排出仓体。出渣口处设置有降温水雾喷头，同时可防止渣料粉尘扬起。渣料通过耐高温的传送带传送至灰渣房，经磁选分类后，炉渣外运作路砖等材料综合利用，分选出的金属类物质经打包后，作为废旧资源再利用。

② 飞灰处理系统

生活垃圾热解产生的飞灰因其含有较高浸出浓度的重金属等危险废物，必须按危险废物处置要求，执行《危险废物鉴别标准 浸出毒性鉴别》（GB 5085.3—2007）和《生活垃圾填埋场污染物控制标准》（GB 16889—2008）。飞灰经固化稳定处理后，满足下列条件的飞灰，可由地方环境保护行政主管部门认可的检测部门检测、并经地方环境保护行政主管部门批准后，可进入生活垃圾填埋场填埋处理，但应单独分区填埋。飞灰应含水率小于 30%，二噁英含量低于 3 μg TEQ·kg^{-1}。

飞灰的稳定化处理根据稳定化基材和稳定化过程可分为水泥稳定化、沥青稳定化、熔融稳定化和螯合物稳定化等工艺。飞灰的水泥稳定化和螯合物稳定化工艺流程详见图 6.12。水泥是目前常用的一种主要稳定化基材,采用水泥作主要稳定化材料的优点是:价格低廉,有应用经验,技术成熟,处理成本低,工艺和设备比较简单。

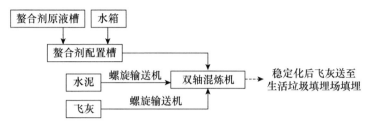

图 6.12 飞灰的水泥稳定化和整合物稳定化工艺流程

6.1.6 热解技术存在的问题及展望

目前存在两个严重阻碍热解技术商业化应用的关键问题:一是热解生物油不稳定、易老化变质,且成分复杂难以分离提质;二是热解过程产物价值较低,产品缺乏市场竞争力。此外,热解过程产生的焦油也会对热解技术应用有不利影响,焦油的危害主要有以下几点:

(1)浪费能量。焦油产物的能量一般占总能量的 5%~15%,这部分能量在低温时难以和可燃气体一起被利用,大部分被浪费。

(2)阻塞、腐蚀设备和管道。在输送气态产物过程中,随着温度降低,焦油冷凝形成黏稠的液体物质,附着于管道内壁上,对管道产生腐蚀。焦油如进入下游用气设备中,会影响压缩机、燃气轮机、内燃机等的安全运行。

(3)污染环境,威胁健康。焦油中许多组分具有较高毒性,会造成环境污染问题,并且具有致癌作用,威胁接触系统人员的健康。

但相较于焚烧的处理方式,生活垃圾的热解技术在二噁英和氮、硫氧化物的排放上更具优势,在实现污染物接近零排放的前提下,还能实现渣熔融以及洁净气化气的产生,并且更利于二氧化碳减排。气化气可以用于发电产热行业,此外还可以广泛地应用于化工行业,而且便于运输和贮存,被认为是未来很有发展前途的可再生能源之一。在目前提倡保护生态环境、倡导低碳生活和二氧化碳减排的大环境下,热解技术由于其在环境保护上的显著优势而极具发展前景。

6.2 固体废物气化技术

目前,固体废物热处理方法由于其处理量大、减容量大和能源可回收的优势已经获得了越来越多的关注。其中,气化(gasification)技术可以将固体废物转化为可燃气(CO、H_2和 CH_4),同时在此过程中也会降低有毒物质(二噁英和呋喃)的排放[11]。因此运用气化技术处理固体废物成为一个有吸引力的选择,有助于实现固体废物的无害化处理和资源化利用。

6.2.1 气化技术及其发展概况

1. 气化原理

气化是在一定的热力学条件下,借助空气、氧气或水蒸气的作用,使含碳有机物转化生成 CO、H_2、CH_4 等可燃气体的过程[12]。

固体废物气化在实现固体废物减量的同时,还可生产具有一定经济价值的可燃气产物。与焚烧技术相比,固体废物气化可实现小规模能量生产,可燃气组分灵活多变、应用广泛,且能满足发电产热、合成燃料及制备化学品等多种用途。同时,气化过程还能够抑制重金属(Hg、Cd 等)、二噁英等有害物质的释放,减少环境污染,实现清洁能源转化。可见,气化是一种极具发展前景的固体废物热处理技术,开展固体废物气化工艺的系统构建与实验研究,对于实现固体废物的高值化利用、推进气化技术的商业化应用具有重要意义。

2. 气化技术发展概况

目前,气化技术发展已经较为成熟。气化可根据气化剂的不同分为空气气化、氧气气化、水蒸气气化、氢气气化、联合气化等。

(1) 空气气化

空气气化是指以空气为气化介质的反应过程。空气获取方便,价格低廉,空气气化是目前最为简单经济且易实现的气化方式,在工业中应用较为广泛。但空气中氮气含量较高,会稀释燃气,导致空气气化热损失较大、燃气热值和气化效率较低。

(2) 氧气气化

氧气气化是指利用富氧气体作为气化介质的过程。氧气气化提高了气化介质中氧的浓度,避免了氮气的稀释效应,相同当量比下,可生产 CO 和 H_2 浓度较高的中热值可燃气,且气化效率高、运行稳定。但氧气气化的主要缺点是需要一套相应的制氧设备,投资较大,且存在需要消耗额外动力、总经济效益低等问题[13]。

(3) 水蒸气气化

水蒸气气化是指以高温水蒸气作为气化介质的反应过程。相比于其他气化方式,水蒸气气化的优点是 H_2 产率较高,燃气品质高,有利于可燃气的进一步处理利用[14,15]。但由于水蒸气气化过程伴随着水汽变换反应、甲烷化反应及热裂解反应等,其主要气化反应均吸热,导致炉内温度降低,需要外界提供大量热量以维持反应温度,增加系统复杂度,造成投资及运行成本偏高[16]。

(4) 氢气气化

氢气气化是指以氢气作为气化介质的反应过程。此过程中 H_2 与碳和水在高温高压下反应生成 CH_4。该过程的气化气热值较高,但此反应所需要的条件较难具备,一般不使用。

(5) 联合气化

联合气化是指以空气或氧气和水蒸气共同作为气化介质的反应过程。一方面,空气或氧气在气化过程中可与原料发生部分氧化维持反应温度,实现自供热。另一方面,水蒸气的加入向系统补充了大量氢源,可生产富氢气体,提高了燃气热值[17]。联合气化克服了单项气化介质气化的问题,是气化技术的重要发展方向。

6.2.2　气化过程及其影响因素

1. 气化过程和产物

气化本质上是由一系列按顺序发生的连串和平行反应及其中间产物间相互作用,形成的复杂反应网络。固体废物经过破碎加工和干燥处理进入气化炉发生气化反应,生成的粗燃气部分可送入蒸汽锅炉燃烧供热或者发电,部分可送入洗涤塔净化为纯净燃气,可用于民用、发电,也可进行二次转化合成氨、甲醇及燃料等。气化过程一般包括干燥、热解、氧化和还原 4 个阶段[18,19]:

(1) 干燥阶段

固体废物进入反应器后,首先被加热,在 100～200℃析出水分。

(2) 热解阶段

热解阶段发生在 150～900℃的温度范围内。可燃固体废物会发生热解反应,反应器内传热传质过程加剧。大分子碳氢化合物化学键断裂,析出挥发分,形成小分子气体产物(H_2、CO、CO_2、CH_4、H_2O 及 NH_3 等)及重质焦油分子。

(3) 氧化阶段

氧化阶段也叫燃烧阶段,此阶段发生在 700℃以上。在有氧气或空气参与的气化过程中,氧气将热解产生的挥发分及焦炭氧化,由于气化过程中氧气量不足,氧化过程往往发生不完全燃烧反应,主要生成 CO、CO_2 和 H_2O 等产物。氧化反应产生的热量可为后续焦油等大分子碳氢化合物的裂解及焦炭重整提供热量。

(4) 还原阶段

还原阶段也叫气化阶段,随着温度升高,热解阶段产生的重质焦油及大分子碳氢化合物发生二次裂解反应,生成小分子气体和轻质焦油。同时,焦炭会和氧化阶段产生的 CO_2 和 H_2O 等发生重整反应,生成 H_2、CO 及小分子烃等可燃气体。

气化过程主要涉及如下化学反应。

热解/脱挥发分反应:

$$生物质原料 \xrightarrow{加热} 生物质焦 + 生物质焦油(C_mH_n) +$$
$$气体产物(H_2、CO、CO_2、CH_4 等小分子气体) \tag{6.5}$$

半焦气化反应:

$$C + H_2O \longrightarrow CO + H_2 \tag{6.6}$$

$$C + CO_2 \longrightarrow 2CO \tag{6.7}$$

$$2C + O_2 \longrightarrow 2CO \tag{6.8}$$

焦油和甲烷裂解/重整反应:

$$生物质焦油 \xrightarrow{加热} 气体产物(H_2、CO、CO_2、CH_4) + 积炭 \tag{6.9}$$

$$生物质焦油 + H_2O \longrightarrow CO + H_2 \tag{6.10}$$

$$生物质焦油 + CO_2 \longrightarrow CO + H_2 + 生物质焦油 \xrightarrow{加热} 气体产物 \tag{6.11}$$

$$CH_4 \xrightarrow{加热} H_2 + 积炭 \tag{6.12}$$

$$CH_4 + H_2O \longrightarrow CO + 3H_2 \tag{6.13}$$

$$CH_4 + CO_2 \longrightarrow 2CO + 2H_2 \tag{6.14}$$

焦炭燃烧反应：

$$C + O_2 \longrightarrow CO_2 \tag{6.15}$$

水汽变换反应：

$$CO + H_2O \longrightarrow H_2 + CO_2 \tag{6.16}$$

甲烷化反应：

$$C + 2H_2 \longrightarrow CH_4 \tag{6.17}$$

$$CO_2 + 4H_2 \longrightarrow CH_4 + 2H_2O \tag{6.18}$$

$$CO + 3H_2 \longrightarrow CH_4 + H_2O \tag{6.19}$$

气化反应非常复杂，整个反应过程中有多个反应在相互竞争、相互促进或相互制约，如干燥阶段或热解阶段产生的水蒸气可作为半焦气化和焦油重整的气化剂、半焦气化产生的活性气氛（自由基）可促进热解反应和改善焦油品质。因此气化反应是多个反应综合作用且相互协同的结果。

2. 气化过程影响因素

（1）原料

在固体废物气化过程中，原料性质对气化有很大影响，气化产物也会因原料不同存在差异。

① 农林废弃物

农林废弃物主要由纤维素、半纤维素和木质素等组成，通常情况下，（纤维素＋半纤维素）/木质素的值越大，则合成气产率越高。几种典型农林废弃物的主要组成如表 6.5 所示，表中比例为质量分数。

表 6.5　典型农林废弃物的主要组成[20,21]

农林废弃物	纤维素/%	半纤维素/%	木质素/%	其　他/%
软木	41	24	28	7
硬木	39	35	20	6
麦秸	40	28	17	15
稻草	30	25	12	33
甘蔗渣	38	39	20	3
柞木	35	19	28	——
松木	42	18	25	——
桦木	35	25	19	——
云杉木	41	21	28	——
葵花籽	27	18	27	——
椰子壳	24	25	35	——
杏仁壳	25	27	27	——
落叶	42	25	22	11
柳木	50	19	25	6
松叶	26	27	35	12

不同的原料对气化特性有重要影响,一般情况下,农林废弃物原料中通常含有 70%~80% 的挥发分,挥发分越高焦炭的产率越低。当农林废弃物中的 H/C 较高时,挥发性产物主要以气体形式存在,且产物中 H_2 产率较高[22]。

② 生活垃圾

生活垃圾是人们日常生活中产生的固体废物,主要由厨余、塑料、纸张、灰土、玻璃等组成,其成分复杂,受自然环境、气候条件、城市发展规模、居民生活习惯以及经济发展水平等多种因素的影响,故各国、各城市的生活垃圾组成均不同。发达国家的生活垃圾较发展中国家的有机物含量多、无机物少、水分少。生活垃圾气化技术因为控制污染效果好、减容效果显著、资源回收率高,被誉为行之有效的生活垃圾处理方法。生活垃圾气化所需要的空气量是其完全焚烧所需要的 1/5~1/3,生活垃圾和气化剂在气化炉内发生反应,生成 CO、H_2、CH_4 等可燃气[23]。图 6.13 给出了几种不同生活垃圾原料的气化产物[24]。

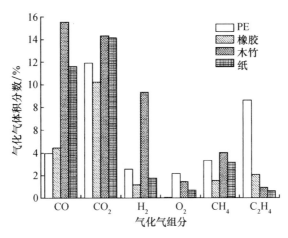

图 6.13　不同生活垃圾原料的气化产物[24]

③ 工业有机固体废物

随着我国城市化、工业化进程不断加速,城市工业取得显著成就的同时,工业有机固体废物总量呈现趋增的态势。由于环境污染和能源危机,人们对清洁能源和可再生能源的需求日益增长。采用气化技术处理工业有机固体废物,不仅实现了固体废物资源化、无害化利用,还缓解了环境污染的问题。例如,酒糟和中药渣是我国典型的工业有机固体废物。酒糟的主要成分是稻壳、淀粉、蛋白质等,其气化的主要产物为可燃气、焦油和炭,气化是酒糟利用的一种新途径[25]。天津大学陈冠益教授课题组[26]以山东某制药公司的中药渣为原料,探究其气化特性。结果显示:中药渣的气化特性与原料含水率、气化温度、空气当量比和水蒸气加入量等因素密切相关,气体热值和气化效率均随着气化温度的升高而提高;空气当量比为 0.23~0.26 时,气化效率较高;当水蒸气与中药渣的质量比为 0.4~0.6 时,可燃气体含量、热值、气化效率均达到较高值,气化效果较好。

(2) 气化剂

不同气化剂对固体废物气化产物的组分分布也有显著影响,气化中常用的气化剂有空气、氧气、水蒸气及水蒸气-空气混合气。通常,空气气化成本低廉,但产物中有大量氮气存在,降低了气体热值;氧气气化有利于焦油脱除,提升燃气品质,但成本较高;水蒸气气化可生产富氢气体。不同气化剂对气化产物的影响如表 6.6 所示。

表 6.6　不同气化剂气化所得到气体的主要组分[27-29]　　　　　　　　单位:mol%

组　分	空　气	氧　气	水蒸气	水蒸气-空气
H_2	6.0~12.0	25.0~37.3	20.0~26.0	30.0~31.5
CO	19.1~23.0	15.8~30.0	28.0~42.0	10.0~14.8
CO_2	14.6~18.0	26.0~34.7	16.0~23.0	18.6~20.0
CH_4	3.0~6.2	11.4~13.0	10.0~20.0	2.0~5.4
C_nH_m	<0.7	0.3~1.7	1.6~2.1	1.0~4.4
$n(H_2)/n(CO)$	0.3~0.5	0.8~2.4	1.0~2.3	2.1~3.0
热值/$(MJ \cdot m^{-3})$	5~6	10~12	11~13	>10
用途	锅炉、动力	区域管网、合成燃料	区域管网、合成燃料	氢燃料、动力、合成燃料

（3）温度

温度是气化过程的关键控制变量,因为气化以吸热反应为主,所以高温条件可以促进有机物的裂解。王翠艳等[30]研究了固体废物生物质随温度变化气化规律,发现温度升高能够促进气化进程,增大气体产率,但可燃气热值降低;H_2 在气体产物中的体积分数增加,而CO、CH_4 和 C_mH_n 的体积分数有所下降,因为高温促进了 CH_4、CO 和水反应生成 CO_2 和 H_2,说明高温为热解和水蒸气气化提供了适宜条件。此外,温度升高可以有效地降低气化过程中的焦油含量,将焦油转化为气体产品。

6.2.3　气化技术工艺流程及设备

1. 气化工艺流程

此处以河北省秦皇岛市某县通过气化技术处理当地生活垃圾的工程设计为例[31],概述气化技术工艺流程。

该工程建设内容包含垃圾前处理系统、垃圾热解气化系统、燃气净化系统、焦油回收利用、制砖系统及配套设施建设,其核心工艺技术为气化工艺。生活垃圾先经过人工分拣、除铁、干燥等处理后,进入气化炉产生可燃气体;净化后的可燃气体用作制砖燃料;少量垃圾渗沥液经处理装置净化后与处理后的炉渣可掺入页岩用作制砖原料。人工分拣出的少量电池、灯管等,属于危险废物,交由具有危险废物处置资质的企业处置,不属于危险废物的运至当地垃圾填埋场填埋处理。最终实现生活垃圾的减量化、资源化、无害化要求,总体工艺流程如图 6.14 所示。

进场垃圾清运车经过地磅称重后,将生活垃圾直接卸料在原生垃圾受料斗中,原生垃圾由板式给料机送料,尾端拨料滚筒将垃圾均匀布料于链式输送带上。随后,原生垃圾首先进入人工分拣平台进行大件分选,不可气化物作为制砖原料。可气化物送入垃圾料仓。原生垃圾根据需要进入烘干滚筒烘干处理后进入储料仓备用。

干燥后的储料仓垃圾,根据需要由抓斗上料至气化炉进料口,并经液压机构压入炉内。气化装置对物料进行干燥、热解、炭化和气化处理。气化获得的可燃气（主要成分为CO、H_2、C_mH_n）,经净化设备进行降温、除尘、脱酸、增压、干燥、脱焦油处理后,为砖窑烧砖提供

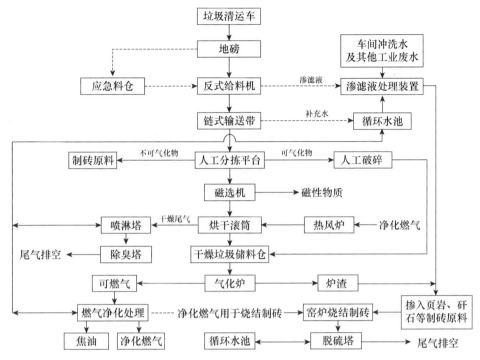

图 6.14　生活垃圾气化工艺流程[31]

部分燃料,还用作干燥垃圾。气化回收的液态产物主要为焦油,作为副产品回收处理。固态产物主要为炉渣,并入烧结制砖车间作为制砖原料。

2. 气化设备

气化设备是气化系统的核心,固体废物在气化设备内由固态转化为气态。常见的气化设备有固定床气化炉、流化床气化炉、回转窑气化炉和等离子体气化炉[32]。

(1)固定床气化炉

固定床气化炉是指气流在流经炉内物料层时,相对于气流来说物料保持静止状态,颗粒间仍保持紧密接触,气体从颗粒间的缝隙通过。根据气化炉内气流运动方向不同将固定床气化炉分为上吸式、下吸式和开心式。

上吸式气化炉的结构和工作原理如图6.15所示,固体废物由上部加入,靠重力向下移动,从进料口依次经过干燥、热解、还原和氧化4个反应区。由风机吹入的空气首先经过灰渣层被预热,然后经过氧化区与焦炭发生反应,将焦炭氧化成 CO 和 CO_2,同时释放出大量的热量,使氧化区的温度升高到 1000℃ 以上。随后氧化区产生的高温气体向上流动至还原区,CO_2 被炭和水蒸气等还原生成 H_2 和

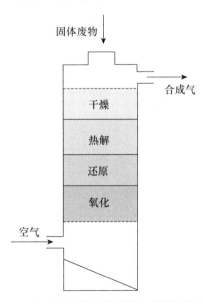

图 6.15　上吸式气化炉结构及工作原理示意[33]

CO,此过程为吸热反应,故还原区内的温度降至 $700\sim900℃$。反应后的气体继续向上流动,所携带热量使还原区上面的原料进一步发生热解反应,热解反应产生的挥发分与 CO、H_2 等一起继续往上流动,而热解后产生的炭则下落进入还原区和氧化区参与氧化和还原反应。携带大量余热的气体继续向上流动与上面的固体废物发生热交换,将固体废物加热干燥的同时,使自身的温度下降到 $200\sim300℃$,同时也将干燥过程中产生的大部分水蒸气携带出反应器。上吸式气化炉结构简单,燃料和气化剂接触充分,对原料颗粒大小和湿度要求不高,热效率高,气体中夹带固体杂质少,合成气中焦油含量较高,H_2 和 CO 含量较低。上吸式气化炉存在的一个最为突出的问题是燃气中焦油含量高,这主要是由热解产物直接进入燃气造成的[33]。

下吸式气化炉结构和工作原理如图 6.16 所示,固体废物由炉体上部加入,靠重力向下移动,从进料口依次经过干燥、热解、氧化和还原 4 个反应区。固体废物首先在干燥区内脱水,主要由外腔和内胆里热气体通过热辐射和热传导传入干燥所需的热量。原料经过干燥进入热解区发生热解反应,释放挥发分,同时生成焦炭。这些产物下移进入氧化区,一部分产物被气化剂氧化,释放热量用以维持其他气化反应的进行;另外一部分产物继续向下进入还原区,炭在还原区与 CO_2 反应生成 CO,与水蒸气反应生成 H_2 和 CO 等合成气成分。此外,在还原区还会发生 CO 转换反应,还原反应过程中产生的灰渣落入下面的灰室,产生的合成气则由外腔降温后排出气化炉。下吸式气化炉结构简单、运行稳定,操作方便,且燃气中焦油含量低。但下吸式气化炉对于原料粒径和含水率的要求较高,且热传输效率较低[33]。

开心式气化炉又称为层式下吸式固定床气化炉,其结构和工作原理如图 6.17 所示。开心式气化炉是下吸式气化炉的一种特殊形式,没有缩口,以转动炉栅代替高温喉管区,其炉栅中间向上隆起,绕其中心垂直轴做水平回转运动,防止灰分阻塞炉栅,保证气化的连续进行[34]。我国首创了这种炉型,大大简化了欧洲的下吸式气化炉。其特点是:物料和空气自炉顶进入炉内,空气能均匀进入反应层,反应温度沿反应截面径向分布一致,最大限度利用了反应截面,生产强度在固定床中居首位;气固同向流动,有利于焦油的裂解,合成气中焦油含量低;结构简单,加料操作方便。

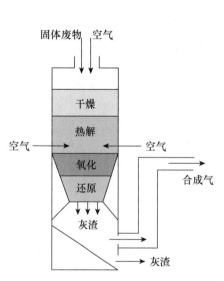

图 6.16 下吸式气化炉结构及工作原理示意[33]

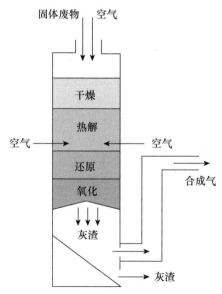

图 6.17 开心式气化炉结构及工作原理示意[34]

（2）流化床气化炉

流化床气化炉是一种用流态化技术生产燃气的气化装置,也称沸腾床气化炉。气化剂通过燃料层,使固体废物处于悬浮状态,固体废物颗粒的运动如同沸腾的液体一样。流化床可增强固体废物颗粒间的传热、改善气化过程、在近等温条件下进行。根据流化程度和床层高度,流化床热解气化装置可分为鼓泡流化床和循环流化床两类[35]。

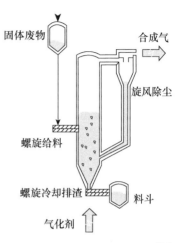

图 6.18 鼓泡流化床结构示意[36]

鼓泡流化床结构如图 6.18 所示。物料从侧面进料口投入,气化剂从下方进入,并控制气化剂流速刚好处于物料最小流化速度之上,通过气化剂不断扰动床体材料,保证均匀气化。鼓泡流化床一般在 850℃的平均温度下运行,温度控制稳定,适用于不同类型原料,装载和操作方便,合成气焦油含量低。但由于颗粒易黏结使物料与气化剂接触面积减小,鼓泡流化床的碳转化率低于循环流化床。

循环流化床系统结构如图 6.19 所示。在提升管中,气化剂流速高于鼓泡流化床,床体材料和气化剂保持流态化。气态产物经旋风除尘器分离,固体颗粒被高速气流夹带捕获并返回反应器床层底部,可有效提高碳转化率。

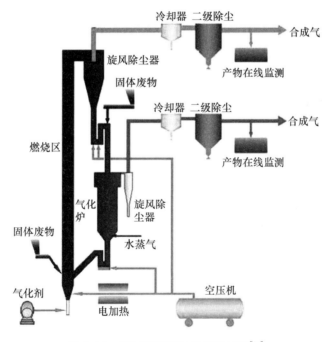

图 6.19 循环流化床系统结构示意[36]

（3）回转窑气化炉

回转窑气化炉广泛应用于工业废渣处理和水泥生产。回转窑气化炉一般采用耐磨耐火材料结构的钢壳,可以降低金属壳的温度。从图 6.20 可以看出,固体废物通过滚筒旋转进料,滚筒连续旋转和搅拌使燃料和气化剂不断结合发生反应,产生的合成气和灰渣分别从反应器出口的上、下两部分排出。回转窑气化炉对固体废物组成、含水率和颗粒大小等要求不高,操作简单,但气化过程中产生的烟气会带走大量的热量导致热交换效率降低[37]。

（4）等离子体气化炉

等离子体是一种由正负离子组成的离子化气态物质,是物质第四态,一般需要在高温和其他条件下使物质组成原子电离,物质中离子和电子电荷基本相等,整体呈电中性,故称为等离子体[38]。等离子体气化炉结构如图 6.21 所示。等离子体气化核心在于等离子体喷枪,喷枪通过两支电极电弧放电达到几千至上万摄氏度的温度。在高强度热源作用下,气化剂与燃料发生反应,基本粒子的活动能量远大于任何分子间化学键的作用,物质的微观运动以原子热运动为主,原有物质被打碎为原子物质,以破坏有害成分或使其丧失活力,从而将复杂的物质转化为简单的无害物。

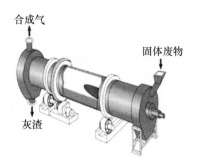

图 6.20　回转窑气化炉结构示意[39]

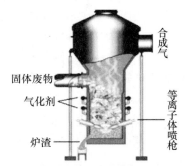

图 6.21　等离子体气化炉结构示意[39]

6.2.4　固体废物的气化产物和污染控制

固体废物气化得到的产品合成气中会有 NO_x、SO_x 和焦油等污染物,这些污染物不仅影响合成气品质,还会造成环境污染,因此明确污染物产生机理及对其释放加以控制对发展固体废物气化技术具有重要意义。

1. NO_x

农林废弃物和生活垃圾中的氮元素主要以胺和脂肪烃形式存在,气化过程中,氮元素主要以 HCN 和 NH_3 的形式析出,且当温度低于 600℃时主要析出 NH_3,当温度高于 600℃时主要析出 HCN,其余的氮留在焦炭和焦油中[40]。HCN 和 NH_3 作为 NO_x 的前驱体,在反应过程中会生成 NO、NO_2 等污染气体[41],造成严重的环境污染问题。

根据含氮污染物形成的时段,其控制方法主要分为气化过程控制和气化后烟气控制。气化过程控制主要是向固体废物中添加催化剂,催化含氮污染物最大程度地转化为 N_2。Song 等[42]研究发现镍基和铁基催化剂能够吸附 HCN 和 NH_3,并将其氧化,生成 N_2 等。气化后烟气控制技术方面,实际工艺中应用最多的是喷淋塔或洗涤器等传统冷气处理方式,借助含氮污染物在水中较高的溶解度,可实现对于 NH_3 等污染物 99％以上的脱除效率。目前也有采用酸洗等方式脱除含氮污染物工艺研究,使用稀释的酸溶液,对于体积浓度为 0.02％的 NH_3 气化合成气可实现 95％以上的氨去除效率。

2. SO_x

固体废物中的硫元素主要以有机硫和无机硫的形式存在,有机硫主要存在于生活垃圾中,无机硫主要是硫酸盐,一般来源于农林废弃物。气化过程中,当温度低于 700℃时,主要

是有机硫以 H_2S 的形式释放,当温度继续升高,硫酸盐逐渐分解释放 SO_2,但是产量较少[37]。

含硫污染物的控制方法同样分为气化过程控制和气化后烟气控制。气化过程控制主要是向原料中添加碱性物质,与产生的酸性气体发生反应而去除酸性气体。气化后烟气控制技术方面,目前主要采用干法、湿法、半干法去除烟气中的 SO_x 等酸性气体,使用的药剂主要有碳酸钙、氢氧化钙、碳酸氢钠等碱性物质[43]。

3. 焦油

焦油是一种可冷凝碳氢化合物的复杂混合物,包括单环芳香族化合物、多环芳香族化合物、复杂的多环芳香族化合物和其他含氧碳氢化合物。焦油是影响气化过程的主要污染物之一,其产生的危害[44,45]主要有:焦油在低温下冷凝成黏稠状液体,黏结在管道壁,造成管道堵塞和腐蚀问题,严重影响设备运行;焦油的存在使得气化效率降低;焦油具有一定的致癌性,不仅污染环境,而且存在巨大的安全隐患。

通常将焦油的组成分为混合重量焦油和有机化合物单体两类。混合重量焦油是指在标准状态下气化液体产物蒸发后的残留物,包括多种有机化合物。但由于在蒸发过程中轻质焦油散逸,因此混合重量焦油并不等同于焦油整体。有机化合物单体常混于气相产物中,常用气相色谱法予以鉴别。此外,Sikarwar 等[21]还提出利用分子量等方法划分焦油种类,详情见表 6.7。

表 6.7　焦油分类表(以分子量为标准)[21]

分类依据	种　类	化合物组成	典型成分	形成温度/℃
形成过程	一级焦油	含氧化合物	二甲氧基苯酚呋喃	400~700
	二级焦油	芳香族化合物	酚醛、烯烃	700~850
	三级焦油	复杂芳香族化合物	甲苯、苊	850~1000
分子量	Ⅰ类	气相色谱未检测到的组分		
	Ⅱ类	杂环化合物	甲酚、苯酚	
	Ⅲ类	单环芳香烃	甲苯、二甲苯	
	Ⅳ类	2~3 环芳香烃	萘、菲	
	Ⅴ类	4~7 环芳香烃	荧蒽、芘	

抑制或去除焦油对于提升合成气品质、提高气化效率具有重要意义。目前,对于焦油的解决办法可以分为两种[46]:气化炉内去除焦油和气化后去除焦油。气化炉内去除焦油也叫初级脱除,是指通过充分控制工艺操作和操作过程中添加剂/催化剂的使用,从源头上避免或减少焦油的生成,是一种将焦油转化为气体的方式,从而提高了气化效率,且不会造成二次污染。气化后去除焦油也叫二级脱除,主要通过洗涤、过滤、重整等方法实现,但此类方法并不是真正意义上的去除焦油,只是将焦油从合成气中转移至别处,不仅降低了产气品质,还有可能造成环境污染。

6.2.5　气化技术工程应用案例

1. 山东步长药业中药渣气化工程

山东步长制药中药渣气化工程以生物质循环流化床气化为核心技术,将粉碎干燥后的中药渣经循环流化床气化,出口的气化气直接燃烧加热水产生蒸汽,一部分蒸汽用于中药渣原料的脱水干燥,另一部分蒸汽用于蒸煮中药。其工艺流程如图 6.22 所示。

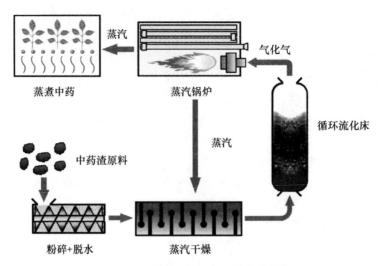

图 6.22 中药渣气化工程工艺流程[37]

该工程规模达到日处理中药渣 250 t,干燥后的中药渣在循环流化床反应器中生成气化气,能量效率可达 76.1%,处理 1 kg 中药渣可产生 0.33 kg 蒸汽(熔值为 0.89 MJ)[47]。

2. 杂多县生活垃圾热解气化工程

青海省玉树藏族自治州杂多县生活垃圾热解气化工程项目①于 2017 年 7 月开始动工。2017 年 10 月,工程主体完工,并成功点火。随后,工程开始调试。调试完成后稳定运行至今。

杂多县地处唐古拉山北麓,海拔高、气温低、空气稀薄,综合考虑自然条件、社会人文条件、交通运输条件、施工条件、污染控制条件,经过反复论证和不断优化,确定采用热解气化+干法多污染物协同控制技术,针对性地改进热解气化系统设计,并且采用分体式设计。图 6.23、图 6.24 分别为其生活垃圾智能化热解气化处理系统效果和工艺流程,系统主要性能参数见表 6.8。

图 6.23 生活垃圾智能化热解气化处理系统效果

---

① 本部分关于杂多县生活垃圾热解气化工程案例原始资料来自生态环境部华南环境科学研究所的工程应用成果,在此特别感谢该单位的支持。

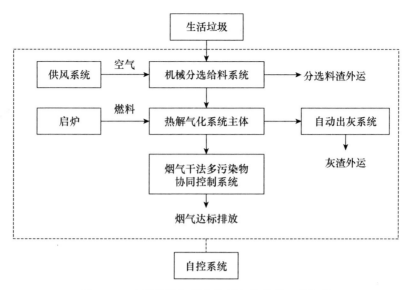

图 6.24　生活垃圾智能化热解气化处理工艺流程

表 6.8　生活垃圾智能化热解气化处理系统性能参数

性能参数	指　标
日处理量	20 t·d⁻¹(日运行 24 h)
装机容量	85 kW
设备电耗	25 (kW·h)·h⁻¹
设备水耗	8 t·d⁻¹
燃料用量	燃油 12 千克·次⁻¹
残渣热灼减率	<5%
处理车间建筑面积	460 m²

6.2.6　气化技术存在问题及展望

1. 存在问题

气化过程可作为固体废物转化为能源的技术,实现经济可持续发展。但目前气化技术的发展还存在如下问题:

(1) 合成气质量稳定性差且热值低

气化合成气质量不稳定且焦油含量高,对系统的净化设备要求较高,难以实现固体废物气化技术在我国大规模地推广应用。

(2) 气化设备原料适应性差

气化设备尤其对于生物质原料适应性差,目前气化炉对固体废物水分、灰分的变化比较敏感。

2. 展望

固体废物气化技术的规模比较灵活,气化生产的合成气可根据当地的实际情况满足不同需求。可建设小型发电站或居民生活燃气供应站。未来可推广固体废物应用热-电-气联供技术,建立多种能源形式并存的可持续发展能源体系。

6.3 固体废物水热液化技术

6.3.1 水热液化技术原理及特点

1. 亚临界和超临界水的特点

水是一种廉价、安全、环保的溶剂,在生产生活中广泛应用。标准状态下的水属于极性溶剂,密度为 998 kg·m^{-3},介电常数约为 78,离子积为 10~14。在水热液化反应中,水不仅作为溶剂存在,而且也起到催化剂的作用。水在 374℃、22.1 MPa 的条件下达到临界点,在温度和压强均高于临界点的情况下成为超临界水,原有的气相-液相界面消失,转化为均相体系;反之,温度或压强低于临界点时,则成为亚临界水[48]。

超临界状态的物质具有许多不同于常规物体的特性,是物质的一种特殊状态。例如,当物质处于超临界状态时,原本呈气态的物质与原本呈液体的物质性质非常相似,导致原本呈气态的物质与原本呈液态的物质(甚至与可溶性固体)能够形成均匀相流体。超临界状态的流体既与气体相似,呈可压缩性,能够发生泄流,同时又具有类似液体的流动性。在超临界状态下的物质,其密度通常为 0.1~1.0 g·L^{-1}。对于水来说,其性质如密度、离子积和介电常数等,会随着温度和压力的升高而发生改变,特别是在临界点附近。图 6.25 描述了水在不同温度下密度、离子积 K_w、介电常数等性质的变化情况。如图所示,水的密度随温度的升高而逐渐降低,介电常数也随温度升高而持续降低。例如,室温状态下水的介电常数约为 80,而在 374℃的临界点附近则降到了 5 左右[49],此时,水的性质类似弱极性有机溶剂,对有机物和气体有较高的溶解度,特别是在超临界条件下可以完全溶解有机物和气体,此时的水消除了气体和液体的相间界面,成为一种均相溶剂,有利于反应进行。同时,该状态下的水对无机物溶解度较低,这也有利于溶液与无机产物的分离。在宏观层面,超临界状态下的水呈现出非极性溶剂所具有的特性,在这个温度区域内,可能发生形成 C—C 键的反应,甚至一般情况下需要在有机溶剂中才能进行的有机金属催化反应也可以在超临界水中进行。另

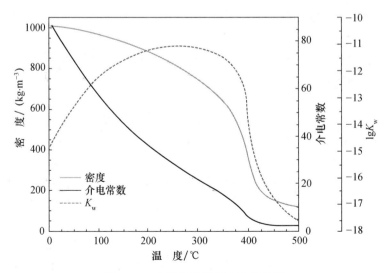

图 6.25 水的性质随温度变化曲线

外,水的离子积先随温度的升高而升高,在 300℃附近达最大值后随温度升高而降低[50]。在 300℃的亚临界水同时有高的氢离子浓度和高的氢氧根离子浓度,相当于弱酸和弱碱的环境并存。高的氢离子和氢氧根离子浓度使得超临界水不仅参与酸碱催化反应,而且能提供更多酸碱催化反应的原料,有利于提高有机物水解等催化反应的效率。而在超临界条件下,氢离子和氢氧根离子浓度急剧降低,主要发生自由基反应。利用这种性质变化,有许多学者已成功将亚临界水/超临界水作为反应介质应用于化学合成反应、塑料回收与处理、煤炭液化和生活垃圾处理等领域。

因为形成超临界水要求温度在 374℃以上、压强在 22.1 MPa 以上,所以该反应对设备的要求较高。为了降低对硬件条件的要求,目前部分研究聚焦在亚临界条件下进行的反应,并探究相关有机物、材料的转化规律。亚临界水通常是指温度在 300℃以上,压强在 12 MPa以上,但未达到超临界状态的水。尽管亚临界水对气体和有机物溶解能力有限,不能达到超临界状态下的完全互溶,但其溶解度依然十分优秀。而且,在 320℃左右的亚临界条件下,水的氢离子浓度会呈较高水平,使得亚临界水呈现强酸性,能对部分催化反应产生绿色酸效应。

2. 水热液化技术的特点

水不仅在常规状态下被广泛用作溶剂,而且由于其在临界点附近的诸多特性,也常被用于水热液化反应。利用水热液化技术处理固体废物具有如下优势:

(1) 该技术的反应以水为溶剂,因此在进行反应前无须进行干燥处理,同样也不必考虑反应物水分含量的多少,均可直接进行处理,节约能源,尤其适用于含水率较高的固态废物。

(2) 水既是溶剂又是反应介质,既可以运输又可处理固体废物中的不同成分。高温高压的条件下,水可以溶解固体废物中的大分子产物及中间反应产物,便于分离有机产物与无机产物。此外,水热液化维持高压环境的同时也排除了可能存在的水分蒸发,由此避免了潜热的损失,极大提高了反应过程的能量利用效率。

(3) 反应速度快且反应完全。由于临界状态下的水的性质,包括密度、扩散系数、离子积常数和溶解度等性质与常温状态相比有极大变化,该状态下水的特殊性质加快了有机固体废物大分子的水解,同时消弭了相间物质传输的困难,促进中间产物与气体反应物和催化剂的接触,促进反应快速、完全地进行。

(4) 产物易分离。常态水与超临界水对固体废物的溶解度差别较大,通常在常态水中产物的溶解度很低。将反应条件下的超临界水恢复为常态水,容易根据溶解度的不同分离不同反应产物。该操作简单易行,且能耗与成本极低。

目前,亚临界水/超临界水通常用在有机固体废物的水热液化或液化油的品质改善等方面。不同成分的原料经过水热液化处理,可最大限度地转化为液态燃料,反应产生的生物质原油能量密度高、附加值大、贮存和运输方便。一般情况下,采用直接水热液化技术获得的生物质原油多呈焦油状,含水量较高,且氮、硫、氧等元素含量较大,因而存在黏度大、热值低、热稳定性差等缺点,对直接水热液化产物进行氢化改质可以提高产物的品质。生物质原油的水热氢化改质是以亚临界/超临界水作为反应介质,通过氢化脱氮、脱硫和脱氧反应,将液态的生物质原油原料转化为烃含量高、黏度低、热稳定性好的液态烃燃料。随着水热液化技术的发展与普及,生物质原油的应用场景不断丰富,其作为液态燃料和化工原料的市场潜力也逐渐显现。

6.3.2　水热液化技术工艺流程及设备

1. 固体废物的水热液化处理工艺流程

图 6.26[51]描述了水热液化的一般工业流程。如图所示,不同种类的固体废物须先经过预处理(包括备料、研磨、压榨、浸渍等),用泵加压升温后送入反应器中,固体废物浆液在高温高压的条件下发生水热液化反应,随后进入减压分离装置,在不同压力和温度条件下分离出无机产物、生物质原油和气态产物。

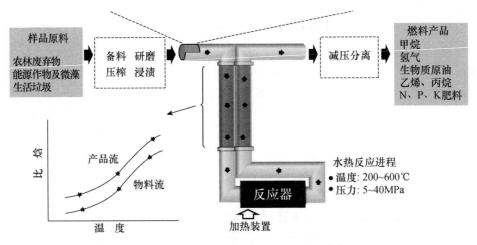

图 6.26　水热液化一般工业流程示意[51]

固体废物的水热液化过程主要包括浆料的注入、预热和升压、水热液化反应、减压分离等过程。图 6.27[52]展示了一种水热液化过程常用的运行装置。如图所示,固体废物浆料经预处理后,通过泵 1 和泵 2 进入反应器中,用热交换器 HX1 和 HX2 进行预热。其中,泵 2 被用来控制浆料流入的速度和压力。经预热后的浆料送入反应器中,调节反应环境,使反应环境的温度和压力达到预设要求,浆料在反应器内停留的时间可通过控制浆料注入的速度来调节。当反应完成后,含有产物的溶液经热交换器 HX3 降温至 170℃左右,并用压力阀PCV 进行减压,使溶液压强降至 10 bar(1 bar=10^5 Pa)。产物在经过 HX1 和 HX2 时与新一批浆料进行热交换并再次降温,且在压力阀 BPRV 降压后达到室压。最终,对已降至室温室压后的产物进行气液分离和收集操作。

2. 水热液化技术工艺设备

水热液化设备是进行亚临界/超临界水试验研究和商业运行的基本条件。由于亚临界/超临界水的气化和液化反应存在差别,因此相应类型的设备也有一定差异。按类型的不同,反应器一般可以分为间歇式反应器和连续式反应器两类,这两类反应器之间存在较大差异。间歇式反应器一般可分为传统型间歇式反应器和微型化间歇式反应器。传统型间歇式反应器在升温和降温环节速率较慢,在升温过程中物料就已经开始发生反应,因此难以严格控制实际的温度和物料停留时间等参数;微型化间歇式反应器虽然缩短了升温和降温的速度,较好地解决了升降温过程产生的不利影响,但由于一次反应的物料体积过小,在产物收集过程中容易产生误差。连续型反应器则在进料过程中仍存在诸多问题,目前还有待优化。以下介绍传统型间歇式反应器和连续式反应器的反应装置。

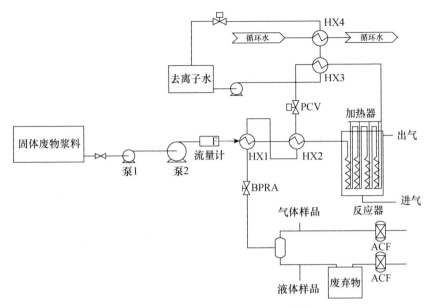

图 6.27　水热液化运行装置示意[52]

（1）传统型间歇式反应装置

传统型间歇式反应装置如图 6.28[53] 所示。该反应装置的组成有：控制面板、反应器、搅拌器、冷却装置等。加热温度和搅拌器的转速可以用控制面板进行调节。反应器是进行水热液化反应的主要场所。搅拌器通过搅拌样品与溶剂的混合浆液，以确保混合均匀。反应器内部的升温压力可以通过压力机测得，而温度可通过热电偶来测量；当温度达到预设的反应温度时，反应器将自动停止加热。反应结束之后一般用冷却水或风扇给反应器降温。

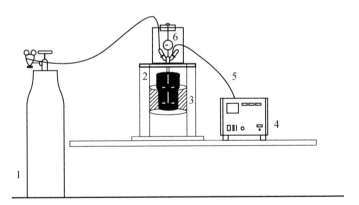

1—氮气瓶；2—反应器；3—加热炉；4—温控装置；5—热电偶；6—压力表。

图 6.28　传统型间歇式反应装置示意[53]

（2）连续式反应装置

连续式反应装置与间歇式反应装置的差别主要体现在连续式反应装置有独立的进料系统和分离系统。

　　图6.29是Elliott等[54]设计的连续式反应装置。该反应装置主要由3部分组成：高压进料装置（包括储料槽、给料泵、升压泵）、预热混合罐和管式催化反应器。反应后产生的产品先经过一个高压固体分离器和一个高压硫解吸附塔使矿物质从中分离出去；余下的产物再进入冷却泵和背压调节器（气液分离器），将气态产物和液态产物分离。该反应装置每小时能处理1.5 L的混合浆料，一次工作时长为6～10 h。

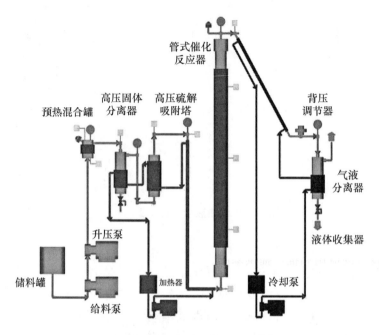

图6.29　连续式反应装置示意[54]

6.3.3　水热液化技术发展存在的问题及展望

　　水热液化技术是反应物在反应器中完全缺氧或只提供有限氧的条件下的液化。该技术利用亚临界水和超临界水对有机物强力的热解、水解、萃取能力，可以实现固体废物的高效转化。在热化学转化过程中，亚临界/超临界水的水热液化技术是实现固体废物有效利用的重要手段和技术，在未来可能成为一种获取能源的重要手段，应用前景十分广阔。虽然超临界和亚临界条件下的化学反应技术是一种新型的化工技术，其研究与实际应用只有10余年历史，但随着相关技术的不断发展，其应用领域不断扩展，尤其在绿色化学工业领域展现出独特的优势。水热液化技术具有明显的高新技术特征，逐渐在化工和能源领域绽放光彩。

　　目前对于超临界和亚临界条件下水热液化技术的研究仍处于起步阶段。由于化学反应在超临界和亚临界状态下呈现纷繁复杂的特征，目前对该条件下反应过程的实验研究仍只限于部分反应条件如温度、压力等对反应过程及产物的影响，而对于反应过程中的细节，例如内部温度场、压力场的变化、温度传导情况以及反应过程对反应器的影响等缺乏了解。利用计算机软件进行数值模拟来进行理论分析，可以近似模拟不同实验条件下的反应，并能近似模拟反应器内部场的变化，既能规避实验风险，又能在一定程度上预见实验过程中可能存在的问题，对于指导实验乃至工业化生产有着重要意义，但这种方法目前还很少采用。今后的研究与产业应用可扩大计算机模拟的应用，通过过程优化模拟来优化反应条件和反应效

率。总体来讲,目前水热液化技术的理论研究和实验研究都仍需要深入。具体而言,如下几个方面的研究应格外受到重视:

1. 不同类别固体废物原料在亚临界/超临界水体系中的水热液化过程优化及其化学机理解析

由于有机质种类复杂,不同类型固体废物原料的亚临界/超临界水液化过程、液化效率、产物组成都存在明显差异,例如以蛋白质为主的原料反应后的产物含较多有机酸和氮化物。这种差别不但与原料本身的结构组成相关,而且具体工艺条件如升温过程、反应时间、混合浆液的含水率等也对水热液化效率及产物具有显著影响。深入研究水热液化的关键化学过程,有助于优化反应过程,提高产出效率,是该技术未来研究的重要方向。

2. 在亚临界/超临界条件下,水热催化液化和生物质原油催化改质的过程研究

在当前的技术条件下,虽然水热液化反应产出生物质原油的能力较强,但生物质原油的产率和品质差异较大。一般需要对水热液化产出的生物质原油进行二次催化改质,提升其品质。在这个过程中,开发高效催化剂是改进水热液化技术的核心内容。另外,加氢脱硫、加氢脱氮、加氢脱氧、加氢脱金属等催化改质技术仍然是相关技术研究的热点和焦点。

3. 亚临界/超临界液化的大规模产业化装置研究

目前,已有关于水热液化中试研究的报道,但在技术产业化当中,设备腐蚀、热传递效率的提升仍然是实现产业化的难点问题。因此,对水热液化技术规模化和产业化的研究也应受到重视,为技术的应用和推广提供基础。

6.4　固体废物等离子体技术

6.4.1　等离子体技术及其发展概况

近年来,越来越多的高新技术被用在固体废物处理行业,使固体废物处理焕发出新的活力。等离子体技术正是其中之一。

等离子体是物质在高温或特定激励下的一种物质状态,由大量正负带电粒子和中性粒子组成,是除固体、液态和气态以外物质的第四种状态。1879 年,英国科学家 Crooks 研究气体的辉光放电时,把放电管中的电离气体称为物质的第四态。1912 年,Debye 和 Huckel 研究电解液中带电粒子行为时,发现了带电粒子的电场被周围带异号电荷粒子屏蔽的现象,提出了德拜屏蔽的概念,德拜屏蔽即等离子体有一种消除内部静电场的趋势,其相关概念为等离子体的科学定义奠定了基础。1928 年,Langmuir 和 Tonks 研究电离气体中的振荡现象时,把放电管中远离管壁的电离气体存在区域称为等离子体区,首次将等离子体一词引入物理学。

1. 等离子体形成过程

等离子体的形成过程非常复杂,主要包括电离、激发、复合、附着和离脱 5 个步骤。

(1) 电离

电离过程有电子碰撞直接电离、电子碰撞累积电离、重粒子间的碰撞电离、光电离和表面电离 5 种类型。① 中性粒子和基态原子被具有一定动能的电子碰撞后,发生电离的过程被称为电子碰撞直接电离。② 当某些粒子处于激发态时,被电子碰撞发生电离,则被称为电子碰撞累积电离。③ 若参与碰撞的离子和激发态的粒子能量高于靶粒子的电离能,则发生重粒子间的碰撞电离。④ 当光子的能量大于某粒子的电离能时,光电离便可发生,其主要发生在热等离子体和非平衡等离子体的增殖机制中。⑤ 表面电离是指电子、离子和光子与发生器的壁面发生碰撞,导致反应器表面电离,同时发射电子的过程。

（2）激发

在弱电离等离子体中,中性粒子的激发主要是由电子碰撞引起的。基态粒子通过与自由电子的非弹性碰撞得到能量从而发生跃迁,而不同能级之间也可以通过自由电子的碰撞作用进行跃迁。原子激发只包括电子态激发,而分子激发则由于内部存在 3 种不同的运动状态分为转动态激发、振动态激发和电子态激发。电子碰撞往往也可以导致粒子的直接分解,该过程在非平衡等离子体形成中发挥重要作用。

（3）复合

复合过程是电离的反向过程,即经过电离产生的荷电粒子再次结合,形成中性粒子的过程。

（4）附着

附着是指原子或者分子获得电子,进而变成负离子的过程。

（5）离脱

附着的反向过程即为离脱。

2. 等离子体分类

等离子体的分类方式有很多,包括按形成方式分类、按热力学平衡分类、按温度分类等。其中按温度分类是等离子体最常用的分类方式之一。根据等离子体中电子温度和离子温度是否相等,可将等离子体分为高温等离子体和低温等离子体。两者温度相等称为高温等离子体,在宇宙间是物质存在的主要形式,太阳风、星云、闪电、极光等都是高温等离子体现象。高温等离子体占宇宙物质总量的绝大部分。除此之外,受控核聚变也可以产生高温等离子体。低温等离子体中电子温度和离子温度不相等,又可以细分为冷等离子体和热等离子体,广泛应用于生产生活的各个领域。冷等离子体由低压气体辉光放电形成,霓虹灯就是冷等离子体在生活中的实际应用。热等离子体是气体在大气压下电晕放电产生的,在冶金喷涂、粉体合成、废物处理、材料加工等领域都有着广泛的应用。

3. 等离子体技术发展概况

近年来,等离子体技术处理废水、废气以及固体废物的研究已经取得了一定的进展。电感耦合等离子体-质谱法已被广泛应用于生态环境监测体系中,进行微量元素的测定。在大气污染治理中,等离子体技术主要应用于烟气净化、脱硫脱硝等方面。在水污染治理中,等离子体技术主要应用于高浓度有机废液、垃圾渗滤液等废水的治理。在固体废物处理中,1997 年,美国开始采用等离子体固体废物处理系统处理军方废弃武器;1999 年,美国、欧盟、日本等逐渐关闭焚化炉后开始转向等离子体废物处理系统;目前,瑞典、美国、德国、日本等国已建立了一定规模的固体废物等离子体处理工厂。

20 世纪 90 年代以来,美国、日本、欧洲等纷纷将等离子体技术应用在固体废物处理领域,并建立了一系列示范工程投入运行。美国西屋等离子体公司建设了 $18\sim64\ kg\cdot h^{-1}$ 危险废物处理项目,用于处理含氟有毒废液;欧洲 Europlasma 公司建设了 $500\ kg\cdot h^{-1}$ 固体废物处理项目,用于处理生活垃圾与焚烧飞灰;日本三菱重工建设了 $26\ 400\ t\cdot a^{-1}$ 的危险废物处理项目,主要用于处理生活垃圾焚烧飞灰;2014 年,Air Products 公司在英国 Tees-side 搭建了等离子体气化装置,进行生活垃圾的气化,处理规模达到 1000 t·d^{-1},生活垃圾气化后产生的合成气直接用于燃气轮机发电;2015 年,沙特阿拉伯麦加市有 2 套处理规模为 100 t·d^{-1} 的等离子体气化系统投入运行,处理对象为各类固体废物,系统总发电量约为 5000 kW。近年来,国内的等离子体熔融气化技术也得到了一定的发展。2018 年 3 月,由西安航天源动力工程有限公司自主研发建设的等离子体炉渣气化熔融固体废物处理示范工程项目,在江苏盐城连续稳定运行超 30 d,填补了国内危险废物领域炉渣无害化处理的空白,项目采用国内最先进的等离子体气化熔融工艺,自动化程度高,有机污染物焚毁率可达 99.99%,标志着等离子体气化熔融技术在国内正式进入工程应用阶段。2019 年 12 月,中国广核集团有限公司在江苏无锡建设的首个等离子体技术商业化项目全面进入试运营,正为国内高毒、高危险废物的处理探索出一条新路。

6.4.2　等离子体处理过程及其影响因素

在固体废物处理与污染控制中,等离子体技术常被应用于固体废物的熔融与气化两个方面。

1. 等离子体熔融技术

等离子体熔融技术主要利用等离子体高温、高能量密度的特点,在 1000℃ 以上熔融处理电子废物、电镀污泥、含石棉废物、生活垃圾焚烧飞灰、中低放射性废物、化工废料等,使其转化为无害的玻璃体,实现固体废物的终端处理。等离子体处理固体废物的过程十分复杂,涉及等离子体的产生、传热传质和动量传递、物理相变和化学反应等过程。

以垃圾焚烧产生的飞灰为例,等离子体熔融处理可以将飞灰熔融形成无害、稳定的玻璃体,同时将重金属和其他有害物质包裹在玻璃态结构中。玻璃态是一种非晶体,是指组成原子不存在结构上的长程有序或平移对称性的一种无定形固体状态。从热力学观点看,晶体的温度升高,熵值变大,其结构无序程度增强,当晶体熔化成熔体时,无序性剧增。随着熔体极冷,其没有释放出全部多余的热量,于是就形成了玻璃态。飞灰中的非晶结构主要由 $[SiO_4]$ 构成(图 6.30)。$[SiO_4]$ 是由位于四个顶点的 O^{2-} 和位于中心的 Si^{4+} 构成,而每个

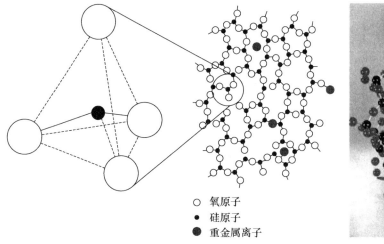

○ 氧原子
● 硅原子
● 重金属离子

图 6.30　飞灰中 $[SiO_4]$ 结构

O^{2-} 又可与其他 Si^{4+} 构成另一个四面体,从而形成了以共用 O^{2-} 的四面体硅酸盐群体结构。除 Si^{4+} 外,飞灰中的 Al^{3+}、Ca^{2+} 也可以构成层状硅酸盐骨架。在等离子体熔融玻璃化的过程中,重金属离子根据它们各自的特性、配位数的大小、所带电荷的大小、阳离子半径大小等,分别以网络外体或网络中间体的形式分布在硅酸盐网络结构中,如重金属离子 Zn^{2+}、Cr^{3+}、Pb^{2+} 等可以与 Al^{3+}、Ca^{2+} 发生离子置换反应,从而成为连接 $[SiO_4]$ 的链而被固封在四面体结构中,从而抑制了重金属的浸出,降低其浸出浓度。另外,在玻璃体微孔隙中,重金属离子 Zn^{2+}、Cr^{3+}、Pb^{2+} 等还可以发生化学复分解沉淀反应,微孔隙中的沉淀反应同样起到了一定的重金属固化效果。经等离子体熔融后,飞灰重金属浸出浓度极低,大大降低了重金属的潜在生态环境风险。

目前环境中二噁英的主要来源为生活垃圾焚烧,而飞灰中涵盖了生活垃圾焚烧 70% 以上的二噁英。二噁英的分解温度约为 850℃,而等离子体熔融炉内温度通常在 1000℃ 以上,甚至可以达到 1700℃,在等离子体熔融处理飞灰过程的高温高反应活性环境中,二噁英及其他有机物能得到彻底分解,转化为无害的小分子物质,二噁英的分解率超过 99%。有机物彻底分解,无机物转化为惰性的玻璃体,等离子体熔融技术因此被称为"近零排放",是固体废物处理的终端技术。

二噁英的分解可用以下化学方程式来表示:

$$C_x H_y Cl_z + \left(x + \frac{y-z}{4}\right) O_2 \longrightarrow x CO_2 + z HCl \uparrow + \frac{y-z}{2} H_2O \uparrow \qquad (6.20)$$

等离子体熔融的工作气体通常为氩气、氮气等,其中蕴含大量高能电子和活性自由基。这些高能电子和活性自由基可以直接和二噁英分子反应,破坏二噁英分子中的 C—H 键、C—Cl 键、C—O 键。飞灰中二噁英降解主要有两条路径(图 6.31)。第一种路径为脱氯过程,即二噁英中一个或多个 C—Cl 键被破坏,由高氯代的芳烃类化合物转化为低氯代的芳烃类化合物。由于二噁英中的 Cl 原子是亲电基团,因此较易被等离子体射流中的高能电子去除。此外,在活性自由基和紫外线作用下,二噁英分子中的 C—Cl 键可以被破坏形成 C—H 键,同样起到脱氯的作用。第二种路径为降解过程,由于高能电子与二噁英分子之间的充分相互作用,高能电子将动能传递给二噁英分子,二噁英分子获得能量从而进行振动和旋转,增加了分子的不稳定性,进而 C—O 键断裂,二噁英分子分解为单苯环的氯苯或氯酚。

等离子体熔融技术,不仅解决了飞灰中重金属、二噁英的污染问题,熔融处理后产生的玻璃体在建筑和装饰领域也有一定的应用潜力。

等离子体熔融影响因素主要有原料组分、熔融温度、熔融时间、冷却方式等。

(1) 原料组分

待处理原料组分是等离子体熔融处理过程重要的影响因素之一[55]。原料中 CaO、Al_2O_3 和 SiO_2 的含量决定了其是否可以经由等离子体熔融形成玻璃体。大部分玻璃体中的非晶结构主要由硅氧四面体($[SiO_4]$)构成。$[SiO_4]$ 是 SiO_2 各种变体及硅酸盐中的结构单元,Si—O 键是离子-共价混合键,键能很大,Si—O 键的离子性使氧趋向于紧密排列,Si—O—Si 键角可以改变,使 $[SiO_4]$ 可以不同方式相互结合,形成不规则网络结构。共价性使 $[SiO_4]$ 成为不变的结构单元,不易改变硅氧四面体内的键长及键角,对"短程有序、长程无序"的玻璃体结构形成有重要意义。在玻璃体中,Al^{3+} 有两种配位状态,可能位于四面体或八面体结构中。通常情况下,Al^{3+} 位于铝氧四面体($[AlO_4]$)中,与 $[SiO_4]$ 组成统一的网络,

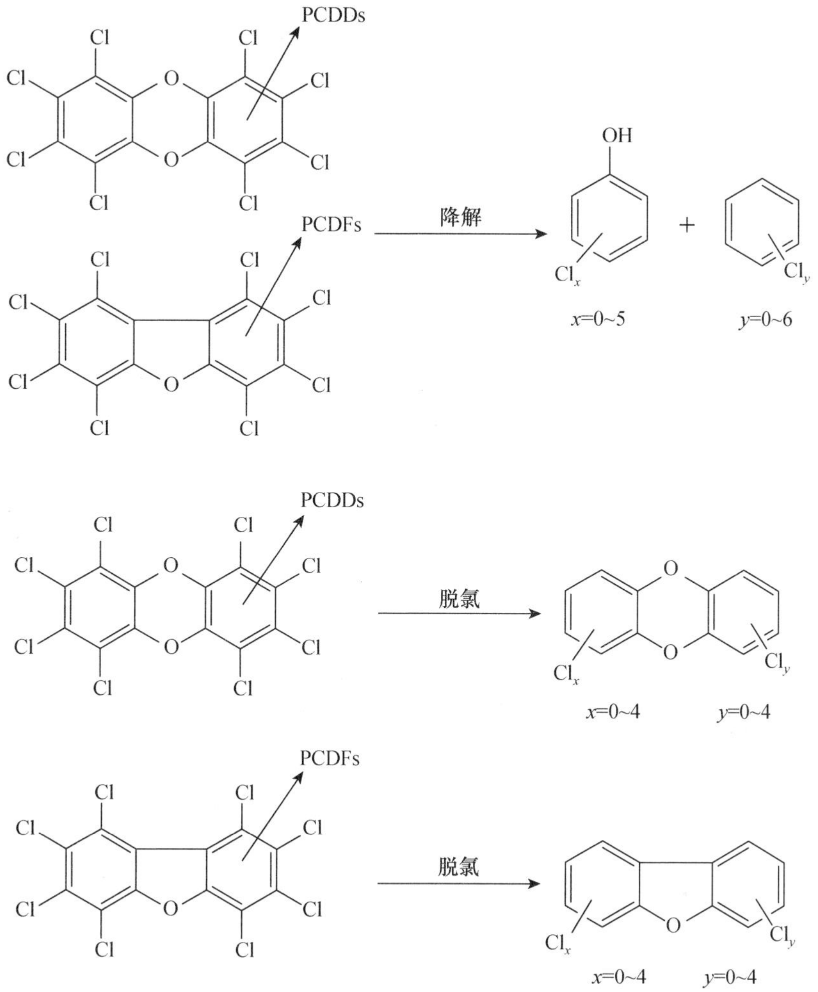

图 6.31　飞灰中二噁英降解路径

使玻璃体结构趋向紧密。当原料中含有 Li^+、B^{3+}、Be^{2+} 等离子时,由于它们有与氧离子结合的倾向,干扰了 Al^{3+} 的四面体配位,所以 Al^{3+} 就有可能处于八面体之中。Ca^{2+} 不参与四面体网络形成,属于网络外体离子,配位数一般为 6,有极化桥氧和减弱硅氧键的作用。因此,原料中 CaO 含量过高对玻璃体的形成无益。有学者指出,可进行等离子体熔融处理的原料中 CaO、Al_2O_3、SiO_2 3 种物质的质量分数含量分别为 15%～50%、5%～20%、40%～65%,若待处理原料化学组分未达到要求,则很难熔融形成玻璃体。

除 CaO、Al_2O_3 和 SiO_2 3 种主要化合物外,待处理原料中其余化学组分也对等离子体熔融过程有着程度不同的影响。Mg^{2+} 大多数情况下位于八面体中,只有碱金属氧化物含量较高时,才有可能处于四面体中,以 [MgO] 进入玻璃体网络。若 MgO 含量较高,将使形成的玻璃体结构疏松,密度和硬度下降。B_2O_3 作用与 SiO_2 类似,是构成玻璃体网络结构的重要组分,但电子废物、电镀污泥、含石棉废物、垃圾焚烧飞灰、中低放射性废物、化工废料等固体废物中通常 B_2O_3 含量较低,难以起到主导作用。原料中 Cl 含量对等离子体熔融过程影响很大。一方面,熔融过程中 Cl 极易与原料中易挥发重金属 Pb、Cd 等结合,形成重金属氯化物,挥发并富集在二次飞灰中,增加处理成本,还容易引发二次污染问题;另一方面,原料中高 Cl 含量会带来等离子体熔融炉炉体与电极的氯腐蚀问题,缩短等离子体熔融炉使用寿命。

（2）熔融温度

熔融温度由等离子体的功率控制,直接影响固体废物的处理与玻璃体的形成。通常,等离子体熔融温度超过 1000℃,温度过低无法使待处理原料有效熔融。不同的原料类型有着不同的化学组分,其熔融温度也各不相同,因此等离子体处理的熔融温度需要根据原料的不同而经常调整,在保证处理能力的前提下降低等离子体能耗,进而节约处理成本。

（3）熔融时间

熔融时间决定了输入原料的能量高低。熔融时间过长,等离子体的一部分能量将被浪费;熔融时间过短,则无法有效分解原料中的有机污染物,以及无法将原料全部熔融。非连续进料工况下等离子体熔融时间通常为 5～20 min。

（4）冷却方式

在固体废物等离子体熔融处理过程中,冷却方式主要有空冷和水冷两种,对玻璃体的形成有较大影响。从动力学角度看,玻璃体是稳定的,它转变成晶体的概率很小,往往在很长时间内也观察不到析晶迹象。玻璃的析晶过程必须克服一定的势垒（析晶活化能）,它包括成核所需的建立新界面的界面能以及晶核长大所需要的质点扩散的激活能等。如果这些势垒较大,熔体冷却速度很快时,黏度骤然增加,质点来不及进行有规则排列,晶核形成和长大均难以实现,从而有利于玻璃体的形成。反之,由熔融态转化为固体时,若冷却速率很小,熔体就会有足够时间进行结构重组进而转化为晶相。为了得到无定形的玻璃体结构,熔体必须以较快的速度冷却。因此,水冷的冷却方式优于空冷。

2. 等离子体气化技术

等离子体气化技术有别于传统气化技术,采用低温等离子体发生器作为热源,将电能转化为热能,提供高温环境,利用极端热量分解原料。向反应炉内通入空气、水蒸气等气化剂,固体废物中的有机成分在高温环境下,发生部分氧化反应,进而转化为合成气（合成气主要是 H_2 和 CO）,该产物可以用于化学品合成,也可以直接用于发电[56]。等离子体气化技术起源于 20 世纪 60 年代,最初主要用于销毁低放射性废物、化学武器和常规武器,20 世纪 90 年代以来开始尝试用于处理其他固体废物,包括生活垃圾、工业固体废物、危险废物等[57]。

等离子体气化固体废物的过程主要包括以下 3 种反应:① 等离子体裂解。等离子体的一个入射电子与固体废物的一个中性原子碰撞,产生一个二次电子和一个离子,即有两个电子和一个离子;这两个电子再分别与中性原子碰撞,得到四个电子和三个离子;这一过程持续发生,经过若干次后即产生成千上万个电子和离子,从而固体废物得到裂解。② 等离子体气化。有机成分与空气、氧气、二氧化碳、水蒸气等气化剂发生反应,转化为高热值的含有 CO、H_2、CH_4 的合成气。气化过程中发生的反应包括碳氢化合物的局部氧化、蒸汽重整、干重整、碳氧化、碳局部氧化、水煤气变换反应、焦炭溶损反应、加氢气化、一氧化碳气化、氢气气化、水汽转化反应、甲烷化等。③ 等离子体熔融。无机成分在高温条件下被等离子体熔融,冷却后形成玻璃体,重金属和其他有害物质被固化在其中。

等离子体气化影响因素主要有原料组分、等离子体功率、气化剂、当量比、水碳比、催化剂等[58]。

（1）原料组分

不同固体废物原料中各种有机组分和无机组分等差异很大，对等离子体气化过程有很大影响。

（2）等离子体功率

等离子体功率直接影响气化温度，而气化温度对化学反应速率和化学平衡移动有很大影响。固体废物的等离子体气化包含了多个重叠复杂化学反应，有吸热反应，也有放热反应，且多为可逆反应，气化温度过高可能有利于提高化学反应速率和焦油裂解与转换，但不利于部分化学平衡移动，从而影响等离子体气化过程和合成气品质。因此，寻找每种原料的最适气化温度，即最适等离子体功率，是等离子体气化前必不可少的工序之一。

（3）气化剂

固体废物的气化需要在气化剂的存在下进行，气化剂主要有空气、氧气、水蒸气、二氧化碳以及它们的混合气体等，不同气化剂对等离子体气化技术及合成气品质等有很大影响。氧气作为气化剂时，合成气中氢气和一氧化碳含量比较高，气体热值较高，焦油含量较低，但氧气作为气化剂的成本通常较高。空气作为气化剂廉价且丰富易得，但合成气中氢气和一氧化碳含量比较低，气体热值低。水蒸气和二氧化碳作为气化剂时，气体热值介于上述二者之间。水蒸气气化能提高合成气中的氢气产量，水蒸气的加入促进水煤气变换反应、甲烷蒸气重整反应和水煤气反应，水蒸气是生产富氢合成气最适合的气化剂。

（4）当量比

当等离子体气化过程的气化剂为空气时，当量比就是气化炉设计和运行过程中非常重要的参数。当量比即等离子体气化过程中实际使用空气量和化学计量的比值。当量比较高时，固体废物燃烧更充分，合成气中氢气和一氧化碳含量偏低，二氧化碳含量高，有利于焦油裂解；而当量比较低时，原料气化不充分，焦油含量会偏高。

（5）水碳比

当等离子体气化过程的气化剂为水蒸气时，水碳比这一参数对气化过程有较大影响。水碳比即气化剂水蒸气的量与原料中相对碳含量的比值，反应器内水蒸气分压增加有利于水气转换反应，有利于水气和焦油转换反应，促进碳转换，增加合成气氢气含量，但一氧化碳含量降低。水碳比过高则会降低反应温度。

（6）催化剂

适宜的催化剂对于化学反应速率有很大影响。研究表明，使用催化剂可以有效促进等离子体气化反应进行和焦油转化等。常用的催化剂有碱金属、白云石、石灰岩、镍基化合物、锌基化合物、贵金属等。钙基催化剂对焦油重整具有良好的催化活性，在等离子体气化中采用钙基催化剂，能在得到较高浓度氢气的同时对二氧化碳进行高温原位吸附，使反应平衡有利于朝着产生氢气的方向进行。钙基催化剂具有良好的焦油重整能力和二氧化碳吸附能力，更适合于等离子体水蒸气气化。

6.4.3 等离子体技术设备及工艺流程

1. 等离子体技术设备

等离子体处理固体废物过程,最核心的装备就是等离子体发生器。在固体废物处理领域使用的等离子体发生器主要包括直流等离子体发生器、交流等离子体发生器、射频等离子体发生器和微波等离子体发生器等。

（1）直流等离子体发生器

直流等离子体发生器采用直流电弧放电,直流电弧放电会在两个施加了高电压的电极之间产生高能量密度和高温度的区域,如果存在足够高的气流,等离子体将超出一个电极,形成等离子体射流。根据待处理固体废物是否充当电极,又可以将直流等离子体发生器分为直流非转移弧等离子体发生器和直流转移弧等离子体发生器两大类。

如图 6.32,直流非转移弧等离子体发生器的特点是待处理固体废物不参与等离子体射流的形成,阴极和阳极均在等离子体炬内部。当工作气体穿过两极之间时,气体被电离和激发后高度离子化,在轴向阴极和环形阳极之间形成电弧,产生的等离子体以射流的方式从阳极口喷出,作用于待处理固体废物。为了减少电极腐蚀,通常在电极处采用水冷。直流非转移弧等离子体发生器的优点是工件类型不受限制,由于待处理固体废物不充当电极,不同形状大小、不同导电能力的待处理固体废物均可选用非转移弧,尤其适合工件的连续进料与连续加工。直流非转移弧等离子体发生器能量转化效率约为 50%。目前常见的直流非转移弧等离子体发生器的功率为 $1000\sim6000$ kW。

图 6.33 所示为直流转移弧等离子体发生器,其特点是待处理固体废物会充当电极来参与等离子体射流的形成。等离子体炬内部只有一个电极(一般为阴极),另一个电极(一般为阳极)则在等离子体炬下方,作为放置待处理固体废物的工作台。同非转移弧一样,两极之间充满工作气体。起弧时,一般要先在阴极与阳极之间形成电弧,然后再将电弧转移至阴极与待处理固体废物之间,此时待处理污染物充当了阳极,参与等离子体射流的形成。直流转移弧等离子体发生器也有其优点,由于待处理固体废物充当电极,直流转移弧可以将更多的能量传递给待处理固体废物,因此其能量转化效率往往要比直流非转移弧等离子体发生器高,可以达到 90%。常见的直流转移弧等离子体发生器的功率均在 1 MW 以上。

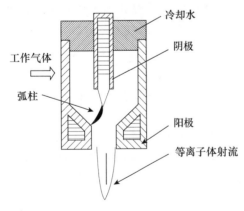

图 6.32　直流非转移弧等离子体发生器

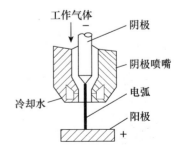

图 6.33　直流转移弧等离子体发生器

（2）交流等离子体发生器

交流等离子体发生器（图 6.34）在电极之间施加交流高电压，等离子体炬中充满工作气体，高压电极最小间距处形成等离子体射流。交流等离子体发生器可以解决一些直流等离子体发生器的缺陷。其多个电极之间存在多个电弧，覆盖的区域比直流等离子体更大，同时由于各电极之间交替作为阴极和阳极，其电极腐蚀速度也远远低于直流等离子体。交流等离子体可以直接接入供电网络，不需要额外配备变压器。但在实际应用中，交流等离子体发生器不够稳定，控制难度较大，往往会带来许多额外的成本，因此其在固体废物处理领域使用较少。

（3）射频等离子体发生器

射频等离子体发生器（图 6.35）采用高频率交流电来产生电磁场，通过感应耦合，工作气体中少量的离子和电子因受轴向磁场的作用，在水平闭合回路中高速运动，形成涡流，因为电磁场方向和强度都是随时间变化的，所以电子在每半周被加速。被加速的电子遇到阻力产生热量，使更多的气体电离，进而形成等离子体。于是电磁场的能量从射频电源转移到等离子体工作气体。射频等离子体发生器无电极消耗，无电极污染，且可以应用包括氧气在内的诸多工作气体。相同功率水平下，射频等离子体的体积比直流等离子体射流的体积要大。目前常见的射频等离子体发生器的功率为 $30\sim1000$ kW。

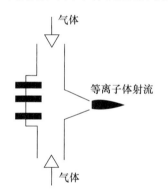

图 6.34　交流等离子体发生器

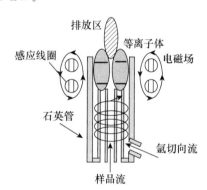

图 6.35　射频等离子体发生器

（4）微波等离子体发生器

微波等离子体发生器（图 6.36）由一个微波发生器（磁控管）、矩形波导组件（包括一个隔离器、一个定向耦合器、一个三相调谐器）、一个石英绝缘管构成。微波发生器产生的微波通过波导传播，其电磁功率由初始的等离子体吸收，经点火器点火后产生强烈的气体电离，产生等离子体火焰。微波等离子体发生器放电密度高，电离程度高，放电压力范围宽，且没有电极参与反应，不存在电极腐蚀等问题，同样可以使用包括氧气在内的诸多工作气体，能量转化效率高。微波等离子体发生器频率比射频等离子体发生器更大，等离子体区域也更大。目前常见的微波等离子体发生器的功率为 $600\sim5000$ kW。

2. 等离子体技术工艺流程

（1）等离子体熔融技术工艺流程

等离子体熔融炉一般由 6 个子系统组成，分别为等离子体发生器、熔融反应炉、直流电源、载气、烟气净化系统和循环冷却水系统。直流电源是该等离子体熔融实验台的核心，其

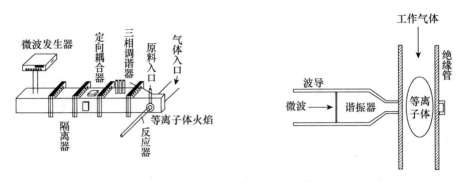

图 6.36　微波等离子体发生器

功能是提供稳定的工作电流及电压,确保等离子体发生器的稳定运行,同时可通过调节工作电流、电压来调整熔融温度。

(2) 等离子体气化技术工艺流程

等离子体气化技术由多个工序组成(图 6.37),主要包括原料预处理、等离子体气化、合成气净化和热回收以及产品利用。虽然等离子体气化对原料特性没有限制,但是在进样前,应进行原料筛选,分离无机成分和可回收的物品,并保证样品均匀,提高反应速率和原料的利用效率。固体废物通过进料系统进入等离子体气化工序,被等离子体发生器提供的高温环境热解,其中的无机物熔融成液态渣,排放后被冷却;而有机物组分则转化为 H_2 与 CO 等气体,进入后续反应阶段。气化产生的气体除可燃气体外,还含有一定量的 SO_2、颗粒物等污染物,因此需要合成气净化工艺,采用喷淋塔和除尘器等烟气净化装置,去除合成气中的气体污染物,并利用热交换器将余热转化成蒸汽,回收热能。最终产生的合成气主要由 H_2 和 CO 组成,可直接用于燃气轮机发电,或者作为化工产品的原料;熔融后的玻璃体也可以作为建筑材料而被充分利用。

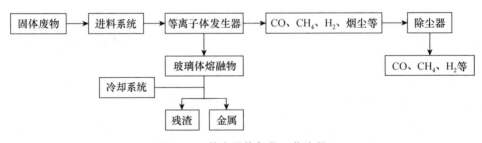

图 6.37　等离子体气化工艺流程

与传统气化技术相比,等离子体气化的优点有原料灵活、反应温度高、反应速度快、近零排放、熔渣可资源化利用等。由于等离子体产生的极高温度,等离子体气化对原料特性没有限制,其较强的气化能力可以适应绝大多数原料,包括危险废物、石油污泥和生活垃圾等固体废物。且使用水蒸气作为气化剂时,将会使合成气产量增加 30%～40%,这给气化发电带来了一定的优势,尤其适合高含水率原料。有研究表明,一个 250 $t \cdot d^{-1}$ 的污泥气化发电项目,输入含水率为 68% 的污泥,其净发电量能达到 2.85 MW。传统气化技术存在焦油问题,同时会有无法气化的残炭与无机灰生成。而等离子体气化的碳转化率高达 100%,且焦油也被完全气化为气态产物,提高合成气的热值。等离子体气化产生的合成气纯度较高,几乎只由 CO 和 H_2 构成,对后续合成气的利用十分有利。固体废物中的无机成分则在炉底部被熔融,形成无害的玻璃体。同时,等离子体气化技术提供的反应温度更高,原料反应时间更短,装置灵活紧凑,占地面积较小。

6.4.4 不同固体废物的等离子体处理产物与污染控制

目前,等离子体技术常被应用于处理医疗垃圾、电镀污泥、含石棉废物、废旧武器弹药、垃圾焚烧飞灰、电子废物和中低放射性固体废物等[59]。

1. 医疗垃圾

医疗垃圾种类多样,携带有数量庞大的病菌,具有空间传染和交叉感染等特征,因此若对于医疗垃圾的处理方式不当,将会对生态环境造成极大的威胁。采用等离子体技术处理医疗垃圾时,等离子体炬通电后产生高温的等离子体,将热量传递给医疗垃圾,使有机组分迅速得到脱水、热解、裂解,最后产生以 H_2、CO、CH_4 和部分低碳烃等为主要成分的混合可燃气体,再经过二次燃烧使之达到减容、减量化的目的。在这个过程中,所有传染性病毒及其他病毒将会被全部分解,病原菌和各种微生物得到彻底消灭,最终达到无害化。

2. 电镀污泥

电镀污泥是电镀行业的电镀废液与电解槽液经过处理之后产生的残留物质,化学组分复杂,包含铬、铜、锌、镍、铁等重金属及可溶性盐类。电镀污泥进入高温的等离子体后进行脱溶和干燥,迅速熔融形成玻璃体,并在此过程中发生一系列化学反应。反应器内的还原性气体使得金属氧化物被还原成金属单质,实现金属的回收[60]。

3. 含石棉废物

石棉是一种致癌物质,等离子体处理含石棉废物的工艺一般是熔融后进行二次燃烧,通过无机物玻璃化和有机物受控热解处理含石棉废物,再将烟气进化后排放。气体排放和控制系统通常由二燃室、气体洗涤器、石灰处理系统和过滤器组成。

4. 废旧武器弹药

等离子体处理废旧武器弹药基本的工艺流程是热解后经二次燃烧生成残渣,烟气经过湿式洗涤后净化排放。等离子体反应器可以完全热解所有有机化合物并使无机物玻璃化。等离子体处理废旧武器弹药产生的废气体积仅为焚烧处理产生废气体积的 10%,可有效降解气态污染物,最终生成水和二氧化碳等清洁气体。其固态产物为惰性的玻璃态熔渣。

5. 飞灰

飞灰作为生活垃圾焚烧过程中产生的一种二次污染物,主要来源于热回收利用系统(如余热锅炉、集热器)和烟气净化系统(如袋式除尘器、活性炭吸附塔)。我国城镇生活垃圾组分较为复杂,其含有的厨余垃圾、纸类、橡胶、塑料等可燃组分在燃烧过程中极易生成 SO_2、HCl、NO_x、二噁英、呋喃、重金属、烟尘等污染物。其中,SO_2、HCl、NO_x 等酸性气体在烟气净化系统中会和碱性药剂发生中和反应,生成可溶性盐类物质;随生活垃圾一起进入焚烧炉的灰土细粒会在燃烧过程中生成多孔的细小颗粒,而重金属、二噁英、呋喃等物质会吸附在这些颗粒上,最终垃圾焚烧飞灰成为一种富集重金属、二噁英、呋喃、可溶盐等物质的危险废物。飞灰的危害主要体现在重金属污染和二噁英污染两个方面。锌、铬、铅等重金属在环境中不可被微生物分解,可通过食物、饮水、大气等渠道进入人体,与人体中的生理高分子物质发生相互作用,使其活性减弱甚至丧失,严重危害人类身体健康。二噁英类有机污染物是一种具有致癌、致畸、致突变作用的剧毒有机污染物，其易溶于脂肪，极易在生物体内累积，通过生物链蓄积达到一定含量时，可对人体和生物产生危害。经过等离子体处理，飞灰中的二噁英由于受到活性粒子作用和热作用，苯环被打断，分解为 CO_2、H_2O、HCl 等物质。重金属则分别以网络外体或网络中间体的形式分布在玻璃体结构中，被包围在硅氧四面体结构内而被固化[61]。

6. 电子废物

电子废物具有毒性与资源性双重性质。等离子体熔融技术可将电子废物资源化，获得金属、清洁气体以及惰性的固态玻璃体。等离子体处理电子废物的基本流程为进料、熔融、玻璃体与金属熔渣回收、气体喷淋净化、除尘等几个过程。

7. 中低放射性固体废物

中低放射性固体废物一般指含有放射性核素或被放射性核素污染、浓度或活度浓度高于国家规定水平但放射性不强且不再使用的固体废物。等离子体气化熔融处理可将中低放射性固体废物中有机组分热解为低分子可燃性气体，无机组分则熔融形成玻璃体，将放射性核素固定在玻璃体中。

6.4.5 等离子体技术工程应用案例

美国综合环保技术(InEnTec)公司在哥伦比亚山脊垃圾填埋场建设了 G100P 型等离子体气化系统，可满足波特兰、西雅图及其他附近城市生活垃圾的处理需求，将生活垃圾转化为清洁的合成气，并进行高纯氢气的生产。该等离子体气化工艺路线如图 6.38 所示。

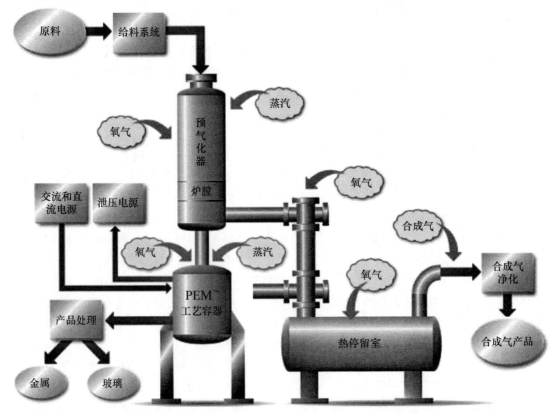

图 6.38　美国综合环保技术公司 G100P 型等离子体气化系统工艺流程

该等离子体气化工艺主要包括进料系统、预气化系统、等离子体气化系统、热停留室、排渣系统和合成气进化系统。固体废物在预气化系统中经干燥、热解、气化后，约有 80％ 的有机组分被转化为合成气，其中的无机成分和未反应部分进入等离子体气化系统中进行进一步处理。等离子体气化系统由直流和交流两种等离子体发生器构成，其中直流等离子体发生器主要用于处理系统中的废物，将有机组分转化为合成气，将无机组分固化为玻璃体熔渣从排渣系统排出；交流等离子体发生器主要用于维持排渣系统的温度。合成气气流从预气化系统和等离子体气化系统输送到热停留室中，在足够高的温度下保持一定的停留时间，保证合成气中残留的有机组分得到充分反应，并使气化反应达到平衡。合成气从热停留室中排出后进入合成气进化系统，去除 SO_2、颗粒物等污染物。

英国 Advanced Plasma Power 公司在斯温顿建有一个垃圾衍生燃料处理工厂(图 6.39)，日处理规模达到 2.4 t。该装置采用两级等离子体气化技术，来自气化炉的粗合成气通过耐火衬里的管道流向等离子体发生器，等离子体发生器呈圆柱形，由焊接的钢结构和耐火材料构成。石墨电极及电极密封组件位于顶部中央，密封组件提供气密性以防止气体进入或流出电极周围。在气化过程中，通过控制等离子弧的功率，在石墨电极和矿渣池间(150～200 mm)形成稳定的电弧，以保持炉渣处于熔化状态，并将出炉气体的温度维持在所需的温度(1050～1150℃)。等离子体发生器可以使内部合成气进行旋转，使渣体快速掉落，从而除去合成气中的颗粒物。如图 6.39 所示，垃圾衍生燃料通过变速螺旋进料器以 100 kg·h^{-1} 的速度添加到气化炉中，在高温下垃圾衍生燃料转化为粗合成气，在等离子体发生器中，1000℃的高温能够实现粗合成气的精炼，粗合成气中携带的灰粒和无机物在等离子体发生器内沉降，并在熔体内吸收。在热回收系统中，经过精炼的合成气冷却至200℃以下，然后通过干式过滤器和湿式洗涤器去除残留的颗粒物和酸性气体污染物。该工艺能够最大限度地实现焦油和挥发性有机化合物的消除，提升合成气品质。在处理过程中，碳的转化效率可以达到97％，能源的转化效率超过 87％。

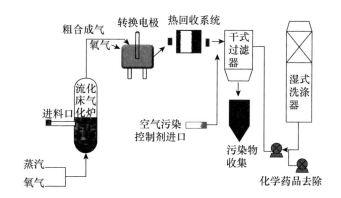

图 6.39　Advanced Plasma Power 公司等离子体气化工艺流程

6.4.6　等离子体技术存在的问题及展望

等离子体技术可以使固体废物中的有机物快速热解、气化，最后转化为简单的小分子物质，无机物熔融形成无害的玻璃体，同时可以获得高热值的合成气。然而，等离子体技术也存在着一些问题：首先，等离子体能耗较高，处理过程消耗大量的电能，这是制约等离子体处置推向工业化的一个瓶颈;其次,等离子体处理过程中重金属的挥发问题也是需要关注的重点;最后,等离子体炉中的氯腐蚀问题较为严重,影响了等离子体处理系统的运行寿命。

　　未来,可从原料组分与等离子体炬两方面着手开展研究,一方面降低待处理固体废弃物的熔融温度,另一方面提高等离子体炬的能量转化效率,进而降低等离子体系统的整体能耗,节约运行成本。同时,开展等离子体处理过程中重金属挥发与氯腐蚀方面的研究,避免二次污染,增加系统运行寿命。

6.5　固体废物催化转化技术

　　目前,固体废物催化转化技术是固体废物处理与污染控制研究的热点,本质是在催化剂存在的前提下对固体废物进行转化,将其变为有更高附加值的化学品。本节介绍固体废物催化转化技术,主要分为固体废物催化转化技术发展概况、影响因素、工艺流程和工程应用等方面。

6.5.1　催化转化技术及其发展概况

　　催化是在化学反应过程中借助催化剂对化学反应进行选择、调控的化学过程,催化剂是催化技术的关键和核心。催化技术和催化剂在石油加工、化肥工业、化学品合成和高分子材料制备以及环境保护中起到非常重要的作用[62]。一种新型催化材料或新型催化工艺的问世往往会引发革命性的工业变革并伴随产生巨大的社会和经济效益,本小节介绍关于催化转化技术和催化剂的应用及发展概况、催化转化原理。

　　1. 催化转化技术及催化剂的应用

　　(1) 石油炼制

　　石油炼制是指对不同沸程的石油馏分经催化转化成各种燃料油、润滑基础油、化工原料的过程。

　　(2) 石油化工

　　石油化工是指一切以石油为原料生产各种化工产品的催化过程,包括一些基本有机化工原料合成的催化过程。

　　(3) 精细化工

　　精细化工是指对基本化学工业生产的初级或次级化学品进行深加工,生产具有特定功能、特定用途且附加值高的化工产品的化工过程。

　　(4) 合成材料

　　在合成树脂、合成纤维、合成橡胶这三大合成材料的生产过程中,催化剂起着关键的作用。

　　(5) 基础无机化工

　　基础无机化工产品如硫酸、硝酸、合成氨等虽然种类不多,但产量相当大。其中硫酸是世界产量最大的合成化学品之一。

　　(6) 生物催化

　　生物催化是指在生物催化剂(俗称"酶")作用下的反应过程。虽然酶是不同于化学催化剂的另一种类型的催化剂,但研究表明,酶催化过程的物理化学规律与化学催化剂是一致的。

（7）环境催化

环境催化是指利用催化剂控制环境不能接收的化合物排放的化学过程，即应用催化剂可以将排放出的污染物转化成无害物质或者回收加以重新利用，可以在生产过程中尽可能地减少污染物的排放量甚至达到无污染排放。并且用新的催化剂工艺制备化学品取代对环境有害的物质，从根本上解决环境污染问题，在这些方面催化剂起着关键的作用[63]。

2. 催化剂发展概况

催化剂发展过程主要分为 4 个时期：

（1）萌芽时期（20 世纪以前）

催化剂工业发展史与工业催化过程的开发及演变有密切关系。1740 年，英国医生 J. 沃德在伦敦附近建立了一座燃烧硫黄和硝石制硫酸的工厂。1746 年，英国的 J. 罗巴克建立了铅室反应器，生产过程中由硝石产生的氧化氮实际上是一种气态的催化剂，这是利用催化技术进行工业规模生产的开端。

（2）奠基时期（20 世纪初）

在这一时期，一系列重要的金属催化剂被制成，催化活性成分由金属扩大到氧化物，液体酸催化剂的使用规模扩大。制造者开始利用较为复杂的配方来开发和改善催化剂，并运用高度分散可提高催化活性的原理，设计出有关的制造技术，例如沉淀法、浸渍法、热熔融法、浸取法等，成为现代催化剂工业中的基础技术。

（3）大发展时期（20 世纪 30—60 年代）

此时期工业催化剂生产规模扩大，品种增多。在第二次世界大战前后，由于对战略物资的需要，燃料工业和化学工业迅速发展而且相互促进，新的催化过程不断出现，相应地，催化剂工业也得以迅速发展。

（4）更新换代时期（20 世纪 70—80 年代）

在这一时期，高效率的络合催化剂相继问世，为了节能而发展了低压作业的催化剂，固体催化剂的造型渐趋多样化，出现了新型分子筛催化剂，开始大规模生产环境保护催化剂，生物催化剂也受到重视。

3. 催化转化原理

催化反应一般可分为均相催化和多相催化两大类。反应物和催化剂都处于同一相中，不存在相界面的反应称为均相催化反应（homogeneous catalysis），如 SO_2 在 NO 催化下的氧化反应、硫酸催化下的酸醇酯化反应。若反应物和催化剂不是处于同一相，它们之间存在相界面，反应是在两相界面上进行，则称为多相催化反应（heterogeneous catalysis）。化学工业中最常用的就是多相催化反应。多相催化常见的催化剂是固体，常见的反应物为气体或液体和溶液中的两相。例如，水-有机物、含氟烃-有机物、离子液-有机物等两相体系中的催化反应也属于多相催化反应，但是常常又把它们作为均相催化体系的拓展来研究。

（1）均相催化反应原理

均相催化反应中所有参与反应的组分都在同一相中，一般为液相反应。根据所用催化剂性质的不同，主要分为均相酸碱催化和均相配位催化两种反应类型。

① 均相酸碱催化

最常见的均相酸碱催化反应在水等溶液中进行，此时只有 H^+ 或 OH^- 起催化作用，而其他离子或分子无显著催化作用，称这个过程为特殊酸或特殊碱催化。

由 H^+ 进行催化反应的特殊酸催化通式为：

$$A + H^+ \longrightarrow 产物 + H^+ \tag{6.21}$$

式中，A 是反应物，此反应的反应速率可表示为：

$$\frac{-d[A]}{dt} = K_{H^+}[H^+][A] \tag{6.22}$$

最终可得：

$$\lg K_表 = \lg K_{H^+} \lg[H^+] \tag{6.23}$$

或是：

$$\lg K_表 = \lg K_{H^+} \cdot (-pH) \tag{6.24}$$

可以通过在不同 pH 的溶液中进行酸催化反应，测得相应的 $K_表$，利用图形线性处理的方法得到 K_{H^+}。K_{H^+} 定义为催化剂的催化系数，其可用于表征催化剂活性的强弱。

酸碱催化一般以离子型机理进行，即酸碱催化剂与反应物作用生成正碳离子或负碳离子中间物，这些中间物与另一反应物作用（或本身分解），生成产物并释放 H^+ 或 OH^-，构成酸碱循环。其中，涉及质子的得失反应速率一般都是非常快的。对于具体的反应而言，催化剂给出或得到质子的难易，将直接影响反应速率[64]。

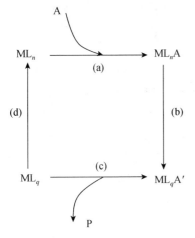

图 6.40　催化循环示意

② 均相配位催化

均相配位催化是最主要的均相催化反应。在配位催化反应（图 6.40）中，主要反应过程包括：（a）反应物 A 与配合物的中心金属 M 的配位；（b）然后在配合物内界发生化学变化；（c）形成产物 P；（d）最后催化剂复原等步骤，构成完整的催化循环。

在实现上述催化循环中，配位催化剂中的金属组分起着关键作用。但中心金属离子总是处在一定的配位场中，而配体的电子结构、空间结构影响着配位场的强度，中心金属的电子结构和性质要受到配位场的影响。因此，整个催化剂的性能是由中心金属和配体二者的协同作用决定的，不能离开配体孤立地考虑中心金属的作用。因为过渡金属成键形式的多样性和配体的多样性以及过渡金属价态的可变性和过渡金属配位数的可变性，使得不同过渡金属与配体的组合所形成的配合物将具有不同的催化性能，它为均相配位催化剂的设计提供了广阔的天地[65]。

（2）多相催化反应原理

多相催化反应是指反应混合物和催化剂处于不同相态时的催化反应。多相催化反应由纯化学反应和纯物理反应组成。如果催化作用要发生，反应物必须和催化剂接触发生反应，离开催化剂并让出催化活性位。因此，除了真正意义上的化学反应，扩散、吸附和脱附过程对整个反应过程也是重要的。

如图 6.41 所示，在多相催化反应过程中，从反应物到产物一般经历下述步骤：① 反应物 A 穿过边界层到催化剂表面的扩散；② 反应物 A 进入孔的扩散（微孔扩散）；③ 孔内表面反应物 A 的吸附；④ 在催化剂内表面的化学反应生成产物 B；⑤ 产物 B 从催化剂表面脱附；⑥ 产物 B 扩散出孔；⑦ 产物 B 穿过边界层扩散进入气相。

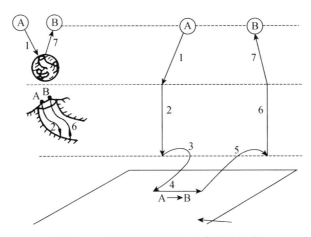

图 6.41 多相催化反应中各步骤的示意

其中,第 1、7 步称为外扩散过程,第 2、6 步称为内扩散过程,第 3、4、5 步称为本征动力学过程。以上各步骤中,外扩散过程及内扩散过程均为物理扩散过程,只有本征动力学过程为化学反应过程,实际上,在颗粒内表面上发生的内扩散过程和本征动力学过程是同时进行的,相互交织在一起,因此称为扩散反应过程[64]。

6.5.2 生物质固体废物催化转化过程及其影响因素

固体废物属于二次资源或再生资源,虽然它一般不再具有原使用价值,但通过回收、加工等可获得新的使用价值。目前,固体废物主要用于生产建筑材料、回收能源、回收原材料、提取金属、生产化工产品、生产农用资源、生产肥料和饲料等多种用途。因此,相应的固体废物资源化技术包括分选技术、浸出技术、生物转化技术、催化转化技术、热转化技术、制备建筑材料技术等。其中催化转化技术主要应用于生物质固体废物(农业固体废物)中,此外,在生物质固体废物中木质纤维素占比巨大。因此,本小节将重点介绍生物质固体废物催化转化过程和影响因素。

1. 生物质固体废物催化转化过程和产物

木质纤维素(图 6.42)主要由纤维素(占干物质质量的 30%~50%)、半纤维素(占干物质质量的 20%~40%)和木质素(占干物质质量的 15%~25%)组成,将木质纤维素催化转化制备高附加值化学品和燃料,不仅有助于解决生物质固体废物所带来的环境问题,而且该方法与传统的气化和液化技术相比较为温和,已经受到越来越多的关注。下面将介绍以上 3 种组成成分和催化转化过程。

(1)纤维素

纤维素是葡萄糖单体通过高度稳定的 β-1,4-糖苷键聚合而形成的葡聚糖,伴随着较强的分子间和分子内氢键,抑制了纤维素的溶解性。纤维素的转化研究是解决生物质固体废物有效利用的关键一步,要把纤维素转化为高附加值产品,必须分解成相应的单体葡萄糖,然后再进行催化转化。通过预处理和催化水解,纤维素通过不同催化剂的脱水、加氢和氢解反应合成液体燃料和其他有价值的化学物质[66]。

① 葡萄糖催化氧化

葡萄糖通过催化氧化可以得到葡萄糖酸,有研究人员制备出一种负载型 Au/C 催化剂,负载量为 1%,不同还原剂($NaBH_4$ 和 THPC)和不同载体得到的 Au 颗粒尺寸为 3~6 nm,

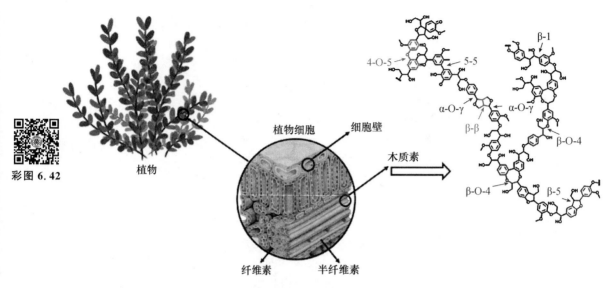

彩图 6.42

图 6.42　木质纤维素结构示意

在 50℃、pH=9.5 的条件下具有很好的催化效果。葡萄糖催化氧化法制备葡萄糖酸的机理是以氧气为氧化剂使葡萄糖中的醛基氧化为羧基，葡萄糖在碱性条件下与 OH^- 发生中和反应得到葡萄糖酸，同时不同反应条件对于反应产物具有不同的选择性。此反应为结构敏感型反应，通过增加 Au 的表面积可以提高葡萄糖催化氧化的活性，且表面反应也是速率控制步骤。图 6.43 展示了葡萄糖催化氧化的反应路径。

② 葡萄糖催化加氢制备山梨醇

将葡萄糖单体催化加氢可生产山梨醇，常用的催化剂为 Ni、Ru 基催化剂。传统的 Ni 基催化剂中通过加入助剂提高原料的转化率和产物的收率。涉及的助剂主要有 Mo、Cr、Fe、Sn 等一系列物质，助剂的添加可以优先吸附羰基，加氢 Ni 活性位吸附氢攻击带正电荷的葡萄糖，提高了葡萄糖的转化率。添加助剂后，原料的转化率和产品的收率都可达到 98%。Ru 基催化剂用于葡萄糖加氢在活性、稳定性上远远高于 Ni 基催化剂，且 Ru 的用量很少；虽然 Ru 属于贵金属，但其再生较容易，催化剂失活后用双氧水洗涤即可。葡萄糖在氢气的环境下加氢还原，生成山梨醇，此外，将山梨醇双重脱水后可以制得异山梨醇（1,4;3,6-二次脱水-D-葡萄糖醇），如图 6.44 所示。

（2）半纤维素

半纤维素是由多种单糖通过 β-1,4-糖苷键连接而成的组成不均一的聚糖。组成半纤维素的糖基主要有葡萄糖、半乳糖、木糖、甘露糖、阿拉伯糖等，随着原料的改变，复合聚糖的组分和结构也不尽相同。半纤维素可作为廉价的原料使用，同样可用于化学工业生产高附加值化学品的原料。目前化学工业中以半纤维素为主要原料制备木糖醇、糠醛、戊烷等产品具有很大的发展潜力[67]。图 6.45 为半纤维素的结构简图。

① 木糖催化脱水合成糠醛

糠醛是一种重要的工业原料，被广泛应用于合成树脂、合成塑料、食品、药品、燃料生产等行业。糠醛只能通过生物质转化而来，其中半纤维素是生产糠醛的直接原料。半纤维素转化制备糠醛的基本路线为半纤维素中的戊聚糖首先在酸作用下水解生成戊糖（主

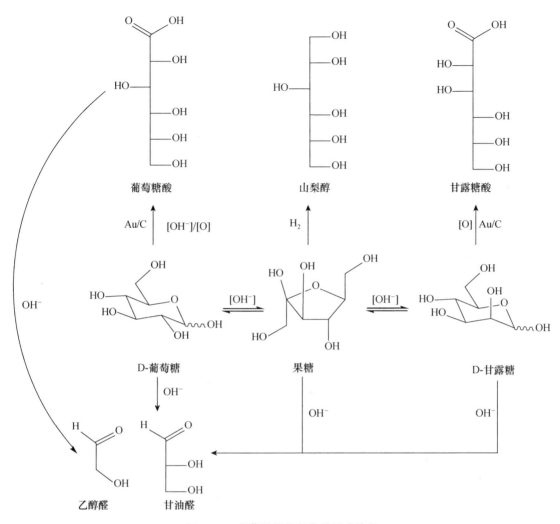

图 6.43　葡萄糖催化氧化的反应路径

要为木糖），然后木糖经脱水生成糠醛。该反应过程同时伴随着多种副反应，如图 6.46 所示。

② 木糖催化加氢合成木糖醇

半纤维素通过水解生成木糖，木糖加氢产物木糖醇的甜度相当于蔗糖，热稳定性好，可用作制作食品、饮料、口香糖等。在加氢的过程中使用到浆料反应器。除了木糖加氢生成木糖醇的主反应外，木糖还有可能经历如图 6.47 所示的异构化过程生成木酮糖，再进一步加氢为阿拉伯醇和木糖醇，高温和高碱度条件下会得到糠醛和木糖酸，低温高压有利于主反应进行。

（3）木质素

木质素是来源于木质纤维素的一种重要的生物质资源，可用于制备化学品和燃料。由于木质素本身结构的复杂性和稳定性使其难以有效利用，目前大量的制浆和造纸工业的木质素没有得到有效利用，大部分用于燃烧供能，并且造成了一定程度的环境污染。为了保护环境、实现可持续发展，催化转化木质素制备高附加值化学品成为研究的热点。木质素转化

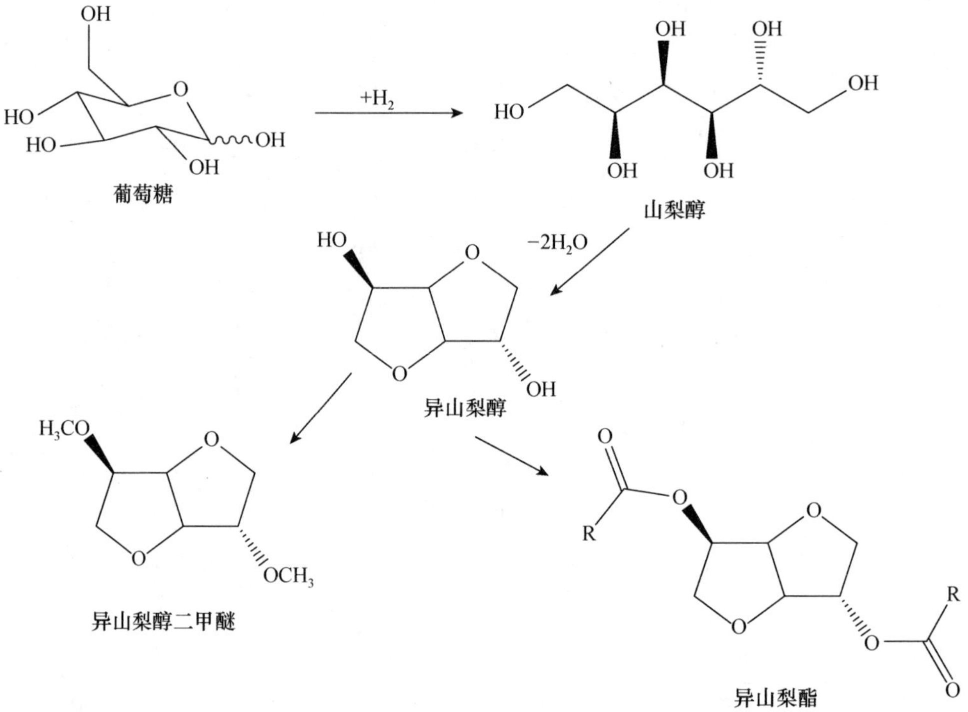

图 6.44　葡萄糖催化转化为山梨醇的反应路径

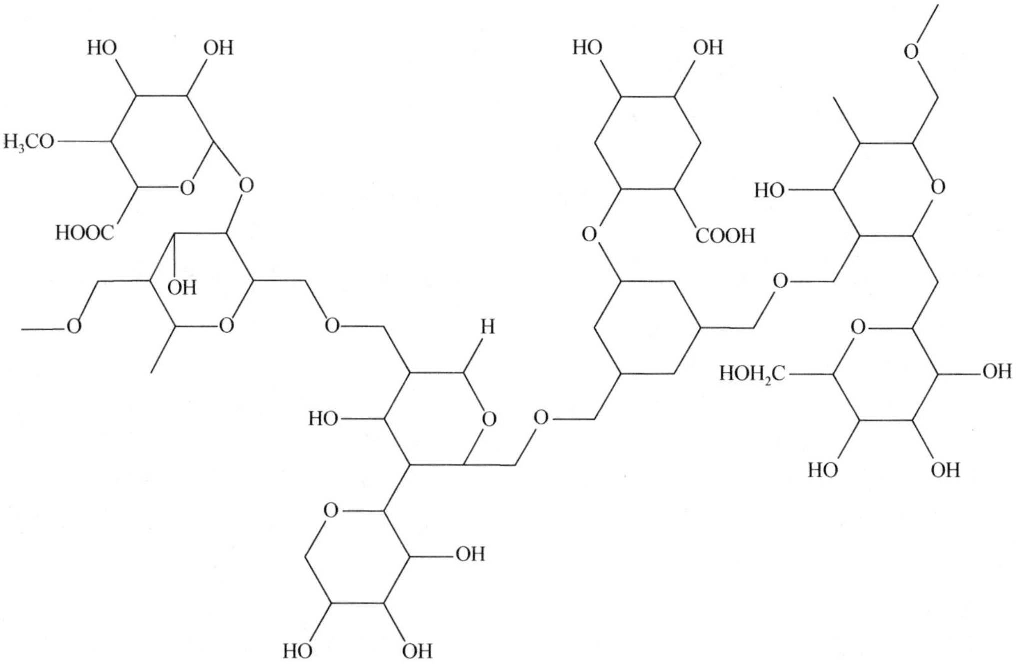

图 6.45　半纤维素的结构

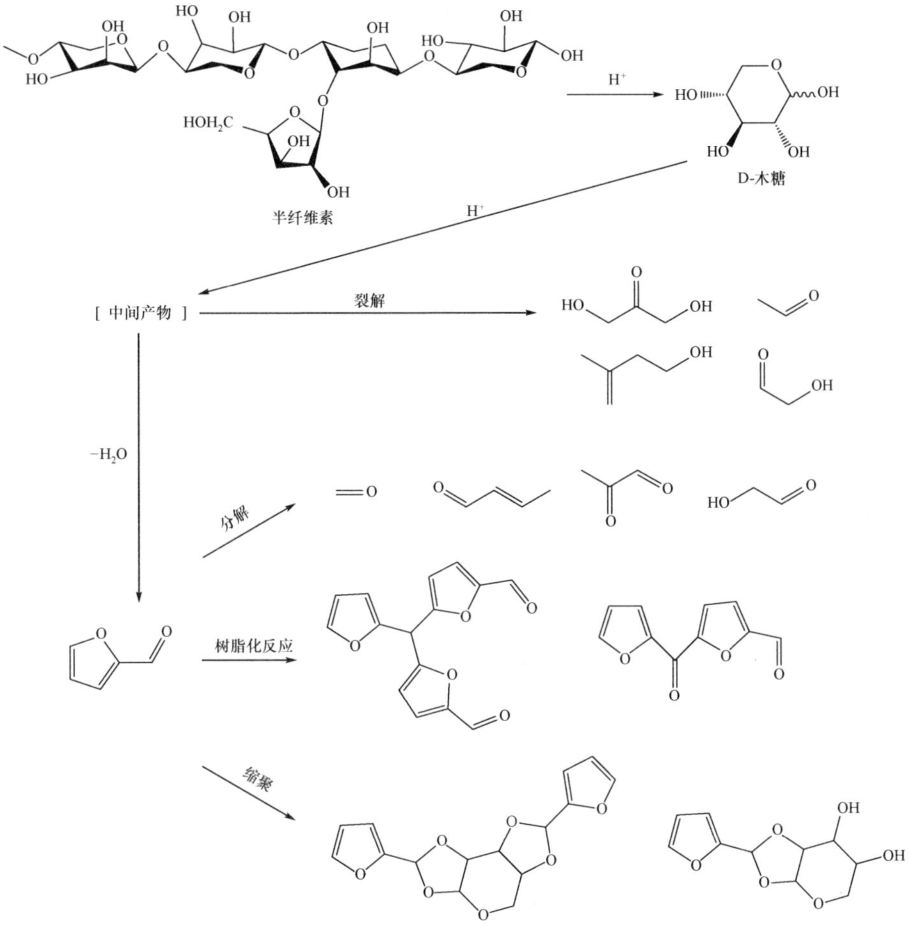

图 6.46　半纤维素转化为糠醛的反应路径及其副反应

注：图中半纤维素为热解处理后的模型化合物，与图 6.45 有所区别。

的研究众多，但是进展依然相对缓慢。目前主要的转化方法包括碱催化解聚、酸催化解聚、热化学转化、加氢处理解聚、氧化解聚等。加氢处理解聚木质素可以获得低聚木质素、酚类等有价值的化学品和制备烃类燃料，是目前研究的热点和最有效的方法之一[67]。

木质素是一种主要由羟基或甲氧基取代的苯丙烷基结构（愈创木基结构、紫丁香基结构和对羟苯基结构，如图 6.48 所示）聚合成的无定形三维大分子复合材料。木质素也是自然界中唯一可大量生产芳香族化学品的可再生原料。

① 木质素加氢脱氧

通常，从木质素中获得高附加值化学品的路径主要有两种：第一种是直接通过木质素的解聚获得多种芳香性物质，这种情况下所得的产物含氧量较高，且结构与原木质素相似，主要由取代的对羟苯基、愈创木基、紫丁香基单元组成；第二种路径是对已降解的木质素进行深度转化，主要是加氢脱氧。

以木质素模型化合物愈创木酚为例，愈创木酚在硫化物催化剂下的加氢脱氧路径如图 6.49 所示，先是脱甲基形成苯酚或邻苯二酚，而后脱羟基、加氢，形成稳定的苯和环己烷。

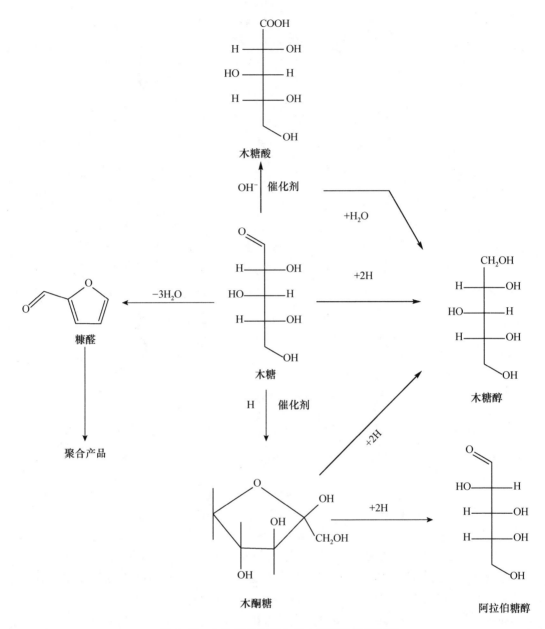

图 6.47 木糖催化加氢合成木糖醇的反应路径

② 木质素热解

木质素由于其复杂的化学结构,因此解聚和转化过程常常用模型化合物而非木质素本身来进行研究。这些研究有助于理解木质素的解聚机理和提高木质素解聚过程中目标化合物的选择性。

通过研究木质素的热解过程,发现木质素热解的一次产物主要为单体酚类化合物,这些一次产物在离开木质素冷凝的过程中发生二次反应形成二聚体和多聚体,如图 6.50 所示。

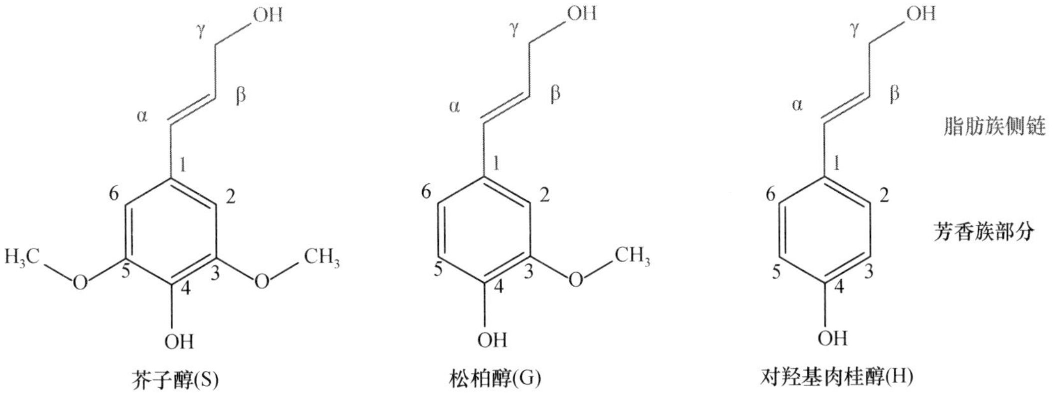

图 6.48 木质素结构单元

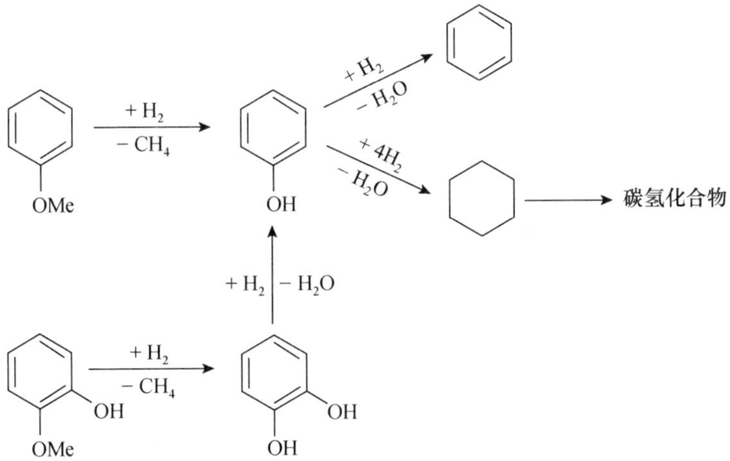

图 6.49 苯甲醚和愈创木酚加氢脱氧的反应路径

2. 生物质固体废物催化转化过程影响因素

影响生物质固体废物催化转化过程的因素与催化剂性能相关,催化剂性能由催化剂活性、选择性和稳定性决定。

(1) 催化剂活性

催化剂的活性就是催化剂的催化能力。在工业上常用单位时间内单位质量(或单位表面积)的催化剂在一定条件下所得到的产品量来表示。

① 载体对催化剂活性的影响

载体可有效地负载和分散活性组分,提高催化剂效率,降低催化剂成本,且常与活性组分有相互作用,共同对催化反应产生作用,因此选择合适的载体非常重要。

② 温度对催化剂活性的影响

温度对催化剂活性影响很大:温度较低时,催化剂的活性小,反应速度慢;随着温度上升,反应速度逐渐增大,但达到最大反应速度后,又开始降低。绝大多数催化剂都有活性温度范围。

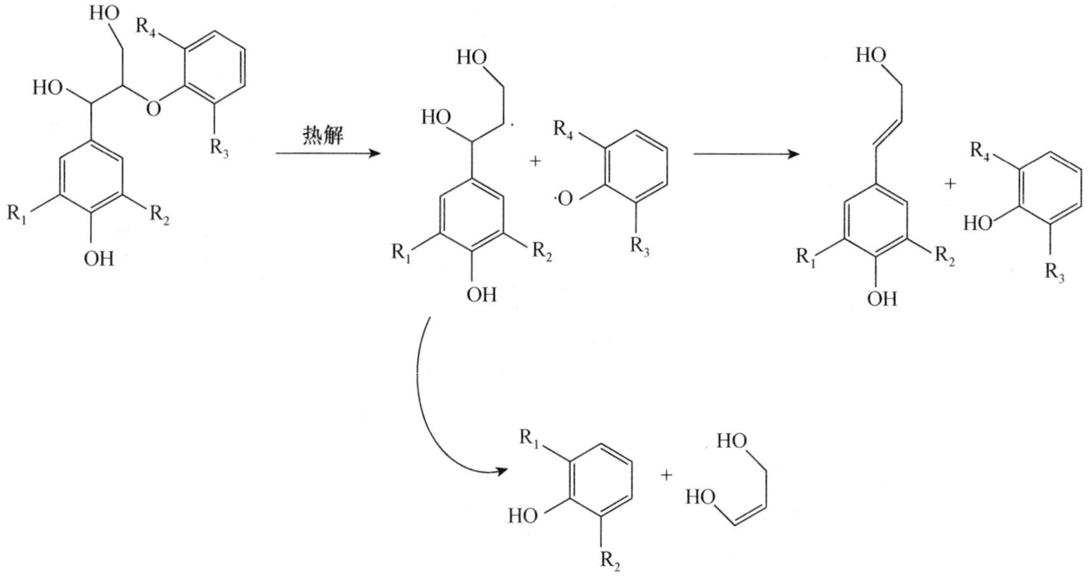

图 6.50　木质素热解反应路径

③ 助催化剂对催化剂活性的影响

助催化剂是在催化剂体系中能够帮助提高助催化剂的活性、选择性,改善催化剂的耐热性、抗毒性、机械强度和寿命等特性的组分。简而言之,只要添加少量助催化剂,即可达到明显提高催化剂催化性能的目的。

④ 共催化剂对催化剂活性的影响

共催化剂又称同催化剂。有些催化剂的活性组分不止一种,而且能同时起到相互协作催化作用,这种催化剂叫作共催化剂。例如,对于脱氢催化剂 Cr_2O_3-Al_2O_3,单独的 Cr_2O_3 就有较好的活性,而单独的 Al_2O_3 也有一定活性,因此 Cr_2O_3 是主催化剂。但在 MoO_3-Al_2O_3 型脱氢催化中,单独的 MoO_3 和 γ-Al_2O_3 都只有很小的活性,但把两者组合起来,却是活性很高的催化剂,所以 MoO_3 和 Al_2O_3 互为共催化剂。

⑤ 催化剂毒物对催化剂活性的影响

对于催化剂的活性有抑制作用的物质叫作催化剂毒物。有些催化剂对催化剂毒物非常敏感,微量的催化剂毒物即可以使催化剂的活性减少甚至消失。因此,在工业催化中应减少催化剂毒物的产生[68]。

(2) 催化剂选择性

催化剂的作用不仅在于能加速热力学上可能产生但速率较慢的反应,更在于它使反应定向进行,得到目的产物,即它的选择性。当某反应物在一定条件下可以按照热力学上几个可能的方向进行反应时,使用一定催化剂就可以使其中某一个方向发生强烈的加速作用,这种专门对某一个化学反应起加速作用的性能称为催化剂选择性。

影响催化剂选择性的因素有很多,有化学因素和物理因素。但就催化剂的构造来说,活性组分在表面结构上的定位和分布、微晶的粒度大小、载体的孔结构、孔径分布和孔容都对催化剂选择性有重要的影响。

（3）催化剂稳定性

催化剂稳定性是指其活性和选择性随时间变化的情况。通常催化剂活性随反应时间的增加而下降，当活性下降到一定的水平，则需要催化剂再生或更换新的催化剂。催化剂寿命是指催化剂在反应器内使用的总时间，如图 6.51 所示。工业上在反应条件下维持一定活性和选择性水平的时间或者每次催化剂活性下降到一定的水平需要再生而恢复催化剂活性的累计时间称为催化剂的再生周期。再生周期越长，催化剂稳定性越好，催化剂使用寿命越长。

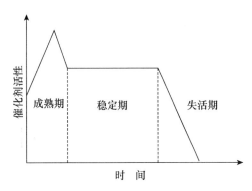

图 6.51　催化剂寿命曲线

6.5.3　固废催化转化技术工艺流程及设备

木糖醇是一种重要的工业原料，在食品、医药、化工等行业中有广泛的应用。木糖醇以木质纤维素（如玉米芯、稻壳、麦秸等）为原料，经过一定的手段制备而成。我国南方地区甘蔗叶资源丰富，且木聚糖含量丰富，但是目前大部分被丢弃或者被燃烧掉，造成资源浪费。本小节以甘蔗叶木糖醇的制取为例，介绍固体废物催化转化过程及工艺路线以及各个阶段的基本控制参数。

1. 材料与方法

（1）原料与试剂

原料为甘蔗叶，采自蔗田。试剂有活性炭、离子交换树脂、骨架镍（Raney Nickel）合金催化剂 RTH-311。

（2）主要设备

主要设备为：RE-5002 50L 型旋转蒸发器（图 6.52），有机玻璃离子交换柱，SGD-Ⅳ型全自动还原糖测定仪，YS-10L 型双层玻璃立式结晶槽，CD-UPTL-I-40L 型超纯水器，SUP-DB 型实验室用高压静音氢气压缩机，GSH-3 型实验室反应釜，高效液相色谱系统（图 6.53），AJO-4493 4 mm×3 mm 型钙型保护柱，Rezex RCM-Monosaccharide Ca^{2+} 色谱柱 300 mm×7.8 mm。

（3）工艺流程

甘蔗叶中的木糖催化加氢制备木糖醇工艺流程见图 6.54。

图 6.52　50L 型旋转蒸发器

图 6.53　高效液相色谱系统

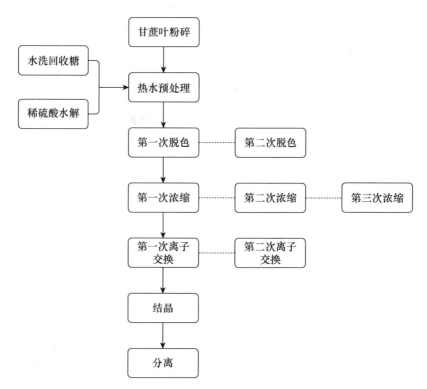

图 6.54　甘蔗叶中的木糖催化加氢制备木糖醇工艺流程

（4）分析方法

总可溶性固形物含量（折光仪法）采用手持式折光仪法；电导率值测定按照电导仪说明方法进行；透光度测定采用分光光度法；残糖含量的测定按照 SGD-Ⅳ型全自动还原糖测定仪的说明方法进行；纯度的测定采用高效液相色谱法。

转化率的计算方法：

$$转化率＝（折光－残糖）\times 100\% / 折光$$

折光指光线从一种介质进入另一种介质时会产生折射现象,且入射角正弦之比恒为定值,此比值称为折射率。例如,果蔬汁液中可溶性固形物含量与折射率在一定条件下(同一温度、压力)成正比例,故测定果蔬汁液的折射率,可求出果蔬汁液的浓度(含糖量)。残糖指酒精发酵后未被发酵而残余的糖分。

产品得率的计算方法:

$$产品得率 = \frac{m_1}{m_0} \times 100\% \tag{6.25}$$

式中,m_1 为烘干后的木糖醇晶体质量;m_0 为木糖的质量。

2. 制备工艺

(1) 甘蔗叶木糖提取工艺

正交试验优化得出最佳水解参数为:硫酸质量分数 1.2%,料液比 1:8,水解时间 150 min,水解温度 123℃。经过脱色、离子交换、浓缩、结晶等多步分离纯化工序,可制备出外观洁白、晶体均匀一致、流动性好的木糖晶体。24 kg 干甘蔗叶能生产 2.43 kg 木糖产品,产品得率为 10.13%。高效液相色谱检测木糖产品的纯度为 99.87%,符合国家标准《木糖》(GB/T 23532—2009)的要求。

(2) 化糖

工艺过程及参数为:恒温水浴温度 65℃,以转速 100 r·min^{-1} 搅拌。玻璃烧杯中倒入质量为 2.44 kg 的木糖晶体,往烧杯中添加纯水,用手持糖量计测溶液的折光浓度,当折光度为 35% 时停止加水。

(3) 脱色

正交试验优化得出最佳脱色参数为:活性炭添加量为料液质量的 1%,温度 80℃,转速 200 r·min^{-1},保温 30 min,布氏漏斗抽真空过滤。手持折光仪测得滤液折光度为 34.91%,分光光度计测定透光度为 94.78%。

(4) 微滤

将 0.22 μm 微滤膜放置在玻璃砂芯过滤器中,漏斗装置中倒入脱色液,采用无油隔膜真空泵进行抽滤。手持折光仪测得滤液折光度为 34.87%,分光光度计测定透光度为 100%。

(5) 氢化

① 工艺过程及参数

将微滤液倒入 3L 加氢反应釜中,用浓度 2 mol·L^{-1} 的 NaOH 溶液调 pH 至 7.5~8.0,备用;按 m(催化剂):m(滤液)=1:9 称取催化剂,反应釜装液量不超过釜面的 2/3,盖上釜盖,设定温度 124℃,搅拌转速 1200 r·min^{-1},开始升温。先用氮气置换空气,通入氮气,升压至 0.5 MPa,放压到 0.1 MPa,如此反复 3 次,再用氢气置换氮气,方法同氮气,重复 3 次,仔细检查(肥皂水法)反应釜有无漏气现象。

② 氢化过程

氢气压缩机向反应釜通入氢气,观察反应釜压力表数字,当压力升至 6~7 MPa、温度升至 80~110℃时,关闭氢气阀门一段时间后,压力表数字下降比较明显说明反应釜内物料吸氢比较明显。打开氢气阀门继续向反应釜内通氢气,反应釜内压力升至 11 MPa。关闭氢气阀门一段时间后,反应釜压力表数字维持在 11 MPa 不下降,温度稳定在 124℃左右,说明物料不再吸氢,氢化过程反应完毕。用水经反应釜夹层冷却盘管进行内冷却,当反应釜内温度下降到90℃以下时,打开反应釜排空阀,使反应釜内压力缓慢降至0.1 MPa,利用反应釜内部压力从釜底出料口排出木糖醇料液。氢化过程用时75 min。

③ 注意事项

反应釜加热升温时,升温速度不应大于80℃·L⁻¹,加热功率应从低压缓慢加起。工作时磁力搅拌器与釜盖间的水套应通冷却水,保证水温低于35℃,以免磁钢退磁;当反应釜内温度超过100℃,磁力搅拌器与釜盖间的水套应通冷却水,保证水温低于35℃,以免磁钢退磁。

（6）回收催化剂

将盛有木糖醇液的玻璃烧杯静止放置,使催化剂自然沉降,取上清液备用,上清液外观颜色接近无色,测得木糖醇液的透光度为88.93%,pH为6.19,氢化反应的转化率为99.87%。用纯水将催化剂清洗至折光度为1%,收集水洗液与上清液混合。

（7）脱色

经正交试验确定最佳脱色参数:0.5%木糖醇液质量的活性炭,温度75℃,转速150 r·min⁻¹,保持35 min,布氏漏斗过滤。测得脱色液透光度93.26%。

（8）离子交换

离子交换顺序:脱色液依次进入树脂柱的顺序为强阳离子交换树脂柱(型号为D001)—弱阴离子交换树脂柱(型号为D301-FD)。测离子交换后木糖醇溶液折光度为21.59%,透光度为100%,电导为4.13 μs·cm⁻¹,pH为6.49。

（9）蒸发浓缩

工艺参数为:温度80℃,转速25 r·min⁻¹。测得醇浆质量2.88 kg,折光度83%,高效液相色谱分析醇浆中木糖醇纯度为99.98%。

（10）结晶、离心、烘干

工艺参数为:降温幅度1℃·h⁻¹,转速15 r·min⁻¹,0.5%醇浆质量的晶种,降温总时间40 h。结晶结束,将醇膏移入离心机内,开启离心机进行分离,间隔10 min添加少量无水乙醇淋洗。离心至木糖醇晶体洁白、无母液时放料。设置电热鼓风干燥箱温度45℃,干燥时间25 min。

烘干后的木糖醇外观为结晶性颗粒,大小均匀一致,流动性好,结构松散。测得木糖醇晶体质量为1.69 kg,水分0.45%,高效液相色谱分析木糖醇产品纯度为99.96%。相对于木糖产品来说,木糖醇得率为69.4%。即1.44 t木糖通过化学催化加氢可制备出1 t木糖醇[69]。

6.5.4　催化转化技术存在的问题及展望

1. 我国生物质固体废物催化转化技术存在的问题

与发达国家相比,我国生物质固体废物催化转化技术应用时间相对较晚,生产技术水平相对较低。在我国发展生物质固体废物催化转化技术中存在的问题主要表现在以下一些方面:

（1）生物质固体废物催化转化技术与设备研发滞后,与国外差距较大。我国生物质能源的生产设备国产化程度不高,进口依赖性较强。技术进步缓慢,产业基础薄弱,开发利用程度低,限制了生物质固体废物催化转化技术的快速发展。

（2）生物质固体废物回收利用的规模化程度较低。由于生物质固体废物回收是一项庞大的系统工程，风险较大，开拓市场困难，这在很大程度上影响了企业进入的积极性，客观上制约了产业的正常发展。当前，我国生物质固体废物项目的投融资渠道较为单一，国家及地方政府财政投入不足，领域研发能力相对较弱，同样制约了催化转化技术创新和产业的规模化发展。

（3）生物质固体废物催化转化技术方面人才缺乏。生物质能源的发展离不开人才的支持，我国缺乏从事相关产业的专业技术人才和专门管理人才，导致生物质固体废物催化转化技术与管理创新能力不足。

2. 关于生物质固体废物催化转化技术未来发展的展望

（1）提高对发展生物质固体废物和相关再利用技术的认识水平。

（2）制定生物质固废催化转化技术的发展目标。

（3）加强生物质固体废物催化转化技术和设备研发力度。

（4）加强生物质能源领域的人才培养。

参 考 文 献

[1] 唐雪娇，沈伯雄. 固体废物处理与处置[M]. 北京：北京工业出版社，2018.

[2] 吕高金. 玉米秆及其主要组分的热解规律与生物油特征组分的定量分析[D]. 华南理工大学，2012.

[3] 刘凤花. 几种典型废塑料的热分解动力学研究[D]. 天津科技大学，2008.

[4] 谢晓彧. 城市污泥低温热解特性研究及热解装置开发[D]. 杭州电子科技大学，2012.

[5] 袁浩然，鲁涛，熊祖鸿，等. 城市生活垃圾热解气化技术研究进展[J]. 化工进展，2012，31(2)：421-427.

[5] 常风民，王启宝，Segun G，等. 城市污泥两段式催化热解制合成气研究[J]. 中国环境科学，2015，35(3)：804-810.

[6] 韩斌. 聚氯乙烯等塑料废弃物热解特性及动力学研究[D]. 天津大学，2012.

[7] 刘宝玲. 生物质螺旋式热解及产物特性研究[D]. 大连理工大学，2016.

[8] 易仁金. 城市生活垃圾催化热解的实验研究[D]. 华中科技大学，2007.

[9] 赵巍. 城市生活垃圾热解燃烧特性及其并流条件下焚烧实验研究[D]. 东北大学，2012.

[10] 靳慧斌. 城市固体废物中可燃物的热解特性及反应动力学研究[D]. 河北工业大学，2003.

[11] Niu M M，Huang Y J，Jin B S，et al. Oxygen gasification of municipal solid waste in a fixed-bed gasifier[J]. Chinese Journal of Chemical Engineering，2014，22(9)：1021-1026.

[12] Yamazaki T，Kozu H，Yamagata S，et al. Effect of superficial velocity on tar from downdraft gasification of biomass[J]. Energy & Fuels，2005，19(3)：1186-1191.

[13] Fisher E M，Dupont C，Darvell L I，et al. Combustion and gasification characteristics of chars from raw and torrefied biomass[J]. Bioresource Technology，2012，119：157-165.

[14] Gil J，Aznar M P，Caballero M A，et al. Biomass gasification in fluidized bed at pilot scale with steam-oxygen mixtures：Product distribution for very different operating conditions[J]. Energy & Fuels，1997，11(6)：1109-1118.

[15] Schuster G，Loffler G，Weigl K，et al. Biomass steam gasification：An extensive parametric modeling study[J]. Bioresource Technology，2001，77(1)：71-79.

[16] Huynh C V，Kong S C. Performance characteristics of a pilot-scale biomass gasifier using oxygen-enriched air and steam[J]. Fuel，2013，103：987-996.

［17］ Breault R W. Gasification processes old and new：A basic review of the major technologies［J］. Energies，2010，3(2)：216-240.

［18］ Guan G Q，Kaewpanha M，Hao X G，et al. Catalytic steam reforming of biomass tar：Prospects and challenges［J］. Renewable & Sustainable Energy Reviews，2016，58：450-461.

［19］ Jess A. Mechanisms and kinetics of thermal reactions of aromatic hydrocarbons from pyrolysis of solid fuels［J］. Fuel，1996，75(12)：1441-1448.

［20］ Palma C F. Modelling of tar formation and evolution for biomass gasification：A review［J］. Applied Energy，2013，111：129-141.

［21］ Sikarwar V S，Zhao M，Clough P，et al. An overview of advances in biomass gasification［J］. Energy & Environmental Science，2016，9(10)：2939-2977.

［22］ Demirbas A. Gaseous products from biomass by pyrolysis and gasification：Effects of catalyst on hydrogen yield［J］. Energy Conversion and Management，2002，43(7)：897-909.

［23］ 李晓东，陆胜勇，徐旭，等.中国部分城市生活垃圾热值的分析［J］.中国环境科学，2001(2)：61-65.

［24］ 王现顺，池涌，郑皎，等.垃圾特性对其气化产物影响的研究［J］.热力发电，2010，39(2)：37-40＋45.

［25］ 李红.酒糟综合利用技术研究进展［J］.中国资源综合利用，2016，34(12)：36-39.

［26］ Guan H B，Fan X X，Zhao B F，et al. An experimental investigation on biogases production from Chinese herb residues based on dual circulating fluidized bed［J］. International Journal of Hydrogen Energy，2018，43(28)：12618-12626.

［27］ 陈蔚萍，陈迎伟，刘振峰. 生物质气化工艺技术应用与进展［J］. 河南大学学报(自然科学版)，2007，37(1)：35-41.

［28］ 关海滨，张卫杰，范晓旭，等. 生物质气化技术研究进展［J］. 山东科学，2017，30(4)：58-66.

［29］ 车德勇，李少华，杨文广，等. 稻壳在固定床中空气气化的数值模拟［J］. 太阳能学报，2013，34(1)：100-104.

［30］ 王翠艳，白轩，王永威. 流化床生物质气化实验研究［J］. 农村能源，1998(2)：24-26.

［31］ 郝彦龙，侯成林，付丽霞，等. 生活垃圾无害化处理工程设计实例［J］. 环境工程，2020，38(2)：135-139.

［32］ Ren J，Cao J P，Zhao X Y，et al. Recent advances in syngas production from biomass catalytic gasification：A critical review on reactors，catalysts，catalytic mechanisms and mathematical models［J］. Renewable & Sustainable Energy Reviews，2019，116：109426.

［33］ 袁振宏，吴创之，马隆龙. 生物质能利用原理与技术［M］. 北京：化学工业出版社，2006.

［34］ 陈冠益，马文超，颜蓓蓓. 生物质废物资源综合利用技术［M］. 北京：化学工业出版社，2015.

［35］ Keipi T，Tolvanen H，Kokko L，et al. The effect of torrefaction on the chlorine content and heating value of eight woody biomass samples［J］. Biomass & Bioenergy，2014，66：232-239.

［36］ Karl J，Proll T. Steam gasification of biomass in dual fluidized bed gasifiers：A review［J］. Renewable & Sustainable Energy Reviews，2018，98：64-78.

［37］ Abu El-Rub Z，Bramer E A，Brem G. Review of catalysts for tar elimination in biomass gasification processes［J］. Industrial & Engineering Chemistry Research，2004，43(22)：6911-6919.

［38］ Ismail T M，Ramos A，Abd El-Salam M，et al. Plasma fixed bed gasification using an Eulerian model［J］. International Journal of Hydrogen Energy，2019，44(54)：28668-28684.

［39］ Molino A，Chi+anese S，Musmarra D. Biomass gasification technology：The state of the art overview［J］. Journal of Energy Chemistry，2016，25(1)：10-25.

［40］ Wilk V，Hofbauer H. Conversion of fuel nitrogen in a dual fluidized bed steam gasifier［J］. Fuel，2013，106：793-801.

［41］ Leng L J，Yang L H，Leng S Q，et al. A review on nitrogen transformation in hydrochar during hydrothermal carbonization of biomass containing nitrogen［J］. Science of the Total Environment，2021，756：143679.

［42］ Song T，Shen L H，Xiao J，et al. Nitrogen transfer of fuel-N in chemical looping combustion［J］. Combustion and Flame，2012，159(3)：1286-1295.

［43］ Wang B F，Zhao S G，Huang Y R，et al. Effect of some natural minerals on transformation behavior of sulfur during pyrolysis of coal and biomass［J］. Journal of Analytical and Applied Pyrolysis，2014，105：284-294.

［44］ Qin Y H，Campen A，Wiltowski T，et al. The influence of different chemical compositions in biomass on gasification tar formation［J］. Biomass & Bioenergy，2015，83：77-84.

［45］ Artetxe M，Alvarez J，Nahil M A，et al. Steam reforming of different biomass tar model compounds over Ni/Al₂O₃ catalysts［J］. Energy Conversion and Management，2017，136：119-126.

［46］ Rios M L V，Gonzalez A M，Lora E E S，et al. Reduction of tar generated during biomass gasification：A review［J］. Biomass & Bioenergy，2018，108：345-370.

［47］ Dong L，Tao J Y，Zhang Z L，et al. Energy utilization and disposal of herb residue by an integrated energy conversion system：A pilot scale study［J］. Energy，2021，215：119192.

［48］ Toor S S，Rosendahl L，Rudolf A. Hydrothermal liquefaction of biomass：A review of subcritical water technologies［J］. Energy，2011，36(5)：2328-2342.

［49］ He C，Chen C L，Giannis A，et al. Hydrothermal gasification of sewage sludge and model compounds for renewable hydrogen production：A review［J］. Renewable and Sustainable Energy Reviews，2014，39：1127-1142.

［50］ 彭文才. 农作物秸秆水热液化过程及机理的研究［D］. 华东理工大学，2011.

［51］ Peterson A A，Vogel F，Lachance R P，et al. Thermochemical biofuel production in hydrothermal media：A review of sub- and supercritical water technologies［J］. Energy & Environmental Science，2008，1(1)：32-65.

［52］ Jazrawi C，Biller P，Ross A B，et al. Pilot plant testing of continuous hydrothermal liquefaction of microalgae［J］. Algal Research-Biomass Biofuels and Bioproducts，2013，2(3)：268-277.

［53］ Akalin M K，Tekin K，Karagoz S. Hydrothermal liquefaction of cornelian cherry stones for bio-oil production［J］. Bioresource Technology，2012，110：682-687.

［54］ Elliott D C，Hart T R，Schmidt A J，et al. Process development for hydrothermal liquefaction of algae feedstocks in a continuous-flow reactor［J］. Algal Research-Biomass Biofuels and Bioproducts，2013，2(4)：445-454.

［55］ 西北轻工业学院. 玻璃工艺学［M］. 北京：中国轻工业出版社，1982.

［56］ 莫永强，李洪亮，方书起，常春，陈俊英. 城市生活垃圾气化制合成气研究进展［J］. 现代化工，2021，41(5)：73-77.

［57］ 肖陆飞，哈云，孟飞，等. 生物质气化技术研究与应用进展［J］. 现代化工，2020，40(12)：68-72+76.

［58］ 陈建行. 垃圾衍生燃料等离子体气化模拟研究［D］. 长沙理工大学，2016.

［59］ 孙成伟，沈洁，任雪梅，陈长伦. 等离子气化技术用于固体废物处理的研究进展［J］. 物理学报，2021，70(9)：72-85.

［60］ 毛梦梅. 热等离子体气化技术处理印染污泥的研究［D］. 浙江大学，2017.

［61］ 潘新潮. 直流热等离子体技术应用于熔融固化处理垃圾焚烧飞灰的试验研究［D］. 浙江大学，2007.

［62］ 庄伟强，刘爱军. 固体废物处理与处置［M］. 北京：化学工业出版社，2015.

［63］ 季福生，张谦温. 催化剂基础及应用［M］. 北京：化学工业出版社，2011.

［64］李光兴,吴广文.工业催化［M］.北京：化学工业出版社,2017.

［65］李贤俊,陈华,付海燕.均相催化原理与应用［M］.北京：化学工业出版社,2011.

［66］刘志斌,张学勤.木质纤维素生物质催化转化为高附加值产品的研究进展［J］.纤维素科学与技术,2019,27(3)：77-80.

［67］Zhang Z R, Song J L, Han B X. Catalytic transformation of lignocellulose into chemicals and fuel products in ionic liquids［J］. Chemical Reviews,2017,117：6834-6880.

［68］李光兴,吴广文.工业催化［M］.北京：化学工业出版社,2017.

［69］钱朋志,张梅娟.基于甘蔗中木糖催化加氢制备木糖醇的研究［J］.农产品加工,2018,4：13-15.

第7章　固体废物填埋处置技术

7.1　生活垃圾卫生填埋概述

7.1.1　卫生填埋技术基本原理

1. 卫生填埋的定义

卫生填埋是指采取防渗、雨污分流、压实、覆盖等工程措施,并对渗滤液、填埋气体及臭味等进行控制,使整个过程对公共卫生安全及生态环境均无危害的一种生活垃圾处理方法[1]。

2. 生活垃圾填埋场类型

生活垃圾填埋场(以下简称"填埋场")是指生活垃圾的填埋处置设施,由若干个处置单元和构筑物组成。填埋场按自然地形条件可以分为平原型、滩涂型和山谷型三种类型。按填埋场结构和内部氧环境可以分为好氧型、厌氧型和准好氧型三种类型[2,3],不同类型填埋场各自的特点如表7.1所示。

表7.1　不同类型填埋场及其特点

填埋场类型		特　点
按自然地形条件分类	平原型	平原型填埋场是在地势相对平坦的地方建设的填埋场,适用于平原地区的城市,在地下水位较高的平原地区一般采用平面堆积法填埋生活垃圾,地下水位较低的平原地区可采用掘埋法。平原型填埋场施工较容易,投资较节省,场底有较厚的土层保护地下水,也能为最终封场覆盖提供充足的覆土。平原型填埋场的水平防渗处理相对容易,分单元填埋和填埋作业期间的雨污分流也容易进行,有利于减少渗滤液的产生量。但库容受限,易被风吹扬、扩散,易对景观造成影响
	滩涂型	滩涂型填埋场是在海边滩涂地上建设的填埋场,适用于沿海城市。滩涂型填埋场一般处于城市地表水和地下水流向的下游,不易对城市用水造成污染。但滩涂型填埋场的地下水位较浅,地下水容易受污染,场底还须做加固处理
	山谷型	山谷型填埋场是指利用山谷填埋垃圾的填埋场,适用于山区城市,一般采用倾斜面堆积法。山谷一般都比较封闭,填埋场对周围环境影响较小,单位用地处理垃圾量最多,但水平防渗较困难;而且一般山谷汇水面积大,雨水须截流;山谷底部易出现浅层地下水排泄出露点,地下水容易受到污染

续表

填埋场类型		特　点
按填埋场结构和内部氧环境分类	好氧型	好氧型填埋场对填埋场强制通风供氧,促进好氧微生物快速分解垃圾体中的有机物。与其他类型填埋技术相比,好氧填埋技术优势包括:有利于温度升高,进而有效加速垃圾体的生物降解,减少填埋场稳定化时间以及封场后维护监管的时间;降低渗滤液污染物含量,改善渗滤液水质,减轻渗滤液处理压力;有效减少填埋场内恶臭气体和 CH_4 等温室气体产生,保护周边环境。但好氧填埋技术需要长期动力供氧,能源消耗大,运行费用相对较高
	厌氧型	厌氧型填埋场通过回灌渗滤液、补充营养物质和投入高效微生物等人为措施来加速填埋生活垃圾的生物降解。在厌氧型填埋场运行过程中,需要对填埋场进行密闭管理,以限制填埋场氧气的含量。与传统的卫生填埋场相比,厌氧型填埋场可加速填埋垃圾的生物降解,加快生活垃圾沉降;提高甲烷气体产量,促进生活垃圾资源化利用;降低渗滤液处理总量和处理难度,节约处理费用;缩短后期封场监测期和维护期,减少监测和维护费用。但厌氧型填埋场运行期间渗滤液氨氮浓度持续偏高,易造成氨抑制和酸积累现象
	准好氧型	准好氧型填埋场是通过增大渗滤液收集管和导气管管径,并使渗滤液收集管和导气管末端与大气连通,依靠填埋场内部和外部温差产生的动力,使导气、进风形成循环,从而扩大好氧环境,促进内部污染物好氧降解的运行方式。准好氧填埋技术通过自然通风实现内部生活垃圾的好氧-兼氧-厌氧生物降解,比好氧填埋技术节约能源,同时比厌氧填埋技术显著缩短稳定化时间,节省大量的填埋场后期管理费用;温室气体排放量减少;能加速渗滤液中污染物的去除,尤其是能加速渗滤液中氮污染物的去除,大大减轻其后续人工处理的困难及压力。但准好氧型填埋场不利于填埋气体的资源化利用,易造成大气污染

3. 卫生填埋稳定化过程

当填埋场垃圾堆体的可降解有机物达到矿化程度,产生的渗滤液能够直接排放而不需要经过处理,基本无填埋气体产生,填埋场地基本不再沉降,此时,填埋场已经处于稳定状态,这一过程称为卫生填埋稳定化过程。通常,根据填埋场气体的组成和渗滤液的特性,大体上可将卫生填埋稳定化过程分为 5 个阶段,即初始调整阶段、过渡阶段、酸化阶段、甲烷发酵阶段和成熟阶段[4],如图 7.1 所示。

（1）初始调整阶段

从生活垃圾填入填埋场开始,即进入了初始调整阶段。此时,生活垃圾中易降解组分迅速发生好氧生物降解反应,消耗其夹带的 O_2,生成 CO_2 和 H_2O,释放一定的能量,使垃圾填埋堆体温度明显升高。受填埋生活垃圾中含氧量的限制,填埋场调整阶段历时很短。

（2）过渡阶段

随着垃圾填埋堆体中 O_2 被耗尽,填埋场内开始形成厌氧环境,进入过渡阶段。在生活垃圾由好氧降解过渡到厌氧降解的过程中,起主要作用的微生物是兼性厌氧细菌和真菌,此时基本无 CH_4 气体产生,pH 不断下降,硝酸盐还原细菌和硫酸盐还原菌分别以 NO_3^- 和 SO_4^{2-} 为电子受体发生还原反应,同时消耗一定的基质。

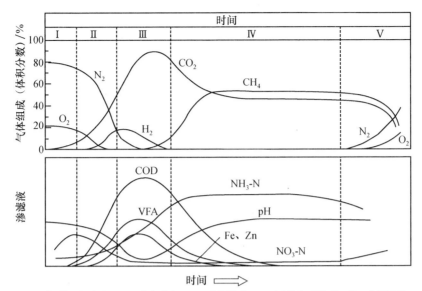

I. 初始调整阶段；Ⅱ. 过渡阶段；Ⅲ. 酸化阶段；Ⅳ. 甲烷发酵阶段；Ⅴ. 成熟阶段。

图 7.1　卫生填埋稳定化过程

（3）酸化阶段

由于厌氧环境的形成和持续，产氢产乙酸菌等兼性和专性厌氧细菌不断生长繁殖，并逐渐占据主导地位，此时填埋气体中 H_2 含量达到最大，填埋场进入酸化阶段。填埋生活垃圾中的可溶物继续溶解，淀粉、纤维素等固相垃圾的水解酸化反应也非常活跃，因此渗滤液中的 VFA、COD 等有机污染物浓度迅速升高，pH 保持酸性。

（4）甲烷发酵阶段

当产甲烷细菌逐渐成为优势菌种时，大量乙酸和其他有机酸以及 H_2 被产甲烷细菌转化为 CH_4，此时填埋气体中 CH_4 含量逐渐升高并保持稳定，H_2 含量下降至极低水平，填埋场进入甲烷发酵阶段。在此阶段，产甲烷细菌和其他专性厌氧细菌有效地分解所有可降解垃圾，将其转化为稳定的矿化物或简单的无机物，故渗滤液中的 VFA、COD 等有机物浓度迅速下降，pH 逐渐上升至中性。

（5）成熟阶段

当生活垃圾中生物易降解组分基本被分解完时，填埋场进入成熟阶段。此时，产气和沉降基本停止。部分空气可通过导排系统和破损缝隙进入填埋场内，导致少量好氧反应发生。渗滤液中污染物浓度很低，主要是难降解的腐殖质和富里酸等物质，pH 呈中性或偏碱性。

7.1.2　卫生填埋过程

1. 填埋场构成

填埋场主要构成包括垃圾坝、防渗系统、地下水与地表水收集导排系统、渗滤液收集导排系统、填埋作业系统、封场覆盖及生态修复系统、填埋气导排处理与利用系统、安全与环境监测系统、污水处理系统、臭气控制与处理系统等。

2. 填埋场平面布置

填埋场按功能分区,可分为填埋库区、渗滤液处理区、辅助生产区(如进场区、机修区、库房区、气象站等)、管理区等,根据工艺要求可设置填埋气体处理及利用区、生活垃圾机械-生物预处理区等。某填埋场平面布置如图 7.2 所示[5]。填埋场进场区包括地磅、地磅房、垃圾填埋计量统计系统;生活管理区主要包括办公楼、食堂、员工休息室等。填埋库区是填埋场的核心部分,主要包括垃圾坝、截洪沟、进场道路、卸料平台和填埋作业区(包括飞灰和生活垃圾填埋作业区)等,其占地面积宜为总面积的 70%~90%,不得小于 60%。渗滤液处理站通常建设在填埋库底部,渗滤液经渗滤液收集导排系统输送至渗滤液调节池,经过渗滤液处理站处理后达标排放。填埋气体综合利用中心通常位于填埋库区顶部,填埋气体通过气体收集导排系统收集,经过预处理后焚烧发电利用。填埋场边界包括防火隔离带(或绿化隔离带)等。

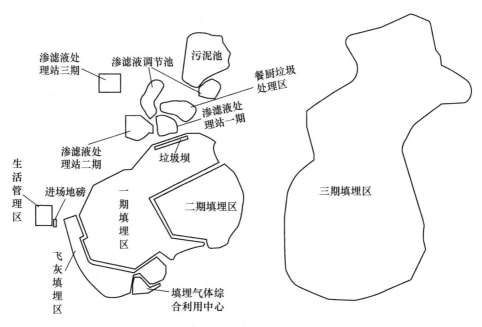

图 7.2　某填埋场平面布置

3. 填埋场剖面结构

某填埋场的剖面结构如图 7.3 所示,由下至上分别设有防渗系统、渗滤液导排系统(包括渗滤液集液池和排水管)、生活垃圾填埋层、填埋气体导排系统、封场系统和地表水导排系统(包括分区雨水临时环库截洪沟和场外永久性环库截洪沟)。在地下水埋深较浅的地区,还须考虑设置地下水导排层。

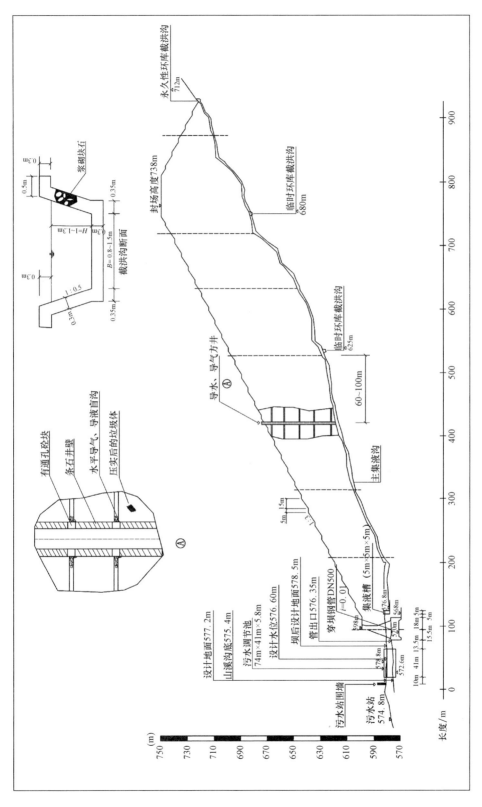

图 7.3　某填埋场剖面结构

4. 卫生填埋工艺流程

生活垃圾运输进入填埋场前,首先经地磅称重计量,再按规定的速度、线路运至填埋作业单元(可设卸料平台),进行卸料、推土机推平、压实机压实作业。每天作业完成后,喷洒药剂,并及时进行日覆盖;填埋场单元操作结束后,进行中间覆盖;填埋场填埋满后,进行封场覆盖,以利于填埋场地的生态恢复和封场利用。此外,还须对渗滤液和填埋气体进行收集、导排、处理或利用;根据填埋场的具体情况,有时还需要对生活垃圾进行预处理,包括垃圾检测、分类回收、破碎等。生活垃圾卫生填埋的典型工艺流程如图 7.4 所示。

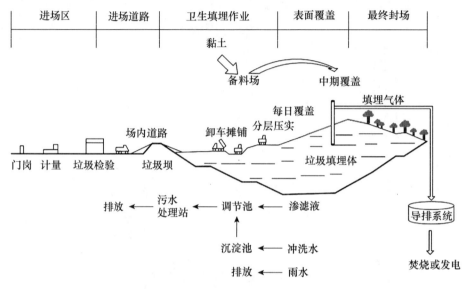

图 7.4　生活垃圾卫生填埋典型工艺流程

7.1.3　国内外生活垃圾卫生填埋应用现状

1. 国外应用现状

城市生活垃圾的处理方式随着处理技术和经济的发展而变化,在 20 世纪 30 年代,美国提出现代生活垃圾卫生填埋技术并逐步改进。至 20 世纪六七十年代,欧洲发达国家已经普遍接受并应用改良后的现代生活垃圾卫生填埋技术。但由于各国国情不同,填埋场在世界不同地区的应用也不同。

美国、加拿大、印度等国家由于国土面积大,而且填埋成本低,因此,生活垃圾主要通过卫生填埋处理。2015 年美国产生生活垃圾 $2.385×10^8$ t,共有填埋场 1600 多座,卫生填埋所占比例为 52.5%,其余生活垃圾被回收处理、堆肥处理和焚烧处理。2019 年,欧盟生活垃圾处理量 $2.2×10^8$ t,其中卫生填埋处理量仅占生活垃圾产生量的 24.3%;1995—2017 年,欧盟卫生填埋比例下降了 40.92%。在土地资源紧张的日本,卫生填埋在生活垃圾处理方式中所占比例较低,2016 年,日本共产生生活垃圾 $4.317×10^7$ t,直接填埋仅占 1%,日均填埋量 $1.2×10^4$ t,焚烧处理占 80.3%,资源化处理占 18.7%[6]。

2. 国内应用现状

长期以来,卫生填埋是我国生活垃圾处理的主要方式。根据国家统计局数据,截至 2019

年(图 7.5),我国填埋场有 652 座,日处理规模为 3.67×10^5 t,生活垃圾卫生填埋年处理量为 1.09×10^8 t,占无害化处理量的 45.6%。

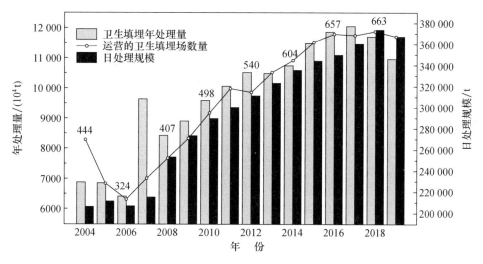

图 7.5 2004—2019 年我国生活垃圾卫生填埋处理的发展现状

从 2004 年到 2019 年,卫生填埋处理占比由 85.2% 下降到 45.6%,焚烧处理占比由 5.6% 上升到 50.7%,生活垃圾处理方式由以卫生填埋为主,逐步向卫生填埋和焚烧处理并重的方向转变。今后,我国大中城市生活垃圾处理技术格局将逐步由过去的以卫生填埋为主、焚烧为辅,转变为以焚烧为主、卫生填埋兜底补充的格局。

7.2 填埋场总体设计

7.2.1 设计思路

1. 填埋场主要工程

填埋场主体工程构成包括计量设施,地基处理与防渗系统,防洪、雨污分流及地下水导排系统,场区道路,垃圾坝,渗滤液收集和处理系统,填埋气体导排和处理(利用)系统,封场工程及监测井。

填埋场辅助工程构成包括进场道路、备料场、供配电、给排水设施、生活和行政办公管理设施、设备维修、消防和安全卫生设施、车辆冲洗、通信、监控等附属设施或设备,并宜设置应急设施。日平均填埋量 $\geqslant 200$ t·d^{-1} 的填埋场还宜设置环境监测室、停车场等设施。

此外,填埋场还应建设围墙或栅栏等隔离设施,并在填埋区边界周围设置防飞散设施、安全防护设施、防火隔离带以及绿化隔离带。

2. 基本设计路线

在进行填埋场设计时,首先,应进行填埋场地的初步布局,勾画出填埋场主体及配套设施的大致方位。其次,根据基础资料确定填埋区容量、占地面积及填埋区构造,并设计填埋作业的年度计划表。再次,分项进行渗滤液控制、填埋气体控制、填埋区分区、防渗工程、防洪及地表水导排、地下水导排、土方平衡、进场道路、垃圾坝、环境监测设施、绿化及生产生活服务设施、配套设施的设计,确定设备的配置表。最后,形成总平面布置图,并完成封场规划设计[1]。填埋场总体设计思路如图7.6所示。

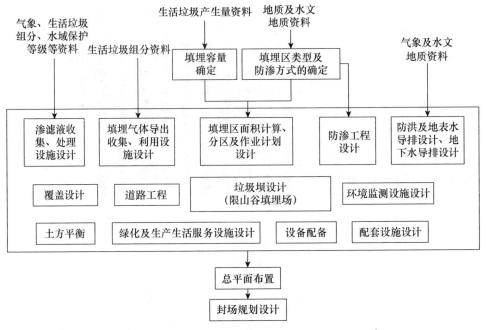

图7.6　填埋场总体设计路线

3. 总平面图布置要求

填埋场总平面图布置基本要求见表7.2,平面布置见图7.2。

表7.2　填埋场总平面图布置基本要求

序　号	布局基本要求
1	填埋场总平面布置应根据场址地形(山谷型、平原型和滩涂型),结合风向(夏季主导风)、地质条件、周围自然环境、外部工程条件等,并应考虑施工、作业等因素,经过技术、经济比较确定
2	总平面应按功能分区合理布置,主要功能区包括填埋库区、渗滤液处理区、辅助生产、管理区等,根据工艺要求可设置填埋气体处理及利用区、生活垃圾预处理区等
3	填埋库区的占地面积宜为总面积的70%~90%,不得小于60%。每平方米填埋库区生活垃圾填埋量不宜低于10 m³
4	填埋库区应按照分区进行布置,库区分区的大小主要应考虑易于实施雨污分流,分区的顺序应有利于生活垃圾场内运输和填埋作业,应考虑与各库区进场道路的衔接
5	渗滤液处理设施及填埋场气体管理设施应尽量靠近填埋区,便于流体输送;臭气集中处理设施、脱水污泥堆放区域宜布置在夏季主导风向的下风向
6	辅助生产区、管理区宜布置在夏季主导风向的上风向,与填埋库区之间宜设绿化隔离带
7	雨污分流导排和填埋气体输送管线应全面安排,做到导排通畅
8	环境监测井布置应符合现行国家标准《生活垃圾卫生填埋场环境监测技术要求》(GB/T 18772—2017)的有关规定
9	如果条件允许,可预留生活垃圾分选或焚烧场地

4. 填埋区构造及填埋作业

（1）地基处理与垃圾坝工程

填埋场的场底、四周边坡、垃圾堆体边坡须满足整体及局部稳定性要求；场底须设置纵、横向坡度，便于排水；当填埋场场底坡度较大时，应在下游建垃圾坝，有效防止生活垃圾向下游的滑动，确保垃圾堆体的长期稳定。

（2）地下水收集导排系统

地下水收集导排系统是在填埋库区和调节池防渗系统基础层下部用于将地下水汇集和导出的设施体系。当填埋库区地下水水位距防渗层底部小于 1 m，或地下水对场底和边坡基础层稳定性产生影响时，须设置有效的地下水收集导排系统。

（3）防渗系统

防渗系统是在填埋库区和调节池底部及四周边坡上，为构筑渗滤液防渗屏障所选用的各种材料组成的体系，其主要功能是有效阻止渗滤液透过，保护地下水和地表水不受污染，同时防止地下水进入填埋场，也便于阻止填埋气体的地下扩散。

（4）渗滤液收集导排系统

渗滤液收集导排系统是在填埋库区防渗系统上部用于将渗滤液汇集和导出的设施体系。其具有防淤堵能力，要求能及时有效地导排垃圾堆体中和防渗层上的渗滤液，降低防渗层上的渗滤液水头，确保垃圾堆体中液位低于安全警戒水位之下。

（5）填埋气体导排处理与利用系统

填埋体中有机垃圾分解会产生填埋气体，主要成分为 CH_4 和 CO_2。为了防止填埋气体聚集、迁移引起的火灾和爆炸，须在垃圾层中设置有效的填埋气体导排系统。设置填埋气主动导排设施的填埋场，必须设置火炬系统或填埋气体利用设施。

（6）封场覆盖及生态修复系统

填埋场覆盖是指采用不同的材料铺设于垃圾层上的实施过程，根据覆盖要求和作用的不同可分为日覆盖、中间覆盖以及封场覆盖（也称最终覆盖）。封场覆盖即填埋作业至设计封场标高或填埋场停止使用后，堆体整形、不同功能材料覆盖及生态恢复的过程，主要是为了控制雨水入渗和填埋气体无组织释放。填埋场封场覆盖结构由下至上应依次包括排气层、防渗层、排水层与植被层。

（7）雨污分流系统

雨污分流系统是根据填埋场地形特点，采用不同的工程措施对填埋场雨水和渗滤液进行有效收集与分离的体系，有利于减少渗滤液的产生，降低渗滤液处理的水力负荷。

（8）填埋作业

填埋作业是在填埋场区按单位时间或单位作业区域划分的填埋单元中开展，通常采用垂直分区填埋与水平分区填埋相结合的方式，填埋单元中的具体作业方式为：生活垃圾进场后先经过检查和计量称重后，按指定道路运往预先划好的填埋单元卸下，推土机采用上推法或下推法将生活垃圾摊铺均匀，每次堆置垃圾层厚度达 0.6～0.8 m 后，再用推土机碾压 2～4 次，多次循环操作，使其压实密度不小于 $600\ kg \cdot m^{-3}$；依次在上面填埋第二层、第三层等，每日作业结束后日常覆膜、灭蝇除臭；在垃圾层压实厚度达 2～4 m（最高不超过 6 m）时，完成一个单元填埋操作。

在一个中间层的高度范围内划分填埋区域,采用分区填埋作业方式,当完成一个单元填埋后依次进入下一个单元,全部单元格填满后实施中间覆盖,完成一个中间层生活垃圾填埋,从而在填埋库区横向形成水平填埋作业方式。当填埋作业达到中间层顶部的锚固沟高度时,封闭该锚固沟,外坡面堆成斜坡面,垃圾堆体按不大于 1：3 进行放坡,向上进行另一个中间层的分区作业,直至封场高程。通过逐步向上推进中间层的方式,在填埋库区竖向上形成垂直作业方式[7-9]。

7.2.2　填埋场选址

填埋场选址首先须搜集相关基础资料,包括：城市总体规划和城市环境卫生专业规划,土地利用价值及征地费用,附近居住情况与公众反映,附近填埋气体利用的可行性,地形、地貌及相关地形图,工程地质与水文地质条件,设计频率洪水位、降水量、蒸发量、夏季主导风向及风速、基本风压值,道路、交通运输、给排水、供电、土石料条件及当地的工程建设经验,服务范围的生活垃圾产生量、性质及收集运输情况。在全面调查与分析的基础上,初定 3 个或 3 个以上候选场址,然后按照表 7.3 中相关技术规范要求,对预选场址方案进行技术、经济、社会及环境比较,推荐一个拟定场址。此外,还应对拟定场址进行地形测量、选址勘察和初步工艺方案设计,完成选址报告或可行性研究报告,通过审查确定场址。

表 7.3　不同类型固体废物贮存和处理场选址要求

选址要求	生活垃圾填埋	危险废物填埋	工业固体废物贮存与填埋
相关规划	符合环境保护法律法规及相关法定规划;城市总体规划和城市环境卫生专业规划	符合环境保护法律法规及相关法定规划要求	符合环境保护法律法规及相关法定规划要求
禁止建设区	国务院和国务院有关主管部门及省、自治区、直辖市人民政府划定的生态保护红线区域、永久基本农田和其他需要特别保护的区域内		
避开区域	破坏性地震及活动构造区;活动中的坍塌、滑坡和隆起地带;活动中的断裂带;废弃矿场的活动塌陷区;活动沙丘区;海啸及涌浪影响区;湿地;尚未稳定的冲积扇及冲沟地区;泥炭以及其他可能危及填埋场安全的区域	破坏性地震及活动构造区;地应力高度集中,地面抬升或沉降速率快的地区;崩塌、岩堆、滑坡区;石灰溶洞发育带;废弃矿场的活动塌陷区;山洪、泥石流影响区;活动沙丘区;海啸及涌浪影响区;湿地;尚未稳定的冲积扇及冲沟地区;高压缩性淤泥、泥炭及软土区域(刚性填埋场除外);其他可能危及填埋场安全的区域	活动断层、溶洞区、天然滑坡或泥石流影响区以及湿地等区域
洪水标高要求	应位于重现不小于 50 年一遇洪水位之上,并建设在长远规划中的水库等人工蓄水设施淹没区和保护区之外	应位于重现不小于 100 年一遇洪水位之上,并建设在长远规划中的水库等人工蓄水设施淹没区和保护区之外	不得选在江河、湖泊、运河、渠道、水库最高水位线以下的滩地和岸坡,以及国家和地方长远规划中的水库等人工蓄水设施的淹没区和保护区之内
防护距离	依据环境影响评价结论确定,并经地方环境保护行政主管部门批准		

选址要求	生活垃圾填埋	危险废物填埋	工业固体废物贮存与填埋
地质条件		场区的区域稳定性和岩土体稳定性良好,渗透性低,没有泉水出露;填埋场防渗结构底部与地下水最高水位保持 3 m 以上距离;场址天然基础层饱和渗透系数不大于 1.0×10^{-7} m·s^{-1},且其厚度不小于 2 m(刚性填埋场除外)	

7.2.3　生活垃圾产生量及填埋库容需求量计算

1. 生活垃圾产生量计算及预测

人均生活垃圾日产生量计算应根据《生活垃圾产生量计算及预测方法》(CJ/T 106—2016),采用称重法、容重法、车吨位法、实吨位法等方法计算。生活垃圾产生量的预测方法包括增长率预测法、一元线性回归预测法、多元线性回归预测法等。

增长率预测法根据选用预测基数的不同,分为人均指标法和年增长率法,预测时可根据实际情况选取。人均指标法采用基准年人均生活垃圾日产生量和人口数量作为预测基数,预测年生活垃圾年产生量按式(7.1)计算:

$$Y = R_0(1+r_1)^t \times S_0(1+r_2)^t \times 365 \tag{7.1}$$

式中,Y 为预测年生活垃圾年产生量,单位为 kg;R_0 为基准年人均生活垃圾日产生量,单位为千克·人$^{-1}$·日$^{-1}$;r_1 为人均生活垃圾日产生量的年平均增长率,单位为%,宜取不少于5 年有效数据增长率的平均值;S_0 为基准年人口数量(为常住人口,包括户籍常住人口和无户籍但实际在此住半年以上的流动人口),单位为人;r_2 为人口数量的年平均增长率,单位为%,宜取不少于 5 年有效数据增长率的平均值;t 为预测年限,即预测年份与基准年份的差值。

年增长率法采用基准年生活垃圾年产生量作为预测基数,预测年生活垃圾年产生量按式(7.2)计算:

$$Y = Y_0 \times (1+r_3)^t \tag{7.2}$$

式中,Y_0 为基准年生活垃圾年产生量,单位为 kg;r_3 为生活垃圾年产生量的年平均增长率,单位为%,宜取不少于 5 年有效数据增长率的平均值;t 为预测年限,即预测年份与基准年份的差值。

2. 生活垃圾填埋库容需求量

生活垃圾填埋库容需求量可根据公式(7.3)计算:

$$V_2 = \frac{V_1}{D}(1+K_{覆}) \tag{7.3}$$

式中,V_2 为生活垃圾填埋所需要的体积,单位 m^3·a^{-1};V_1 为生活垃圾填埋量,单位 t·a^{-1};D 为填埋垃圾容重,单位 t·m^{-3};$K_{覆}$ 为覆土容积量系数,一般为 0.1~0.2。

根据工程经验,生活垃圾进场后,经反复压实,密度可达到 0.7~0.8 t·m^{-3},考虑到生活垃圾的压实和短期内沉降等因素,D 可按 0.85 t·m^{-3} 取值,如果采用膜覆盖,$K_{覆}$ 可取 0。

3. 库容计算

填埋库容采用方格网法计算时,须先将场地划分成若干个正方形格网,再将场底设计标高和封场标高分别标注在规则网格各个角点上,封场标高与场底设计标高的差值为各角点的高度;计算每个四棱柱的体积后,再将所有四棱柱的体积汇总为总的填埋库容。

方格网法填埋库容按公式(7.4)计算:

$$V = \sum_{i=1}^{n} a^2(h_{i1} + h_{i2} + h_{i3} + h_{i4})/4 \tag{7.4}$$

式中,h_{i1},h_{i2},h_{i3},h_{i4} 为第 i 个方格网各个角点高度,单位 m;V 为填埋库容,单位 m^3;a 为方格网的边长,单位 m;n 为方格网个数。

通常采用基于方格网法的土方计算软件进行填埋库容计算,计算时可将库区划分为边长 $10\sim40$ m 的正方形格网,格网越小,精度越高。

有效库容为有效库容系数与填埋库容的乘积,按公式(7.5)计算:

$$V' = \xi \cdot V \tag{7.5}$$

式中,V' 为有效库容,单位 m^3;ξ 为有效库容系数。

有效库容系数按公式(7.6)计算:

$$\xi = 1 - (I_1 + I_2 + I_3) \tag{7.6}$$

式中,I_1 为防渗系统所占库容系数;I_2 为覆盖层所占库容系数;I_3 为封场所占库容系数。

防渗系统所占库容系数按公式(7.7)计算:

$$I_1 = \frac{A_1 h_1}{V} \tag{7.7}$$

式中,A_1 为防渗系统的表面积,单位 m^2;h_1 为防渗系统厚度,单位 m。

平原型填埋场黏土中间覆盖层厚度为 30 cm,垃圾层厚度为 $10\sim20$ m 时,黏土中间覆盖层所占用的库容系数 I_2 可近似取 $1.5\%\sim3\%$;日覆盖和中间覆盖层采用土工膜作为覆盖材料时,可不考虑 I_2 的影响,近似取 0。

封场所占库容系数按公式(7.8)计算:

$$I_3 = \frac{A_{2T} h_{2T} + A_{2S} h_{2S}}{V} \tag{7.8}$$

式中,A_{2T} 为封场堆体顶面覆盖系统的表面积,单位 m^2;h_{2T} 为封场堆体顶面覆盖系统厚度,单位 m;A_{2S} 为封场堆体边坡覆盖系统的表面积,单位 m^2;h_{2S} 为封场堆体边坡覆盖系统厚度,单位 m。

7.3 防渗与渗滤液收集处理系统

7.3.1 场地平整要求

为避免填埋场库区地基在生活垃圾堆积后产生不均匀沉降,保护复合防渗层中的防渗膜,在铺设防渗膜前必须对场底、山坡等区域进行处理,包括场地平整和石块等坚硬物体的清除等。

为防止水土流失和避免二次清基、平整,填埋场的场地平基(主要是山坡开挖与平整)不宜一次性完成,而是应与膜的分期铺设同步,采用分阶段实施的方式。

平整原则为：清除所有植被及表层耕植土,确保所有软土、有机土和其他所有可能降低防渗性能和强度的异物被去除,填平所有裂缝和坑洞,并配合场底渗滤液收集系统的布设要求,使场底形成一定的整体坡度,以≥2%的坡度在垃圾坝底以上进行平整;同时,还要求对场底进行压实,压实度不小于90%,确保衬垫层与土质基础之间的紧密接触,最大限度地减少场底的不均匀沉降。平整顺序宜从垃圾主坝处向库区后端延伸。生活垃圾卫生填埋场场地处理的具体原则详见《生活垃圾卫生填埋处理技术规范》(GB 50869—2013)。

7.3.2　防渗系统

1. 防渗系统的类型

通常,填埋场的自然地质条件难以符合天然防渗的要求,需要采用人工防渗措施,以达到防渗要求。人工防渗系统主要包括垂直防渗和水平防渗两种形式,采用何种防渗方式取决于填埋场的工程地质、水文地质以及当地经济条件等因素。

（1）水平防渗

水平防渗是指采用人工合成有机材料（柔性膜）与黏土结合,在填埋区底部及周围铺设防渗衬层。根据填埋场渗滤液收集系统、防渗系统和保护层、过滤层的不同组合,一般可分为单层衬层防渗结构、单层衬层复合防渗结构和双层衬层防渗结构,如图 7.7 至图 7.11 所示。

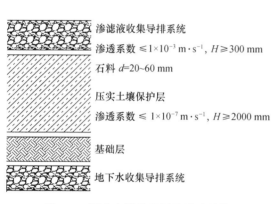

图 7.7　压实土壤单层衬层防渗结构

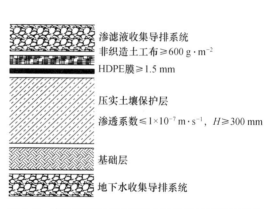

图 7.8　高密度聚乙烯(HDPE)膜单层衬层防渗结构

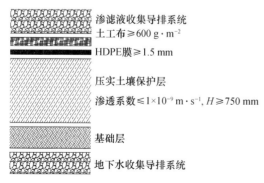

图 7.9　HDPE 膜＋压实土壤单层
衬层复合防渗结构

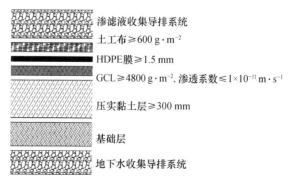

图 7.10　HDPE 膜＋膨润土防水毯(GCL)
单层衬层复合防渗结构

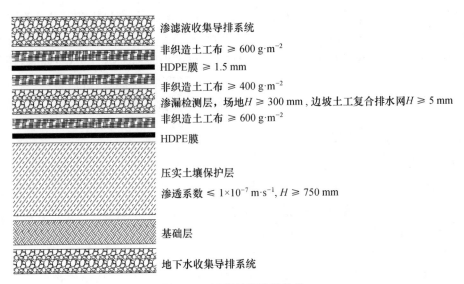

渗滤液收集导排系统

非织造土工布 $\geqslant$ 600 g·m^{-2}

HDPE膜 $\geqslant$ 1.5 mm

非织造土工布 $\geqslant$ 400 g·m^{-2}

渗漏检测层，场地$H \geqslant$ 300 mm，边坡土工复合排水网$H \geqslant$ 5 mm

非织造土工布 $\geqslant$ 600 g·m^{-2}

HDPE膜

压实土壤保护层

渗透系数 $\leqslant 1\times10^{-7}$ m·s^{-1}，$H \geqslant$ 750 mm

基础层

地下水收集导排系统

图 7.11　双层衬层防渗结构

其中，单层衬层防渗结构只有一层防渗层，其上是渗滤液收集导排系统，其下设置地下水收集导排系统和保护层。这种类型的衬层系统只能用在抗损性低的条件下，对于场地低于地下水水位的填埋场，只要地下水流速不造成渗滤液量过多或地下水的上升压力不破坏衬层系统，也可采用此系统。

单层衬层复合防渗结构采用复合防渗层，即由两种防渗材料相贴而形成的防渗层。两种防渗材料相互紧密地排列，提供综合效力。比较典型的复合结构是上层为柔性膜，其下为渗透性低的黏土矿物层。与单层衬层防渗结构的防渗层相似，复合防渗层的上方为渗滤液收集导排系统，下方为地下水收集系统。复合衬层系统综合了物理、水力特性不同的两种材料的优点，因此具有很好的防渗效果。复合衬层的关键是使柔性膜与黏土矿物层紧密接触，以保证柔性膜的缺陷不会引起沿两者结合面的移动。

双层衬层防渗结构有两层防渗层，两层之间是渗漏检测层，以控制和收集主防渗层和次防渗层之间的液体。衬层上方为渗滤液收集导排系统，下方可设地下水收集导排系统。透过主防渗层的渗滤液或者气体受到次防渗层的阻挡且在中间的排水层中得到控制和收集，优于单层和复合衬层系统。双层衬层防渗结构主要适用在基础天然土层差（渗透系数 $>1\times10^{-7}$ m·s^{-1}）、地下水位较高的填埋场。

某填埋场单层衬层防渗结构见图 7.12，场底防渗结构构成自上而下为：200 g·m^{-2} 土工布反滤层＋300 mm 厚卵石层＋600 g·m^{-2} 长丝土工布＋2.0 mm HDPE 膜＋750 mm 压实黏土层（渗透系数 $<1\times10^{-7}$ m·s^{-1}）＋压实基础。场地边坡防渗结构自上而下依次为：600 g·m^{-2} 土工布＋2.0 mm HDPE 膜＋750 mm 压实黏土层（渗透系数 $<1\times10^{-7}$ m·s^{-1}）＋平整基础（压实度 $>90\%$）。

（2）垂直防渗

填埋场的垂直防渗系统是根据填埋场场区的工程、水文地质特征，利用填埋场基础下方存在的独立水文地质单元、不透水或弱透水层等，在填埋场一边或周边设置垂直的防渗工程

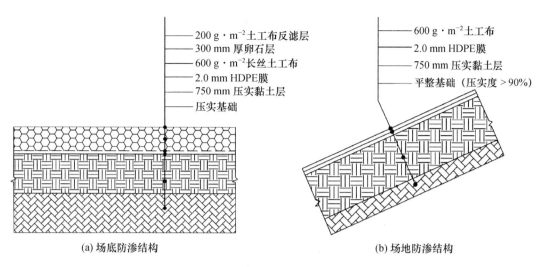

图 7.12　某填埋场单层衬层防渗结构

(如防渗墙、防渗板、注浆帷幕等),将垃圾渗滤液封闭于填埋场中进行有控导出的防渗方式。当填埋场使用垂直防渗帷幕时,其类型可选用水泥-膨润土墙、土-膨润土墙、塑性混凝土墙、HDPE 膜-膨润土复合墙等。当垂直帷幕顶部需要承受上覆荷载时,宜采用水泥-膨润土墙或塑性混凝土墙;在特殊地质和环境要求非常高的场地用 HDPE 膜-膨润土复合墙;当垂直防渗帷幕底部岩石裂隙发育,或存在断层、破碎带等强透水性的地质条件,宜采取帷幕灌浆等措施处理。

　　垂直防渗帷幕的厚度不宜小于 60 cm,不宜大于 150 cm。当帷幕渗透系数不大于 1.0×10^{-9} m · s^{-1} 时,厚度可按公式(7.9)计算。

$$\Delta L = F_r \times A \times H^B \tag{7.9}$$

式中,F_r 为安全系数,考虑渗透破坏、机械侵蚀、化学溶蚀、施工因素等,宜取 1.5;H 为垂直防渗帷幕上下游水头差,单位 m,上游水头取与帷幕上游面接触的渗滤液水位,下游水头取与帷幕下游面接触的多年平均地下水位;A 为与帷幕材料阻滞因子有关的系数;H^B 为与帷幕材料扩散系数有关的系数,A 和 H^B 可根据《生活垃圾卫生填埋场岩土工程技术规范》(CJJ 176—2012)相关规定取值。

　　垂直防渗帷幕宜嵌入渗透系数不大于 1.0×10^{-9} m · s^{-1} 的隔水层中,嵌入深度不宜小于 1 m;当隔水层埋深很大而无法嵌入时,可采用悬挂式帷幕,其深度不应小于临界插入深度。根据施工方法不同,垂直防渗系统可分为土层改性法防渗墙、打入法防渗墙和工程开挖法防渗墙。垂直防渗系统在山谷型填埋场中应用较多,如国内的杭州天子岭、南昌麦园等老龄填埋场。水平防渗系统和垂直防渗系统的对比见表 7.4。

　　2. 防渗系统工程材料

　　防渗系统工程材料是指用于防渗系统工程的各种材料的总称,包括 HDPE 膜、钠基 GCL、土工布、土工复合排水网、土工滤网、卵石、HDPE 管道、管件和球阀等。

　　根据《生活垃圾卫生填埋场防渗系统工程技术标准》(GB/T 51403—2021),填埋场防渗系统工程中使用的材料可包括黏土材料和土工合成材料。用于填埋场防渗系统工程的

HDPE膜除应符合《垃圾填埋场用高密度聚乙烯土工膜》(CJ/T 234—2006)的有关规定外,膜的厚度不应小于1.5 mm,当防渗要求严格或垃圾堆高度大于20 m时,宜选用厚度不小于2.0 mm的HDPE膜。

表7.4　水平防渗和垂直防渗系统对比

项　目	水平防渗系统	垂直防渗系统
定义	在填埋区底部及四周铺设低渗透性材料构建的衬层系统	将垂直密封层构筑在填埋场下方不透水层或弱透水层上
构造	从下至上分为地下水导排层、基础层、防渗层、保护层、排水层(包括渗滤液收集导排系统)、过滤层	防渗墙、防渗板、注浆帷幕等
适用范围	当地下水水位较高并对场底基础层的稳定性产生危害时;填埋场周边地表水下渗对四周边坡基础层产生危害时	山谷型填埋场;不具备基底防渗条件的老龄填埋场
优点	防渗效果较好,适用范围广	可用于老龄填埋场污染治理
缺点	结构复杂	适用范围有限

用于填埋场防渗系统工程的GCL可选用天然或人工的。选用的GCL除应符合《钠基膨润土防水毯》(JG/T 193—2006)的有关规定外,膨润土体积膨胀度不应小于24 mL $\cdot$ 2 g^{-1},渗透系数应小于 5×10^{-11} m $\cdot$ s^{-1},抗静水压力 0.4 MPa $\cdot$ h^{-1},无渗漏。

HDPE膜保护层应使用非织造土工布,并应符合《垃圾填埋场用非织造土工布》(CJ/T 430—2013)的规定。用于反滤的材料应使用土工滤网,土工滤网应符合《垃圾填埋场用土工滤网》(CJ/T 437—2013)的有关规定,且规格不宜小于200 g $\cdot$ m^{-2}。

7.3.3　渗滤液收集导排系统

1. 渗滤液收集导排系统的基本构成

渗滤液在填埋场库区内蓄积会引起一系列问题:① 导致场区内水位升高,垃圾堆体中污染物的大量浸出,从而使渗滤液中污染物浓度增大;② 底部衬层上的静水压增加,加大渗滤液渗漏到土壤-地下水环境中的风险;③ 填埋场的稳定性受到影响。因此,填埋场必须设置有效的渗滤液收集导排系统和采取有效的渗滤液处理措施,防止环境污染。

渗滤液收集导排系统应能及时有效地收集和导排汇集于填埋场场底和边坡防渗层以上的渗滤液,并具有一定防淤堵能力,保证在填埋场使用年限内正常运行,且不会对防渗层造成破坏。渗滤液收集导排系统包含导排层、盲沟和渗滤液排出系统。

(1) 导排层

导排层的目的就是将全场的渗滤液顺利地导入收集沟中的渗滤液收集管内(包括主管和支管)。渗滤液导排层的设计优先采用卵石作为排水材料,可采用碎石,石材粒径宜为20～60 mm。石材碳酸钙含量不应大于5%,铺设前应洗净,铺设厚度不应小于0.30 m,渗透系数不应小于 1×10^{-3} m $\cdot$ s^{-1}。导排层下可铺设土工复合排水网以加强渗滤液导排;边坡宜铺设土工复合排水网等土工合成材料作为排水材料,排水材料之上应铺设边坡保护层。

(2) 盲沟

盲沟是指位于填埋库区防渗系统上部或填埋体中,采用高过滤性能材料导排渗滤液的暗渠(管)。盲沟内的排水材料宜选用卵石或碎石;盲沟内宜铺设排水管材,宜采用HDPE穿孔管,管材置于卵石或碎石盲沟内,并在其下设置砂垫层,应根据收集导排量和长期导排性能选择管径,并具备承载其上施工机械及垃圾堆体荷载的能力;盲沟应设置反滤层,反滤材料宜采用土工滤网,规格不宜小于 $200\ \mathrm{g\cdot m^{-2}}$。

（3）渗滤液排出系统

渗滤液排出系统宜采用重力流排出,当不能利用重力流排出时,应设置具有防渗和防腐能力的泵井。当渗滤液排出管需要穿过土工膜时,应保证衔接处密封。

某填埋场的渗滤液收集导排系统剖面结构如图 7.13 所示。

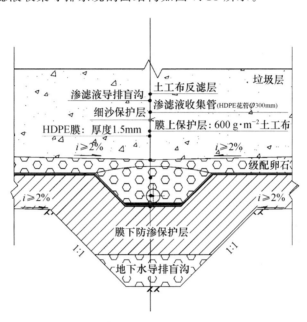

图 7.13　某填埋场渗滤液收集导排系统剖面

2. 渗滤液导排系统堵塞的形成原理

渗滤液导排系统堵塞根据成因机理可分为由悬浮颗粒物沉积造成的物理堵塞、生物膜生长引起的生物堵塞以及金属离子沉淀导致的化学堵塞。

（1）物理堵塞

在填埋场内,渗滤液下渗过程中携带的细小颗粒物在流经导排系统时部分受物理拦截的作用不断沉淀、滞留在导排材料表面或内部,使得导排系统的总体渗透能力降低。物理堵塞机理又可细分为变形机制和非变形机制两种。变形机制指当悬浮颗粒物粒径与导排介质孔隙大体相似时,颗粒物多截留在过滤层表面;非变形机制指较细小颗粒物在物理、化学作用力的影响下沉积、附着在导排介质孔隙内部。

为减少砾石导排层受物理堵塞的影响,目前常规的措施是在砾石层和垃圾层间设置由土工布构成的反滤层以拦截随渗滤液下渗的颗粒物。但是,我国生活垃圾以混合收运为主,填埋垃圾中的厨余组分所占比例较高,使得渗滤液中有机悬浮颗粒的浓度远高于发达国家。同时,灰土类垃圾以及混入生活垃圾中的建筑垃圾、焚烧灰渣和脱水污泥等均构成了细小颗粒物的额外来源。因此,物理堵塞已成为国内填埋场渗滤液导排层,尤其是反滤层失效的重要原因。

（2）生物堵塞

渗滤液导排系统内微生物利用渗滤液中的营养物质（如 VFA）生长并附着在导排介质表面，形成由微生物细胞、絮状细胞聚合体和水共同组成的生物膜。由生物膜占据排水孔隙所造成的渗透系数降低称为生物堵塞。

生物膜生长的基础是 VFA 降解，其受微生物的生长速度和吸附特性的影响。随着 VFA 浓度的升高，生物膜生长加速。受国内生活垃圾中高有机质比例的影响，渗滤液中微生物营养物质丰富，促进了微生物的生长和生物膜的累积，加速了堵塞的发展。

（3）化学堵塞

化学堵塞主要指渗滤液中金属阳离子和碳酸根阴离子受沉淀-溶解平衡的限制，形成难溶性化合物沉淀并造成的堵塞。在渗滤液导排系统内，生物膜生长并降解 VFA 的过程中产生大量无机碳，使得沉淀-溶解平衡不断向沉淀发生。此外，随着有机酸的大量降解，渗滤液 pH 也逐渐升高，导致液相中以碳酸根形式存在的无机碳比例增加，并进一步促进了沉淀反应的进行。因此，化学堵塞与生物堵塞间关系密切，通常也将二者合称为生物-化学堵塞，其中无机物造成堵塞的量随时间的增加逐渐增长。

目前我国生活垃圾具有含水率高（40%～70%）、易降解有机物含量高（>50%）的特点，导致我国填埋场渗滤液产生量大、渗滤液中颗粒物和 VFA 浓度高，渗滤液导排系统极易发生堵塞。同时，部分填埋场接收颗粒物和钙离子含量高的脱水污泥及焚烧灰渣入场填埋，进一步加剧了渗滤液导排系统堵塞[10]。

7.3.4　渗滤液产生与处理

1. 渗滤液的产生与特性

（1）渗滤液的产生

渗滤液是指生活垃圾在堆放和填埋过程中由于压实、发酵等物理、生物、化学作用，同时在降水和其他外部来水的渗流作用下产生的含有机或无机成分的液体。根据《生活垃圾填埋场渗滤液处理工程技术规范（试行）》（HJ 564—2010），渗滤液产生量宜采用经验公式法（浸出系数法），其计算公式如下：

$$Q = I(C_1A_1 + C_2A_2 + C_3A_3)/1000 \tag{7.10}$$

式中，Q 为渗滤液产生量，单位 $m^3 \cdot d^{-1}$；I 为多年平均日降水量，单位 $mm \cdot d^{-1}$；A_1 为作业单元汇水面积，单位 m^2；C_1 为作业单元渗出系数，一般宜取 0.5～0.8；A_2 为中间覆盖单元汇水面积，单位 m^2；C_2 为中间覆盖单元渗出系数，宜取（0.4～0.6）C_1；A_3 为封场覆盖单元汇水面积，单位 m^2；C_3 为封场覆盖单元渗出系数，一般取 0.1～0.2。I 的计算，数据充足时，宜按 20 年的数据计取；数据不足 20 年时，按现有全部年数计取。

【例题】某填埋场位处西南地区，多年平均日降水量为 2.33 mm · d^{-1}，其中一期工程填埋场面积为 216 106 m^2，一期工程现已全部封场，封场覆盖单元渗出系数取 0.2，则一期工程渗滤液产生量为：

$$Q = (2.33 \text{ mm} \cdot d^{-1} \times 216\ 106 \text{ m}^2 \times 0.2)/1000 \approx 100.71 \text{ m}^3 \cdot d^{-1}$$

二期工程填埋场占地为 251 187 m^2，二期工程均在作业，作业单元渗出系数取 0.7，则二期工程渗滤液产生量为：

$$Q = (2.33 \text{ mm} \cdot d^{-1} \times 251\ 187 \text{ m}^2 \times 0.7)/1000 \approx 409.69 \text{ m}^3 \cdot d^{-1}$$

合计 510.40 $m^3 \cdot d^{-1}$。

2020 年,某填埋场一期、二期封场后,渗滤液实际产生量为 1000～1500 m³·d⁻¹。计算值和实际值差距较大,这主要是因为填埋场渗滤液产生量除了受降水入渗影响外,在填埋初期生活垃圾自身的含水率也是重要的影响因素。由于某填埋场地当地生活垃圾含水率较高,生活垃圾压缩脱水产生的渗滤液量按经验可达到生活垃圾填埋量的 15%～20%,计算可得到该部分渗滤液产生量约 750～1000 m³·d⁻¹,与雨水入渗产生的渗滤液量加和后,其产生量与实际渗滤液产生量基本相符。

调节池容量可根据《生活垃圾卫生填埋处理技术规范》中的方法计算,其中逐月渗滤液余量计算见公式(7.11):

$$C = A - B \tag{7.11}$$

式中,A 为逐月渗滤液产生量,可根据上述渗滤液产生量公式(7.10)计算,其中 I 取多年逐月降水量,单位 m³;B 为逐月渗滤液处理量,单位 m³;C 为逐月渗滤液余量,单位 m³。

某填埋场调节池容量计算见表 7.5。

表 7.5　某填埋场调节池容量计算

月　份	多年平均逐月降水量/mm	填埋区	A/m³	B/m³	C/m³
1	7.8	一期	337.13	3124.49	—
		二期	1371.48	12 711.55	—
2	12.1	一期	522.98	2922.91	—
		二期	2127.55	11 891.45	—
3	18.5	一期	799.59	3124.49	—
		二期	3252.87	12 711.55	—
4	42.9	一期	1854.19	3023.70	—
		二期	7543.15	12 301.50	—
5	72.4	一期	3129.21	3124.49	4.72
		二期	12 730.16	12 711.55	18.61
6	107	一期	4624.67	3023.70	1600.97
		二期	18 813.91	12 301.50	6512.41
7	208.9	一期	9028.91	3124.49	5904.42
		二期	36 731.08	12 711.55	24 019.53
8	218.7	一期	9452.48	3124.49	6327.99
		二期	38 454.22	12 711.55	25 742.67
9	111.6	一期	4823.49	3023.70	1799.79
		二期	19 622.73	12 301.50	7321.23
10	32.5	一期	1404.69	3124.49	—
		二期	5714.50	12 711.55	—
11	12.8	一期	553.23	3023.70	—
		二期	2250.64	12 301.50	—
12	6	一期	259.33	3124.49	—
		二期	1054.99	12 711.55	—
合　计	—	—	186 457.15	186 967.44	79 252.34

根据上述计算,将表中 1—12 月中 $C>0$ 的逐月渗滤液余量累计相加,即为需要调节的总容量,合计为 79 252.34 m^3,取填埋场内调节池为 80 000 m^3。

(2)渗滤液特性

根据填埋场的生活垃圾填埋年限,填埋场渗滤液可分为初期、中后期和封场后渗滤液。填埋场渗滤液的水质和水量波动很大,主要有以下几个因素相互作用所致:① 填埋年限;② 区域降水和气候状况;③ 场地地形地貌及水文地质条件;④ 填埋生活垃圾性质及组分;⑤ 填埋场构造及操作条件等。渗滤液的水质应以实测数据为基准,并考虑未来水质变化趋势。当无法取得实测数据时,可参考《生活垃圾填埋场渗滤液处理工程技术规范》,不同类型渗滤液的典型水质特征如表 7.6 所示。

表 7.6   不同类型渗滤液的典型水质特征   单位:$mg \cdot L^{-1}$

项 目	初期渗滤液	中后期渗滤液	封场后渗滤液
BOD_5	4000～20 000	2000～4000	300～2000
COD	10 000～30 000	5000～10 000	1000～5000
NH_3-N[①]	200～2000	500～3000	1000～3000
SS	500～2000	200～1500	200～1000
pH	5～8	6～8	6～9

注:① NH_3-N 为氨氮。

2. 渗滤液处理工艺设计

填埋场渗滤液的处理难点包括:渗滤液中含有 200～1500 $mg \cdot L^{-1}$ 不可生物降解的 COD,该类物质呈胶体和溶解状态,普通生化工艺和混凝沉淀、过滤工艺难以去除;不可降解物质容易堵膜,导致膜清洗频繁,使用寿命缩短;氨氮浓度高,抑制生物降解,而且晚期渗滤液 C/N<1,C/N 不能满足生物脱氮的要求;渗滤液重金属等有毒有害物质含量高;渗滤液产生量和水质变化大且不稳定。因此,根据渗滤液的进水水质、水量及排放要求,一般推荐选用"预处理+生物处理+深度处理+后处理"组合工艺,例如某填埋场渗滤液处理采用"厌氧+外置式膜生物反应器+纳滤系统+反渗透系统"组合处理工艺,在处理某填埋场渗滤液的同时,也处理某填埋场附近焚烧发电厂产生的新鲜渗滤液,具体工艺流程见图 7.14。

3. 渗滤液处理技术简述

渗滤液处理技术按照工艺特征可分为物理化学处理法、生物处理法和土地处理法,各处理技术的优缺点对比如表 7.7 所示,具体设计参数详见《生活垃圾填埋场渗滤液处理工程技术规范》。

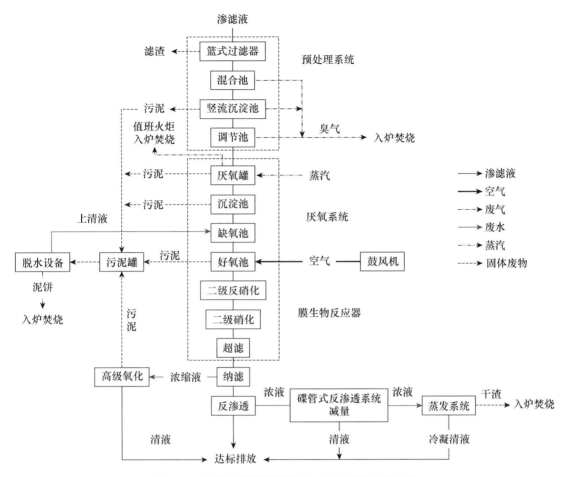

图 7.14　某填埋场渗滤液处理工艺流程及产污环节

表 7.7　渗滤液处理技术对比

处理方法	特　点	常用技术	适用性
物理化学处理法	物理化学处理的主要目的是去除渗滤液中的有毒有害重金属离子及氨态氮,为渗滤液的达标排放和生物处理系统的有效运行创造良好的条件。物理化学处理法不受水质水量的影响,出水水质稳定,尤其对 BOD_5/COD 较低(0.07~0.20)以及含有毒有害、难以生化处理的渗滤液有较好的处理效果。但物理化学处理法操作复杂、运行费用高,不适宜大量渗滤液的处理。一般为减少冲击负荷及有毒有害物的影响,保证生物处理的效果,都需要进行物理化学预处理,它适用于和生物处理法联合应用,作为生物处理单元的预处理或深度处理单元	氨吹脱	氨吹脱法是去除渗滤液氨氮最普遍和重要的脱氮途径,渗滤液经吹脱后,可去除大部分的游离氨,并消除部分挥发性有毒物质对后续生化工艺的影响,适用于氨氮浓度高的渗滤液预处理和填埋场后期渗滤液处理
		混凝沉淀	混凝对于老填埋场或经生物处理后的渗滤液的 COD 和总有机碳(TOC)去除率相对较高,适用于处理晚期填埋场的渗滤液,也可以作为水质把关环节,用于生化处理工艺的末端;混凝能减少腐殖质类物质,减缓污垢层的形成,也适用于在进行膜处理之前对渗滤液进行预处理
		吸附过滤	吸附过滤操作运行简单,可再生能力强,主要用于脱除水中难降解的有机物、金属离子和色度等,由于受到吸附剂饱和吸附量的限制,一般用于后续深度处理,也可作为渗滤液的预处理
		高级氧化	高级氧化技术(AOPs)是利用具有强氧化能力的羟基自由基·OH 将难降解有机物分解成无害的无机化合物,处理产生的残渣量少,用于去除渗滤液中的难降解有机污染物具有明显的优势,可用于脱色、去除重金属、酚和其他有机化合物,也可用于消毒和除藻等
		膜处理	膜处理工艺对 BOD_5/COD 的变化有较好的适应能力,水质的变化对单纯膜过滤工艺影响很小,且具有截留小分子物质的特性。其中反渗透、纳滤膜可以截留不可生物降解 COD,反渗透膜对 NH_4^+ 具有良好的截留率(可达到90%),在一定程度上可以解决晚期渗滤液出水氨氮不达标的问题
生物处理法	生物处理法的主要目的是去除渗滤液中的有机污染物。用生物处理法处理费用低、效率高,适合于处理生化性较好的渗滤液,是目前应用最广,也是最有效的处理方法。对高 BOD_5 的渗滤液进行处理时,应首先考虑生物处理法。但是仅经过生物处理法,出水 COD 一般不能满足排放要求;而且系统受环境气候因素和水质变化影响,适应填埋场整个填埋期的能力差,故不适合填埋后期的渗滤液处理,需要与物理化学处理法相结合,才能取得更好的效果	好氧处理	好氧处理费用低、效率高、耗时短,可以有效地降低 BOD_5、COD 和氨氮,还可以去除如铁、锰等重金属,适合于处理有机负荷较高的渗滤液
		厌氧处理	厌氧处理法具有能耗少、操作简单、设备投资运行费用低、污泥产率低和可提高污水可生化性等优点,又可以承受较大的冲击负荷,适合于处理有机物浓度高、可生化性略差的渗滤液
		厌氧-好氧组合处理	厌氧-好氧组合处理效率高,而且能结合厌氧处理和好氧处理的优势,形成互补。该工艺经济合理,处理效率高,不仅可以有效地去除 COD 和 BOD_5,还具有良好的脱氮除磷效果,适合填埋初期和中期有机物浓度较高的渗滤液处理

续表

处理方法	特　点	常用技术	适用性
土地处理法	土地处理法是利用土壤的自净作用进行处理的方法。目前应用于渗滤液土地处理的方法主要有人工湿地和回灌两种。土地处理法工艺简单、管理简便、建设与运行费用都比较低,去除有毒有害物质的能力较强,且能耗低,但停留时间长,抗冲击负荷能力不强,净化功能受自然条件的制约,适用于浓度低的渗滤液处理或受场地限制小的后处理单元	人工湿地	人工湿地处理渗滤液具有费用低、管理方便等优点,但处理效果随季节变化较大,处理有机物的浓度也较低,它适用于植物生长期长、生长旺盛的南方地区,不适用于北方寒冷地区
		回灌	渗滤液回灌实质是把填埋场作为一个以生活垃圾为填料的巨大生物滤床,渗滤液经覆土层和垃圾层发生一系列的物理、化学和生物作用而被降解和截留,同时使渗滤液由于蒸发而减少,回灌处理渗滤液易造成填埋场内部堵塞、氨氮累积,回灌处理后的渗滤液仍有较高的浓度,还需要做进一步处理,因此回灌处理很少单独作为渗滤液的处理工艺。此外,回灌会影响填埋体的稳定性,增大渗滤液的导排负荷

4. 渗滤液膜过滤浓缩液处理

目前,包括微滤、超滤、纳滤、反渗透等在内的膜分离技术已被广泛应用于渗滤液的处理,但会产生大量的浓缩液。膜过滤浓缩液中主要污染物为无机盐、重金属和有机污染物。膜过滤浓缩液一般呈棕黑色,其体积约占渗滤液水量的 $15\%\sim30\%$,并具有以下特点:有机污染物浓度高,可生化性差;无机盐组分含量高,成分复杂;水质水量随时间变化较大;重金属含量高,等等[11,12]。膜过滤浓缩液中含有大量污染物,对地表水、地下水、土壤环境等都存在严重威胁,不能直接排放,对其合理地处理也是渗滤液膜过滤过程中必须解决的问题。

回灌是目前我国生活垃圾渗滤液膜过滤浓缩液的重要处理方式,其原理是将填埋场作为一个以生活垃圾为填料的巨大生物滤床,通过生物降解、吸附、过滤等多重作用实现污染物的稳定化或降解。回灌处理膜过滤浓缩液具有工艺简单、操作方便、运行和维护费用低等优点,但长期回灌可能会导致渗滤液出水含盐量持续升高,影响处理工艺的稳定性,还可能会对垃圾填埋体生物系统造成不利影响;此外,大量流体的回灌会提高垃圾堆体的水位,影响垃圾堆体的稳定性,带来安全隐患。

高级氧化是一种通过化学氧化剂以及光、声、电、磁等物理化学过程产生大量活性极强、具有极强氧化性的 $OH\cdot$ 和 $SO_4^-\cdot$ 等自由基降解水中有机物的方法。高级氧化可以对膜过滤浓缩液中的有机物进行高效去除,但高级氧化一般工艺较为复杂,且单一的高级氧化技术也无法稳定地将膜过滤浓缩液处理到达标排放范围。

除了上述的回灌、高级氧化以外,膜过滤浓缩液的处理方式还有蒸发、焚烧和固化/稳定化等,各种处理方式的优缺点见表 7.8。

表 7.8　不同膜过滤浓缩液处理方式的优缺点

处理方式	优　点	缺　点
外运	操作简单,经济合理	外运距离较远时,运输成本会大大增加;运输过程有泄漏风险
回灌	工艺简单,适量回灌会增加填埋区微生物数量加速有机物降解	需要用动力提升;大量回灌时污染物积累会影响膜处理系统的净化效率和出水回收率,降低膜处理系统的寿命
纳滤和高压反渗透	可提高渗滤液回收率且处理后的膜过滤浓缩液可以省去蒸发浓缩步骤	存在膜造价高和堵塞问题,膜过滤浓缩液仍须进一步处理
蒸发	可大大减小膜过滤浓缩液的体积	能源消耗高,设备易腐蚀,设备造价和运行费用较高
膜蒸馏	可在常压下进行,设备简单,操作方便;操作温度低于传统蒸馏工艺;设备体积小而灵活	技术不成熟,没有工程实例
混凝沉淀	对胶体物质和微小悬浮颗粒去除效果明显,操作简单,价格便宜	具有一定净化效果,但净化效果不彻底,不能单独使用,一般作为预处理
高级氧化	可以高效去除有机物	工艺复杂,单一高级氧化也无法将膜过滤浓缩液处理达标排放
焚烧	运用较为广泛,占地少,处理速度快,污染物去除彻底,可回收盐类和能量	投资大,焚烧过程控制复杂,操纵水平要求高,成本高,有害气体排放,结焦结渣及设备腐蚀
固化/稳定化	工艺简单方便	固化产物须二次处置

7.4　填埋气体导排及综合利用

7.4.1　填埋气体的产生与特性

1. 填埋气体典型成分分析

（1）填埋气体的典型组成与性质

填埋气体是填埋垃圾中可生物降解有机物在微生物作用下的产物,主要含有甲烷、二氧化碳,还含有恶臭气体、有毒气体和其他有机物等,此外,还含有很少量的微量气体。填埋气体的典型特征为:温度为 43～49℃,相对密度约为 1.02～1.06,高位热值为 15 630～19 537 kJ·m^{-3}。填埋气体的典型组分及体积分数见表 7.9。

填埋气体的产生量受生活垃圾特性（生活垃圾组分、含水率、营养物质、有机物等）、填埋场规模（填埋区容积、填埋深度等）、填埋场收集导排条件（密封程度、集气设施等）、气候气象（温度、降水等）等因素的影响。通常填埋生活垃圾中的有机物含量越多、填埋量越大、填埋场密封程度越好、集气设施设计越合理,填埋气体的产生量越高。

表 7.9　填埋气体的典型组分及体积分数

组　分	体积分数/%（干基）	组　分	体积分数/%（干基）
甲烷	45～60	氨气	0.1～1.0
二氧化碳	40～60	氢气	0～0.2
氮气	2～5	一氧化碳	0～0.2
氧气	0.1～1.0	微量气体	0.01～0.6
硫化氢	0～1.0		

2. 填埋气体产生量预测

填埋气体产生量的预测有多种模型，包括 ICPP 模型、《联合国气候变化框架公约》（UNFCCC）方法模型、化学计量式模型、COD 估算模型以及动力学模型。以下介绍 UNFCCC 方法模型和动力学模型。

（1）UNFCCC 方法模型

UNFCCC 方法模型，按公式（7.12）计算：

$$E_{CH_4} = \varphi \cdot (1-OX) \cdot \frac{16}{12} \cdot F \cdot DOC_F \cdot MCF \cdot \sum_{x=1}^{y} \sum W_{j,x} \cdot DOC_j \cdot e^{-k_j \cdot (y-x)} \cdot (1-e^{-k_j})$$

$$(7.12)$$

式中，E_{CH_4} 为在 x 年内甲烷产生量，单位 t；φ 为模型校正因子，宜采用保守方式，对估算进行 10% 的折扣，建议取值为 0.9；OX 为氧化因子，反映甲烷被土壤或其他覆盖材料氧化的情况，宜取值 0.1；16/12 为碳转化为甲烷的系数；F 为填埋气体中甲烷体积分数（默认值为 50%）；DOC_F 为生活垃圾中可降解有机碳的分解百分率，单位%，经过异化的可降解有机碳比例的缺省值为 0.77（在计算可降解有机碳时不考虑木质素碳的情况下采用），实际取值宜为 0.5～0.6；MCF 为甲烷修正因子（比例）；$W_{j,x}$ 为在 x 年内填埋的 j 类生活垃圾成分量，单位 t；DOC_j 为 j 类生活垃圾成分中可降解有机碳的质量分数，单位%；j 为生活垃圾种类；x 为填埋场投入运行的时间；y 为模型计算当年；k_j 为 j 类生活垃圾成分的产气速率常数，单位 a^{-1}。

不同生活垃圾成分中可降解有机碳的含量，在计算时应对生活垃圾成分进行分类，不同生活垃圾成分的 DOC_j 取值宜符合表 7.10 的规定。

表 7.10　不同生活垃圾成分的 DOC_j 取值

生活垃圾类型	DOC_j/%湿垃圾	DOC_j/%干垃圾
木质	43	50
纸类	40	44
厨余	15	38
织物	24	30
园林	20	49
玻璃、金属	0	0

生活垃圾的产气速率常数取值应考虑生活垃圾成分、当地气候、填埋场内的生活垃圾含水率等因素，有条件的可通过试验确定产气速率常数，不同生活垃圾成分的产气速率常数取值宜符合表 7.11 的规定。

表 7.11 不同生活垃圾成分的产气率取值表

生活垃圾类型		寒、温带 （平均温度<20℃）		热 带 （平均温度>20℃）	
		干燥 MAP/PET <1	潮湿 MAP/PET >1	干燥 MAP <1000 mm	潮湿 MAP >1000 mm
慢速降解	纸类、织物	0.04	0.06	0.045	0.07
	木质物、稻草	0.02	0.03	0.025	0.035
中速降解	园林	0.05	0.10	0.065	0.17
快速降解	厨渣	0.06	0.185	0.085	0.40

注：MAP 为年均降水量，PET 为年均蒸发量。

填埋场管理水平分类及 MCF 取值应符合表 7.12 的规定。

表 7.12 填埋场管理水平分类及 MCF 取值表

厂址类型	MCF 缺省值
具有良好管理水平	1.0
管理水平不符合要求，但填埋深度>5 m	0.8
管理水平不符合要求，但填埋深度<5 m	0.4
未分类的生活垃圾填埋场	0.6

（2）动力学模型

对某一时刻填入填埋场的生活垃圾，其填埋气体产生量可按公式（7.13）计算：

$$G = ML_0(1 - e^{-kt}) \tag{7.13}$$

式中，G 为从生活垃圾填埋开始到第 t 年的填埋气体产生总量，单位 m^3；M 为所填埋生活垃圾的质量，单位 t；L_0 为单位质量生活垃圾的填埋气体最大产气量，单位 $m^3 \cdot t^{-1}$；k 为填埋生活垃圾的产气速率常数，单位 a^{-1}；t 为从生活垃圾进入填埋场时算起的时间，单位 a。

对某一时刻填入填埋场的生活垃圾，其填埋气体产气速率按公式（7.14）计算：

$$Q_t = ML_0(1 - e^{-kt}) \tag{7.14}$$

式中，Q_t 为所填垃圾在时间 t 时刻（第 t 年）的产气速率，单位 $m^3 \cdot a^{-1}$。填埋场填埋气体理论产气速率可按公式（7.15）逐年叠加计算：

$$Q_n = \begin{cases} \sum_{t=1}^{n-1} M_t L_0 K e^{-k(n-t)} & (n \leqslant f) \\ \sum_{t=1}^{f} M_t L_0 K e^{-k(n-t)} & (n > f) \end{cases} \tag{7.15}$$

式中，Q_n 为填埋场在投运后第 n 年的填埋气体产气速率，单位 $m^3 \cdot a^{-1}$；n 为自填埋场投运年至计算年的年数，单位 a；M_t 为填埋场在第 t 年填埋的生活垃圾量，单位 t；f 为填埋场封场时的填埋年数，单位 a。

填埋场单位质量生活垃圾的填埋气体最大产气量（L_0）可根据生活垃圾中可降解有机碳含量按公式（7.16）估算：

$$L_0 = 1867 C_0 \varphi \tag{7.16}$$

式中，C_0 为生活垃圾中有机碳含量，单位％；φ 为有机碳降解率。

　　填埋气体回收利用工程设计前,宜进行现场抽气试验,利用试验数据对填埋场生活垃圾的产气速率常数进行估算,并以此对气体利用期间填埋气体产生量进行逐年估算。若无现场抽气试验条件的,可采用相关经验参数和理论数学模型对填埋气体产生量进行逐年估算。

7.4.2　填埋气体处理工艺

　　填埋气体处理工艺包括收集导排、预处理、焚烧或综合利用,某填埋场的填埋气体处理流程如图 7.15 所示。经过填埋气体收集系统收集的填埋气体通过输送管道进入预处理系统,预处理系统包括脱硫、脱水、过滤、缓冲等流程,经过处理后的填埋气体正常情况下通过内燃机焚烧后进行发电,多余气体则通过火炬燃烧后排放。

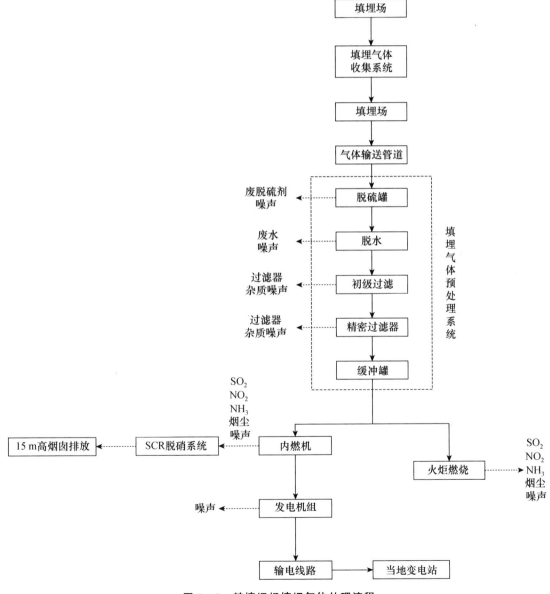

图 7.15　某填埋场填埋气体处理流程

7.4.3 填埋气体导排系统

1. 填埋气体导排类型

填埋场必须设置有效的填埋气体导排设施,严防填埋气体自然聚集、迁移引起的火灾和爆炸。填埋气体导排设施分为被动导排和主动导排。其中被动导排是利用填埋气体自身压力和渗透性导排气体的方式;主动导排是利用抽气设备对填埋气体进行导排的方式。

设计总填埋容量大于或等于 10^6 t、生活垃圾填埋厚度大于或等于 10 m 的生活垃圾填埋场,必须设置填埋气体主动导排设施。主动导排通过在填埋场内铺设垂直导气井或水平盲沟,用管道将这些导气井和盲沟连接至抽气设备,将填埋场内的填埋气体抽出。相比主动导排系统,被动导排系统具有简便、经济、无运行费用等优点。但其收集效率较低,浪费填埋气体,易造成环境污染。此外,未达到安全稳定的老填埋场也应设置有效的填埋气体导排设施。

2. 填埋气体导排系统的基本构成

(1) 主动导排系统

填埋气体主动导排及回收利用系统一般由导气井(或导气盲沟)、滤管、集气管网、抽气设备组成。

① 导气井

导气井具有收集渗滤液和导排填埋气体的双重任务,导气井结构如图 7.16 所示。新建填埋场,宜在填埋场使用初期铺设导气井或导气盲沟,基础与底部防渗层接触时应做好防护措施。对于无气体导排设施的在用或停用填埋场,可采用钻孔法设置导气井,钻孔深度不小于生活垃圾填埋深度的 2/3,但井底距场底间距不宜小于 5 m。

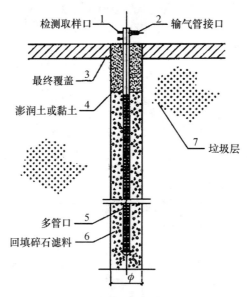

图 7.16 主动导排导气井结构

导气井直径不小于 600 mm,导气井中心多孔管采用 HDPE 等高强度耐腐蚀的管材,管内径不小于 100 mm,需要排水的导气井管内径不小于 200 mm,用于填埋气体导排的碎石粒径宜为 10～50 mm。主动导排导气井井口采用膨润土或黏土等低渗透性材料密封,密封厚度宜为 3～5 m。导气井应根据垃圾堆体形状、导气井作用半径等因素合理布置,使全填埋场导气井作用范围完全覆盖垃圾填埋区域。在导气井口设置滤管,防止填埋气体中携带的固体、液体等杂质进入集气管网,便于后续的集气以及预处理过程。

② 集气管网

填埋气体输气管应设不小于 1% 的坡度,管段最低点处应设凝结水排水装置,排水装置应考虑防止空气吸入的措施,并应设抽水装置。填埋气体收集管道应选用耐腐蚀、柔韧性好的材料及配件,管路应有良好的密封性。每个导气井或导气盲沟的连接管上设置调节阀门,调节阀布置在易于操作的位置。导气井数量较多时宜设置调压站,对同一区域的多个导气井集中调节和控制。各填埋气体输气支管的计算流量应按各支管所负担的导气井(或导气盲沟)数量和每个导气井(或导气盲沟)的流量确定。填埋气体输气总管计算流量不应小于最大产气年份小时气产量的 80%,管道内气体流速宜取 5～10 m·s^{-1},填埋气体输气管道单位长度摩擦阻力损失按公式(7.17)计算:

$$\frac{\Delta P}{l} = 6.26 \times 10^7 \lambda \rho \frac{Q^2}{d^5} \frac{T}{T_0} \tag{7.17}$$

式中,ΔP 为输气管道摩擦阻力损失,单位 Pa;λ 为输气管道的摩擦阻力系数;l 为输气管道的计算长度,单位 m;Q 为输气管道的计算流量,单位 m^3·h^{-1};d 为管道内径,单位 mm;ρ 为填埋气体的密度,单位 kg·m^{-3};T 为填埋气体温度,单位 K;T_0 为标准状态的温度,为 273.16 K。

③ 抽气设备

抽风机使抽气系统形成真空并将填埋气体输送至填埋气体发电厂或燃气站。抽风机的大小型号和压力等设计参数均取决于系统总负压的大小和需要抽取气体的流量,设计的气体收集率一般不小于 60%;抽风机设置应选用耐腐蚀和防爆型设备,必须安装阻火器,以防火星通过风机进入集气管道系统;抽风机设置在稍高于集气管末端的建筑物内,以利于冷凝水向下汇集;抽气系统应设置填埋气体氧含量和甲烷含量在线监测装置,并应根据氧含量控制抽气设备的转速和启停。

(2) 被动导排系统

被动导排系统主要由导气井、集气管(沟)组成,其导气井结构如图 7.17 所示。

填埋气体导排系统分为横向收集(导排盲沟)和竖向收集(导气井)。横向收集就是沿着填埋场纵向逐层横向布置水平收集管,直至两端设立的导气井将气体引出场外。导气井断面宽、高均不应小于 1000 mm,通常由 HDPE(或 UPVC)制成的多孔管作为收集管,管内径不应小于 150 mm,水平间距可取 30～50 m,垂直间距可取 10～15 m,其周围铺砾石透气层。适用于小面积、窄形、平地建造的填埋场。竖向收集就是通过导气井收集填埋气体向上流动,引出地面点火焚烧或收集利用。井距一般在 30～40 m,错列布置;对于中小型填埋场,

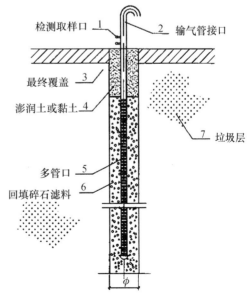

图 7.17 被动导排导气井结构

场内产生的气体静压为 $0\sim13.2$ mbar(1 bar$=100$ kPa),由覆盖层厚和填埋场深度决定;场内气体流动压降梯度为 $0.5\sim1.3$ Pa·m^{-1}。被动导排的导气井,其排放管的排放口应高于垃圾堆体表面 2 m 以上。

不同导排系统的组成和比较见表 7.13。

表 7.13　不同导排系统的组成和比较

类　型		组　成	使用对象	优　点	缺　点
主动导排系统	垂直井收集系统	导气井、集气管(沟)、冷凝收集井、泵站、真空源、输送管	分区填埋且深度较大的填埋场	垂直收集井结构相对简单、集气效率高、材料用量较少、在填埋过程中易实现密封;比水平管收集系统便宜或相当	在填埋场内填埋面上进行安装,操作比较困难,易被操作机械损坏;运行成本高
	水平管收集系统		分层填埋的填埋场,山谷自然凹陷的填埋场,深度大于 20 m 的填埋场	不需要钻孔,安装方便;在填埋面上也易于安装、操作;导排效果好,气体利用效率高	工程量大,投资高;易受生活垃圾不均匀沉降破坏,易受生活垃圾自重和机械碾压损坏,且难以修复;填埋场积水会影响气体流动;运行成本较高
被动导排系统		不设机械设备,只有导气井、集气管(沟)	顶部、周边、底部气密性较好的填埋场;小型和填埋深度较小的填埋场	安装、保养简便、经济、无运行费用	收集效率较低,浪费填埋气体,污染环境

7.4.4　填埋气体处理与综合利用

填埋气体处理和利用系统应包括气体预处理设备、燃烧设备、气体利用设备、建(构)筑物、电气、输变电系统、给水排水、消防、自动化控制等设施。处理和利用设施和设备布置在垃圾堆体以外,场地应具有良好的通风条件,使可燃气体在空气中不易聚集。设计总填埋容量大于或等于 2.5×10^{6} t,生活垃圾填埋厚度大于或等于 20 m 的生活垃圾填埋场,应配套建设填埋气体利用设施。填埋场不具备填埋气体利用条件时,应采用火炬燃烧处理,并宜采用能够有效减少甲烷产生和排放的填埋工艺。填埋气体预处理、利用和火炬燃烧系统应统筹设计,从填埋场抽出的气体应优先满足气体利用系统的用气,利用系统用气剩余的气体应能自动分配到火炬系统进行燃烧。

1. 填埋气体的预处理

填埋场填埋气体经填埋气体收集系统输送至预处理系统,填埋气体预处理系统安装在燃气发电机组进气管路前端,主要包含脱硫模块、脱水模块、过滤模块、升压模块、计量模块、控制模块和其他设施。通过脱硫、脱水、除尘、增压、稳压等功能,能有效去除填埋气体中对发电机引擎产生腐蚀或磨损的 H_2S、水分、灰尘等成分,以确保燃料品质。

（1）脱硫模块

通常填埋气体发电机组进气中 H_2S 含量要求不大于 150 ppm(10^{-6},百万分率),因此填埋场可采用干法脱硫工艺进行气体的精细脱硫,其中氧化铁法脱硫效率可达 99%,可满足进气要求。

脱硫剂由水合氧化铁中添加多种催化剂制成,常温下具有脱硫活性的氧化铁一般包括 $\alpha\text{-}Fe_2O_3 \cdot H_2O$(针铁矿)和 $\gamma\text{-}Fe_2O_3 \cdot H_2O$(纤铁矿),$H_2S$ 先在水和氧化铁表面吸附,并在液膜表面发生解离,生成 H^+、SH^- 和 S^{2-},其中 SH^- 和 S^{2-} 与水合氧化铁中的晶格氧(OH^-,O^{2-})快速置换,生成 $Fe_2O_3 \cdot H_2O$。干法脱硫的化学反应式如下:

$$Fe_2O_3 \cdot H_2O + 3H_2S \longrightarrow Fe_2S_3 \cdot H_2O + 3H_2O \tag{7.18}$$

在有氧的条件下,生成的硫单质附着在脱硫剂上,$Fe_2O_3 \cdot H_2O$ 交由生产厂家再生。反应式如下:

$$2Fe_2S_3 \cdot H_2O + 3O_2 \longrightarrow 2Fe_2O_3 \cdot H_2O + 6S \tag{7.19}$$

目前,H_2S 的脱除方法除了干法脱硫外,还有湿法脱硫。湿法脱硫技术成熟,是工业生产中主要的脱硫方法,如氨法、醇氨法、热钾碱法等,但湿法脱硫存在着脱硫设备大、成本高、脱硫负荷大、传质阻力大以及塔内硫堵等问题。相比而言,干法脱硫具有操作方便、设备简单、成本低等优点,尤其适于处理低含硫气体。因此,填埋气体的精脱硫通常采用干法脱硫工艺。

(2) 脱水模块

填埋场脱水模块可采用热交换机冷却法,置于脱硫模块后。热交换机从冷凝装置中将冷却水流入热交换机内的管道中,填埋气体中的饱和水分通过冷却水(制冷剂采用 R22)进行热交换,填埋气体冷却到 5℃后,水分变成冷凝水由脱水模块中的气液分离器流出,通过冷凝水管道送入冷凝水贮罐中。经处理后,填埋气体含水率小于 80%,可燃性增加,增强了发电机的处理效率和性能,有效减少因水分造成的发电机引擎故障和维护保养次数。

除了热交换机冷却法外,填埋气体的脱水方法还包括吸收法、吸附法、膜分离技术等。

吸收法脱水是用吸湿性液体(或活性固体)吸收的方法脱除填埋气体中的水蒸气。用作脱水吸收剂的物质应具有以下特点:对填埋气体有很强的脱水能力,热稳定性好,脱水时不发生化学反应,容易再生,黏度小,对填埋气体和液烃的溶解度较低,起泡和乳化倾向小,对设备无腐蚀性,同时还应价格低廉,容易获取。常用的脱水吸收剂有甘油、甘醇胺溶液、二甘醇水溶液、三甘醇水溶液等。

吸附法是用多孔性的固体吸附填埋气体,使其中一种或多种组分吸附(停留)于固体表面上,其他组分不吸附,从而实现分离操作。孔径大于 0.32 nm 的吸附剂,都可以吸附水。常用的吸附剂包括分子筛、硅胶、活性氧化铝等。

膜分离技术是利用特殊设计和制备的高分子气体分离膜对填埋气体中的酸性组分优先选择渗透,当填埋气体流经膜表面时,酸性组分中的水也会优先透过分离膜而被脱除。

2. 填埋气体的焚烧

设置主动导排系统的填埋场必须设置填埋气体燃烧火炬。填埋气体收集量大于 $100\ m^3 \cdot h^{-1}$ 的填埋场,应设置封闭式火炬,在进口管道上设置阻火装置。在填埋气体用于发电的填埋场中,正常运行时火炬不使用;在甲烷浓度较低时,填埋气体会被送入火炬焚烧排放;当填埋气体的产气量大于发电机组稳定运行的气量要求时,多余的填埋气体也会被送入火炬焚烧排放。甲烷及有机气体会被焚烧去除,二次污染小,因此焚烧是一种常用的填埋气体处理方法。但该方法不能进行能量回收,适用于填埋规模小(收集量大于 $100\ m^3 \cdot h^{-1}$)、填埋气体利用价值不大的填埋场。

3. 填埋气体的综合利用

填埋气体利用率不宜小于 70%，其综合利用主要的途径有 3 种：① 初步净化，利用燃气发电机发电上网。有热、冷用户的情况下，宜选择热、电、冷三联供的工艺方案回收内燃机烟气和冷却液带出的热能。② 用作燃料供锅炉及工业窑炉使用。如果不脱除 CO_2，填埋气体只能用作中低热值燃料，供烧锅炉及工业窑炉。脱除 CO_2 后的填埋气体，如果甲烷含量达到 80%，可作为高热值燃料，与天然气混合作为发电燃料用于发电。③ 脱除 CO_2 和 H_2S，达到或接近天然气标准，再经压缩，作为汽车清洁燃料或直接作为天然气。

填埋气体的主要综合利用方式如表 7.14 所示。

表 7.14　填埋气体的主要综合利用方式

利用方式		最小生活垃圾填埋量/10^6 t	最低甲烷浓度要求/%	要　求
直接燃烧			20	适用任何填埋场
作为燃气本地使用		10	35	填埋场外用户应在 3 km 以内；填埋场内使用适用于有较大能源需求的填埋场，特别是已经使用天然气的填埋场
发电	内燃机发电	1.5	40	场内使用，适用于有较高耗电设备的填埋场；输入电网需要有接收方
	燃气轮机发电	2.0	40	
输入燃气管道	中等质量燃气管理	1.0	30～50	燃气管道距离填埋场较近，且有接收燃气的能力
	高质量燃气管理	1.0	95	需要有严格的气体净化处理过程、燃气管道距离填埋场较远，且有接收燃气的能力

大型填埋场通常采用焚烧发电的方法对填埋气体进行处理。填埋气体焚烧发电会减少对环境的影响，同时其投资费用和运行费用只占生活垃圾焚烧发电成本的 1/10，因此，在碳减排驱动下，填埋气体焚烧发电是未来重要的填埋气体利用方式。部分国内生活垃圾填埋场填埋气体发电应用案例见表 7.15 所示。

表 7.15　部分国内填埋场填埋气体发电应用案例

填埋场名称	简　介
武汉市二妃山垃圾填埋场	该项目总投资约 2400 万元，引进荷兰生产的集装箱式发电机组及收集设备，发电机组总体装机容量为 1800 kW，采用的是横竖相结合的复合井气体收集形式，填埋区内共设立 17 个沼气井。该项目自 2004 年 12 月开始运行
天津市双口生活垃圾卫生填埋场	该填埋场初期使用一台美国 Caterpillar 公司生产的 1.03 MW 燃气发电机。随着填埋场内生活垃圾填埋量增多，燃气发电机的数量将增加到 4 台，总发电量将达到 4.12 MW。该填埋场于 2008 年 5 月开始运行
广州市兴丰垃圾填埋场	2004 年 8 月，该填埋场首次安装了 2 台装机容量为 1064 kW 的"颜巴赫"发电机组，在线运行能力 95%～98%，机组满负荷时每小时需要耗用填埋气体约 610 m^3，每日发电量接近 $5×10^4$ kW·h

7.5　封场覆盖与封场

7.5.1　封场设计流程

当填埋作业至堆体设计封场标高的区域或不再受纳生活垃圾而停止使用,在垃圾堆体快速沉降期后应实施最终封场工程。填埋场封场治理的主要工程包括垃圾堆体整形、覆盖工程,地下水污染控制工程(当地下水受到填埋场污染时),填埋气体收集、处理与利用工程,渗滤液导排与处理工程,防洪与雨水导排工程,等等,具体内容如图 7.18 所示。

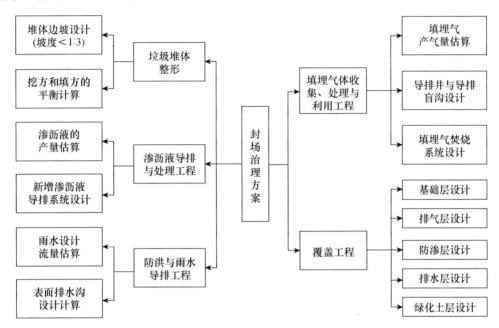

图 7.18　填埋场封场设计内容

7.5.2　填埋场现状调查

在开展填埋场封场设计前,需要对填埋场现状开展调查,包括填埋场资料收集,填埋场环境质量、填埋气体以及垃圾填埋区域调查,填埋场及周边区域的现状和历史情况、填埋场设施完好和运行情况调查,场区周围的地质、水文和地形调查,以及填埋场安全性调查,等等。

1. 填埋场资料收集

填埋场资料收集包括规划资料、填埋场场地环境资料、工程设计与建设资料、运行管理记录、填埋场现状资料、环境监测资料、有关政府文件以及场地所在区域的自然和社会信息等。

2. 填埋场环境质量调查

填埋场环境质量调查包括地下水环境、地表水环境、大气环境。

对填埋场及周边地下水水质进行调查时,检测取样点宜设置在填埋场地下水流向的上下游及两侧,宜在旱季进行。结合原有监测数据,对地下水水质数据进行分析,判断地下水是否被填埋场污染以及污染范围、程度、特征等。

大气环境质量调查性监测点应分别在垃圾堆体上、填埋场周围环境敏感区域、垃圾堆体常年或夏季主导风向的下风向且距垃圾堆体边界 50～100 m 处等区域设置。宜以总悬浮颗粒物和臭气浓度为重点,在有利于污染物扩散和不利于污染物扩散的两种气象条件下进行。

地表水环境质量调查对象包括填埋场区域下游 1 km 范围内的湖、河、鱼塘、常年有水的水坑等地表水体,同时调查填埋场渗滤液处理设施排放口位置、排放的水质等情况。

3. 填埋气体调查

填埋气体主要调查垃圾堆体上及其周边建(构)筑物内的甲烷气体浓度,并对已有填埋气体收集导排和处理(利用)系统和垃圾堆体进行检查,确认有无填埋气体泄漏、火灾和爆炸等安全隐患。在填埋区周边 50 m 以内有建(构)筑物的填埋场,应在建(构)筑物与垃圾堆体之间设置气体迁移监测井监测填埋气体地下迁移情况。根据调查监测数据和资料分析填埋气体收集导排的状况,判断填埋气体迁移的距离和填埋气体迁移对建(构)筑物的影响。

4. 垃圾填埋区域调查

在填埋场最终封场工程方案设计前应对垃圾填埋区域进行现状调查,调查内容包括但不限于填埋库区底部防渗层结构、渗滤液导排设施情况、垃圾堆体面积、垃圾堆体高度及形状、垃圾堆体内渗滤液水位情况、填埋气体导排收集和处理利用情况、防洪及排水设施情况、垃圾堆体稳定性情况、已填生活垃圾总量、非生活垃圾填埋情况等。对垃圾堆体进行稳定性分析和沉降计算,根据调查数据和资料分析垃圾填埋区域状况,绘制垃圾填埋区域地形图,并在地形图上标明隐患点位置。

7.5.3　填埋场整形

根据《生活垃圾卫生填埋场封场技术规范》(GB 51220—2017)总体设计要求,垃圾堆体整形方案应根据现状垃圾堆体边坡的坡形、垃圾堆体整体形状、垃圾堆体稳定性、土地再利用要求、已有设施保护等因素综合确定。最终封场工程的工程内容包括:

(1)垃圾堆体整形、覆盖工程、地下水污染控制工程(当地下水受到填埋场污染时)。

(2)当原系统不完善时,工程内容应包括填埋气体收集和处理与利用工程、渗滤液导排与处理工程、防洪与雨水导排工程。

(3)垃圾堆体绿化、环境与安全监测、封场后维护与场地再利用等。

1. 整形的原则与要求

垃圾堆体整形方案应根据现状垃圾堆体整体形状、垃圾堆体稳定性、土地再利用要求等因素确定。垃圾堆体的顶部坡度宜为 5％～10％,坡度的设置应考虑堆体沉降因素,防止因沉降形成倒坡;修整后的垃圾堆体边坡不宜大于 1∶3,并应根据当地降雨强度和边坡长度确定边坡台阶及排水设施的设置方案,边坡台阶两台阶之间的高度差宜为 5～10 m,平台宽度不宜小于 3 m。垃圾堆体坡面整形方案随堆体坡度、功能不同,大致分以下两种:

(1)对坡度缓于 1∶3 的坡面和场顶区域,以少量削、填结合方式进行整形,尽量做到小范围平衡,并平整压实。

(2)对坡度陡于 1∶3 的坡面,按 1∶3 度进行抛削和放坡相结合,坡脚位置的堆填应结合用地边界进行确定。

此外,垃圾堆体整形还应满足以下要求:

(1)堆体整形设计应进行挖方和填方的平衡计算,做到满足边坡坡度要求的条件下使堆体整形总挖方和填方量最小且基本平衡。

（2）整形后垃圾堆体应形成统一、规则的坡面,并对垃圾堆体进行稳定性分析,根据分析结果确定实施边坡加固和防护措施,确保满足稳定性要求。

（3）不增加现有垃圾坝荷载。

2. 填埋场整形的工作内容

垃圾堆体的开挖、回填、整形是工程的核心,整形过程应注意以下几点:

（1）整形与处理前,应勘查分析场内发生火灾、爆炸、垃圾堆体崩塌等填埋场安全隐患,并制定防范措施。

（2）施工前应制定消除陡坡、裂隙、沟缝等缺陷的处理方案、技术措施和作业工艺,并实行分区域作业。

（3）挖方作业时,应采用斜面分层作业方式,不易形成甲烷气体聚集的封闭或半封闭空间,防止填埋气体突然膨胀引发爆燃。

（4）整形时应分层压实垃圾,压实密度应大于 $800\ kg\cdot m^{-3}$。垃圾层作为整个封场覆盖系统的基础,应尽量减少不均匀沉降,为封场覆盖系统提供稳定的工作面积和支撑面。

（5）整形与处理过程中,应采用低渗透性的覆盖材料临时覆盖。

（6）在垃圾堆体整形作业过程中,挖出的生活垃圾应及时回填。垃圾堆体不均匀沉降等原因造成的裂缝、沟坎、空洞等应充填密实。

3. 填埋场整形的设计计算

根据原始地形标高和设计后的垃圾堆体边坡标高数据,使用土方工程量软件,采用方格网法对整个填埋库区的堆体进行土方进行计算,其步骤(以土方工程量软件南方 cass10.1 为例)见附录 3[14]。

7.5.4　封场覆盖系统

1. 封场覆盖系统的基本构成

为了防止生活垃圾、渗滤液以及填埋气体对环境造成污染,同时防止降水入渗、填埋气体的溢出和动物的进入等,填埋场必须建立完整的封场覆盖系统。封场覆盖系统结构从下到上依次为:基础层、排气层、防渗层、排水层、绿化土层,详细结构如图 7.19 所示,封场覆盖系统的各层应具有排气、防渗、排水、绿化等功能。

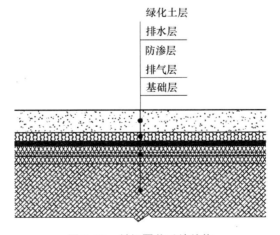

绿化土层
排水层
防渗层
排气层
基础层

图 7.19　封场覆盖系统结构

2. 封场覆盖系统的设计

表 7.16 为填埋场封场覆盖系统各结构层设计规范要求以及主要功能,某生活垃圾填埋场封场覆盖图见图 7.20。当原有封场覆盖系统不完善时,封场工程应按规定对原有封场覆盖系统做进一步的完善处理。

表 7.16 填埋场封场覆盖系统设计规范与主要功能

结构层	设计规范要求	主要功能
基础层	—	平整垃圾堆体表面,防止尖锐物质对后续封场覆盖系统进行破坏
排气层	排气层可采用碎石等颗粒材料或导气性较好的土工网状材料,垃圾堆体边坡宜采用土工网状材料。采用土工网状材料时,厚度不宜小于 5 mm,网状材料上下应铺设土工滤网,防止颗粒物进入排气层	控制填埋气体,将其导入填埋气体收集设施进行处理或利用
防渗层	防渗层可选用人工防渗材料或天然黏土。土工膜作为主防渗层应具有良好抗拉强度或抗不均匀沉降能力;渗透系数小于 1×10^{-14} m·s^{-1};使用寿命大于 30 年;厚度宜为 1~1.5 mm;边坡上宜采用双糙面土工膜,并在边坡平台上设土工膜锚固沟;土工膜上下部应设保护层。黏土层作为主防渗层平均厚度不宜小于 300 mm,并进行分层压实,顶部压实率不低于 90%,边坡压实度不小于 85%;黏土渗透系数小于 1×10^{-9} m·s^{-1}	防止入渗水进入垃圾堆体中,并防止填埋气体排出
排水层	排水层应选用导水性能好的材料,渗透系数大于 1×10^{-3} m·s^{-1}。垃圾堆体顶部宜选用碎石,堆体边坡宜选用复合土工排水网。采用碎石时,厚度不宜小于 300 mm,粒径宜为 20~40 mm,上部铺设 200 g·m^{-2};使用土工排水网时,厚度不宜小于 5 mm	排泄入渗的地表水等,降低入渗层对下部防渗层的水压
绿化土层	垃圾堆体覆盖层上部应铺设绿化用土层,土层厚度不宜小于 500 mm,土层应分层压实,压实度不小于 80%	用于植物生长并保证植物根系不破坏其他结构层

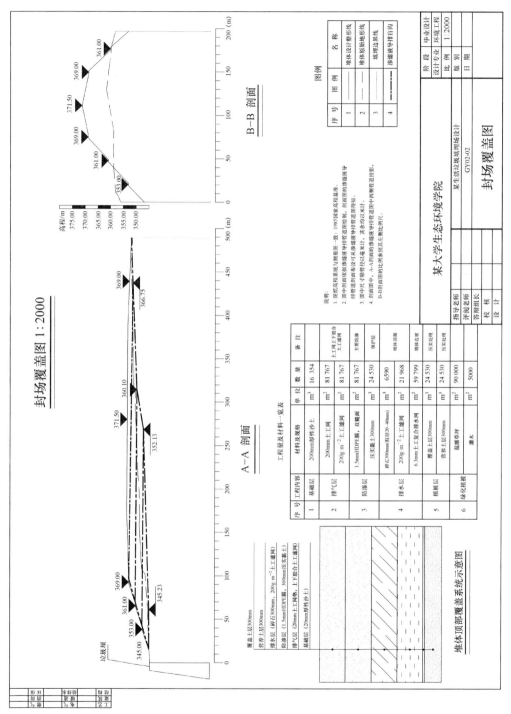

图 7.20　某生活垃圾填埋场封场覆盖图

7.5.5 其他设计

1. 抗沉降措施设计

填埋场封场后在相当长一段时间内仍进行着各种生化反应,同时由于在填埋过程中生活垃圾分布及可降解物质的含量不均匀,封场后填埋场堆体会产生不同程度的沉降,会造成防渗层的撕裂[15]以及内部排水、排气管道的破坏,故填埋场封场工程须采取相应抗沉降措施。

(1) 防渗覆盖层抗沉降措施

采用抗双向应力强度高、抗拉伸强度大、延伸性强的 HDPE 膜;在土工材料铺设时,隔一定距离采用 S 形折叠铺设,预留拉伸空间。

(2) 导气管抗沉降措施

在安装导气管时,每隔一定长度采用软接头连接,以补偿可能发生的不均匀沉降,管材选择高环刚度的 HDPE 管。

2. 绿化与植被恢复方案设计

填埋场封场后成为一块有着特殊土地性质的废弃土地,在自然和人工介入的条件下,会逐渐发生类似于次生生态演替的过程,演替过程通常是:适应性物种的进入—土壤肥力的缓慢积累—结构的缓慢改善—毒性的缓慢下降—新物种的进入—新的环境条件变化—群落的进入—填埋场生态环境的改善—其他用途。根据国内外经验及研究成果,填埋场封场后首先应该考虑生态修复,然后进行再开发利用。

封场后填埋场植被恢复方案应根据当地气候、植被分布、植物特性等自然条件及经济状况确定,并在垃圾堆体完成绿化土层覆盖后,及时实施堆体绿化工程。垃圾堆体上除必要的气体导排、防洪及雨水导排、渗滤液导排等设施占用的场地外,其余均应开展绿化。填埋场可根据垃圾堆体的稳定程度对填埋区进行分阶段绿化修复:① 第一阶段种植浅根植物,以草皮为主、灌木为辅,通过地表植被的涵养,恢复封场覆盖层的生态属性;② 以垃圾降解完成为第二阶段的起始,根据堆体稳定性监测和检测,当大部分生活垃圾达到稳定化后进行乔、灌、花、草等层次、色彩丰富的景观种植搭配。我国南方地区可参考表 7.17搭配植物。

表 7.17 填埋场封场植被生态重建推荐植物

类　型	中文名	科　名	属　名	拉丁文名
草本植物	二月兰	十字花科	诸葛菜属	*Orychophragmus violaceus*
	紫花苜蓿	豆科	苜蓿属	*Medicago sativa*
	旱金莲	旱金莲科	旱金莲属	*Tropaeolum majus*
	月见草	柳叶菜科	月见草属	*Oenothera biennis*
	矮牵牛	茄科	碧冬茄属	*Petunia hybrida*
	波斯菊	菊科	秋英属	*Cosmos bipinnatus*
	百日草	菊科	百日菊属	*Zinnia elegans*
	向日葵	菊科	向日葵属	*Helianthus annuus*
	天人菊	菊科	天人菊属	*Gaillardia pulchella*
	亚菊	菊科	亚菊属	*Ajania pallasiana*
	百慕达草	禾本科	狗牙根属	*Cynodon dactylon*

类　型	中文名	科　名	属　名	拉丁文名
灌木植物	多花木兰	木兰科	水兰属	*Magnolia multiflora*
	海桐	海桐花科	海桐花属	*Pittosporum tobira*
	蚊母	金缕梅科	蚊母树属	*Distylium racemosum*
	石楠	蔷薇科	石楠属	*Photinia serrulata*
	决明	豆科	决明属	*Cassia tora*
	紫穗槐	豆科	紫穗槐属	*Amorpha fruticosa*
	枸骨冬青	冬青科	冬青属	*llex cornuta*
	卫矛	卫矛科	卫矛属	*Euonymus alatus*
	木芙蓉	锦葵科	木槿属	*Hibiscus mutabilis*
	海滨木槿	锦葵科	木槿属	*Hibiscus hamabo*
	滨柃	山茶科	柃木属	*Eurya emarginata*
	柽柳	柽柳科	柽柳属	*Tamarix chinensis*
	胡颓子	胡颓子科	胡颓子属	*Elaeagnus pungens*
	八角金盘	五加科	八角金盘	*Fatsia japonica*
	小叶女贞	木犀科	女贞属	*Ligustrum quihoui*
	醉鱼草	马钱科	醉鱼草属	*Buddleja lindleyana*
	夹竹桃	夹竹桃科	夹竹桃属	*Nerium indicum*
乔木植物	枫杨	胡桃科	枫杨属	*Pterocarya stenoptera*
	苦槠	壳斗科	锥属	*Castanopsis sclerophylla*
	朴树	榆科	朴属	*Celtis sinensis*
	榆树	榆科	榆属	*Ulmus pumila*
	桑树	桑科	桑属	*Morus alba*
	樟	樟科	樟属	*Cinnamomum camphora*
	舟山新木姜子	樟科	新木姜子属	*Neolitsea sericea*
	桃	蔷薇科	李属	*Amygdalus persica*
	臭椿	苦木科	臭椿属	*Ailanthus altissima*
	楝	楝科	楝属	*Melia azedarach*
	栾树	无患子科	栾树属	*Koelreuteria paniculata*
	重阳木	大戟科	重阳木属	*Bischofia polycarpa*
	梧桐	梧桐科	梧桐属	*Firmiana platanifolia*
	女贞	木犀科	女贞属	*Ligustrum lucidum*
	梓树	紫葳科	梓属	*Catalpa ovata*
	棕榈	棕榈科	棕榈属	*Trachycarpus fortunei*

3. 环境监测方案设计

　　填埋场环境监测是填埋场日常和封场管理的重要组成部分,是确保填埋正常运作和开展环境影响评价的重要手段。封场后填埋场场内环境监测方案应按照《生活垃圾卫生填埋场环境监测技术要求》的规定执行,对地下水、地表水、场区大气、渗滤液进行定期监测,监测频率不宜小于 1 次·季度$^{-1}$,监测指标应能满足判断监测对象是否受填埋场污染的需要。应对渗滤液处理设施进出水主要污染物及水量进行监测,监测方式根据处理工艺控制需要确定,填埋场封场后的环境监测内容见表 7.18。

表 7.18 填埋场封场后环境监测内容

项目	测点布置	监测项目	监测频率
大气监测	无组织排放:场区上风向2~50 m布一点,场区下风向2~50 m布一点,边界外10 m范围内布一点	臭气浓度、甲烷、总悬浮颗粒物、硫化氢、甲硫醇、甲硫醚、二甲二硫、氨、氮氧化物、二氧化硫	每年不应少于4次
	固定污染源:距弯头、阀门、变径管下游方向不小于6倍,直径和距上述部件上游方向不小于3倍直径处;优先选择垂直管段,避开弯头和断面急剧变化处	甲烷、臭气浓度、硫化氢、甲硫醇、甲硫醚、二甲二硫、氨、二氧化硫	
填埋气体监测	甲烷监测在填埋工作面2 m以下高度,设置1~3个点,间距25~30 m,或导排管排放口、构筑物内顶部。其余成分在导排管下方距管口0.5 m处(开放式);集中收集系统末端(密闭式)	甲烷、二氧化碳、氧气、硫化氢、氨、一氧化碳	甲烷每日监测1次或采用在线连续监测,其余每月监测1次
地下水监测	地下水上游距堆体边界30~50 m处一点;地下水主管出水处一点;地下水流向距堆体边界两侧30~50 m处两点;地下水下游距堆体边界30、50 m处各一点	pH、总硬度、溶解性总固体、高锰酸盐指数、氨氮、硝酸盐氮、亚硝酸盐氮、硫酸盐、氯化物、挥发性酚类、氰化物、砷、汞、六价铬、铅、氟、镉、铁、锰、铜、锌、总大肠菌群	每年不应少于4次
渗滤液监测	渗滤液处理设施入口或渗滤液集液井(池)	pH、色度、BOD$_5$、COD、悬浮物、总氮、氨氮、总磷、氟化物、硫化物、氰化物、TOC、可吸附有机卤素、石油类和动物油类、锌、总汞、总砷、铅、镉、总铬、六价铬、粪大肠菌群	pH、COD、总氮、氨氮每日监测1次;其余每季度监测1次

　　此外,填埋场封场工程完成后应定期对垃圾堆体的沉降进行监测,沉降监测应符合《生活垃圾卫生填埋场岩土工程技术规范》。监测项目包括渗滤液水位监测、变形监测、气压监测,依据安全等级划分为必设、应设、宜设和可设项目,具体监测项目、监测布点、监测频率如表 7.19 所示。

表 7.19　岩土工程监测内容

监测项目		监测布点	监测频率/(次·月$^{-1}$)
渗滤液水位监测	渗滤液导排层水头	每个排水单元不少于 2 个	1
	垃圾堆体主水位	沿垃圾堆体边坡走向布置,平面间距 30～60 m,总数不小于 3 个	1
	垃圾堆体滞水位		1
变形监测	表面水平位移	网格状布置,随垃圾堆体填埋高度逐步设置,平面间距 30～60 m	1
	深层水平位移	沿垃圾堆体边坡倾向布置,平面间距 30～60 m,总数不小于 2 个	1
	垃圾堆体表面沉降	网格状布置,平面间距 30～60 m	1
	软弱地基沉降	沿垃圾堆体主剖面方向布置,采用沉降管长度不小于 100 m,采用沉降板间距为 50～80 m	0.5
	中间衬垫系统沉降		0.5
	竖井等刚性设施沉降	埋设沉降板监测高程变化	0.5
气压监测	导气层气压	监测井直径不小于 150 mm,设在构筑物与垃圾堆体间,距构筑物 3～5 m 处,数量 3～5 个,井间距 2～3 m	0.5

7.6　填埋场综合整治与利用

7.6.1　土地利用

按利用方式,场地利用可分为低度利用、中度利用和高度利用 3 类,其稳定化利用判定要求见表 7.20 所示。

（1）低度利用一般指人与场地非长期接触,主要方式包括草地、林地、农地等。

（2）中度利用一般指人与场地不定期接触,主要包括小公园、运动场、运动型公园、野生动物园、游乐场、高尔夫球场等。

（3）高度利用一般指人与场地长期接触,主要包括学校、办公区、工业区、住宅区等。

按稳定化程度,填埋场封场后植被的恢复可分为初期、中期、后期 3 种:

（1）初期,生长的植物以草本植物为主。

（2）中期,生长的植物出现了乔木、灌木。

（3）后期,植物生长旺盛,包括各类草本、花卉、乔木、灌木等。

表 7.20　填埋场场地稳定化利用判定要求

利用方式	低度利用	中度利用	高度利用
利用范围	草地、农地、林地等	小公园等	学校等
封场年限/a	较短,≥3	稍长,≥5	长,≥10
填埋物有机质含量	稍高,<20%	较低,<16%	低,<9%
地表水水质	满足《地表水环境质量标准》(GB 3838—2002)相关要求		
堆体中填埋气体	不影响植物生长,甲烷浓度≤5%	甲烷浓度 5%～1%	甲烷浓度<1% 二氧化碳浓度<1.5%

利用方式	低度利用	中度利用	高度利用
场地区域大气质量	—	—	达到《环境空气质量标准》(GB 3095—2012)三级标准
恶臭指标	—	—	达到《恶臭污染物排放标准》(GB 14554—1993)三级标准
堆体沉降	大，>35 cm·a^{-1}	不均匀，10～30 cm·a^{-1}	小，1～5 cm·a^{-1}
植被恢复	恢复初期	恢复中期	恢复后期

注：封场年限从填埋场完全封场后开始计算。

根据统计，填埋场封场后用于住宅用地、大型建筑物用地和林地应用的成功率较低，只有33%，自然生态基地和植物园应用的成功率为41%，公园及娱乐休闲用地应用的成功率为54%～55%。应用过程中出现的问题包括地面不均匀沉降造成的路面断裂、建筑物倾斜甚至倒塌、填埋气体泄漏造成植被死亡与臭味蔓延、渗滤液收集管道破裂造成水土污染等。由此可见，在填埋场封场后的土地再利用时，应充分考虑到土地利用各方面的影响因素，选择合适的土地利用形式。国内外填埋场封场后的土地利用案例见附录1。

7.6.2　填埋场综合整治与利用方式

终止作业的填埋场对生态环境造成污染或存在潜在污染风险时，应及时实施生态修复工程。填埋场进行生态修复前，应进行填埋场场地调查。填埋场生态修复总体技术方案可采用原位厌氧、原位好氧修复、异位开采修复等方式。经过场地调查判断填埋场不同区域污染程度不同，或稳定化程度不同，或对不同填埋区域场地利用的要求不同时，可选择几种生态修复方式的组合方案。

1. 异位开采修复

填埋场规划为场地高度利用时，可采用异位开采修复技术。采用异位开采修复技术时，开采后的填埋场库底场地应根据《建设用地土壤污染状况调查技术导则》(HJ 25.1—2019)和《建设用地土壤污染风险管控和修复监测技术导则》(HJ 25.2—2019)进行场地调查。当存在污染时，应进行风险评估，确定需要修复的污染场地的修复应符合《建设用地土壤修复技术导则》(HJ 25.4—2019)的要求。异位开采修复技术的工程内容除了填埋场封场工程的内容外，还包括垃圾堆体开采、开采的垃圾分选及筛上物处置与利用（需要时）等工艺单元。对于封场时间较短的填埋场，应先采用好氧技术对堆体进行预处理。

（1）工艺流程

开挖回填利用是将已有垃圾填埋堆体开挖后，根据物料中各组分在密度、颗粒大小、磁化率和光电性质等方面的差异选用适当的设备，对陈腐垃圾进行分选，再对各项组分进行综合利用或无害化处理。

例如经多级滚筒筛筛分后（图7.21），筛上物经过磁选，分离出来的金属可送再生资源回收商进行资源化利用；经风选后，分离出来的轻质可燃垃圾（主要包括塑料、织物等轻物料）可用于制备垃圾衍生燃料，作为焚烧厂或发电厂的燃料进一步能源化利用；也可通过热解技术生产热解气、热解油进行能源化利用；还可用于造粒生产塑料原料进行再生利用；若无利用途径，也可以直接送焚烧厂进行无害化处理。其余重物料破碎后用作建筑材料（包括路基材料、制砖材料、混凝土骨料、水泥原料等);若无利用途径,也可以直接回填填埋场进行无害化处理。

筛下物经过磁选,分离出来的金属可送再生资源回收商进行资源化利用;经破碎和风选后,分离出来的轻质可燃垃圾(主要包括塑料、织物、纤维、纸屑、木竹等轻物料)与筛上轻物料利用途径相同。其余重物料主要为粉煤灰和类土类物质,可直接用于堆肥原料或填充料、填埋场覆盖材料、生物处理填料、土壤改良剂、建筑材料(包括路基材料、制砖材料、混凝土骨料、水泥原料等)。

填埋场的开挖回填利用流程如下: ① 项目勘察,主要包括水文地质资料收集、场地勘察、布点取样、存量垃圾组分分析、存量垃圾体量计算以及安全环境风险识别等;② 开采分选,主要包括陈腐垃圾开采、筛分分选、填埋气体抽排、渗滤液处置和臭气治理等;③ 筛分后的垃圾综合利用。

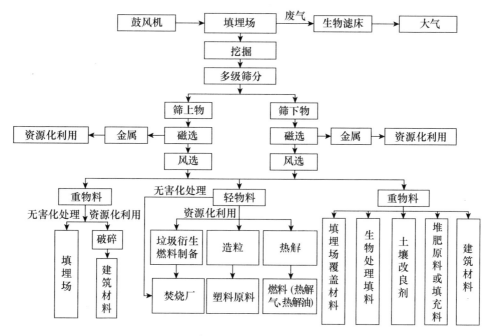

图 7.21　填埋场开挖回填利用技术路线

(2)堆体开采

垃圾堆体开采前,应根据现状调查得到的垃圾堆体面积、深度、生活垃圾成分特性等制订区域及单元开采计划。垃圾堆体开采宜分单元开采,开采单元在开挖前应进行安全稳定监测,拟开采的单元填埋龄不宜低于 5 年。同时勘查分析发生火灾、爆炸、垃圾堆体崩塌等安全事故的可能性和隐患点等,制定开采安全防范措施。当垃圾堆体中水位较高时,应做好降水、排水措施。当垃圾堆体开采深度较大时,应制订边坡加固方案,作业坑可按照 1∶1放坡。

在垃圾堆体上实施机械开采作业时,应采用分层浅挖作业法,避免快速深挖。对于有筛分工序的开采,开采出含水率较高的填埋物宜堆放至专用物料堆放场风干或鼓风干燥,物料堆放场底部应设置渗滤液收集池,采取除臭措施防止恶臭影响。

垃圾堆体开采时应采取必要的除臭、降尘和卫生防疫措施。包括：① 采用次氯酸水消毒药剂，并配置大规模次氯酸水发生器作为消毒药剂制备设备；② 对存量垃圾开采作业区的垃圾开挖面，使用远射程喷雾机（风炮）喷施消毒液；③ 对存量垃圾运输车辆、分选车间、暂存车间、资源化车间进行喷洒消毒。

2. 原位好氧修复

当老填埋场短期内有场地利用要求时，可采用原位好氧修复加快填埋堆体的稳定化，修复目标应不低于表 7.20 中的中度利用要求。原位好氧修复技术的工程内容除了填埋场封场工程的内容外，还包括通风抽气系统、检测/监控与控制系统等，以及修复工程运行和维护等工艺单元，其核心工程为通风抽气系统。

(1) 基本原理

好氧通风主要通过在垃圾堆体中埋设注气井、注液井和抽气井，通过风机将空气注入垃圾堆体，并将收集的渗滤液和其他液体回注至垃圾堆体，使垃圾堆体中的有机物在适宜的含氧量、温度和湿度条件下，经好氧微生物的作用快速降解，生成以 CO_2 为主要成分的填埋气体，通过抽气风机从导气井中抽出，经气水分离器后进入尾气处理设施处理达标后排放。

(2) 通风抽气系统设计

通风抽气系统的理论需氧量根据现状调查的生活垃圾中可生物降解物含量计算。通风装置的注气量设计宜根据理论注气量、堆体密闭性和压实度、气体传输效果等因素综合确定。

通风装置的注气井数量和分布应根据填埋场可降解垃圾分布特点进行布置，在设置注气井时应考虑垃圾堆体的压实度、气体传输效果等因素，注气井的影响半径宜分区域进行现场试验确定。注气井的直径宜为 20～30 cm，井深宜达到垃圾层底界以上 20～50 cm。

通风抽气系统的抽气装置可根据填埋气体产生的量和好氧反应的进程，选择自然抽取方式或强制抽取方式，抽气系统设置空气过滤装置、冷凝液收集装置，抽气初期的气体应进入填埋气体收集装置或焚烧装置。抽气井与注气井的布置宜保证气体的循环流动，可采用等间距的网格式布置方式。运行过程中，可采取抽气井、注气井功能对换的方式强化好氧反应效果。

(3) 特点

好氧通风处理过程比传统的厌氧降解法降解速度高，治理周期短，一般为 2～4 年。有机物好氧降解的产物是 CO_2、H_2O 等，可以有效减少有害气体的产生，减少 CH_4 排放，降低气体爆炸的风险。好氧生物反应放热使垃圾堆体的温度升高，有助于杀灭垃圾中的病原菌，减少对环境的危害。渗滤液循环注入堆体起到提高有机物的降解速率的作用，同时大大降低渗滤液处理量，能够有效降低投资和处理成本。垃圾堆体可以在较短时间内达到稳定，减少封场后填埋场维护的工作量，降低运行成本。

3. 其他填埋场综合整治方式

除了异位开采修复和原位好氧修复之外，填埋场综合治理的其他整治方式还包括原位封场和异地搬迁等，这些填埋场综合整治方式的特点详见表 7.21。

表 7.21　填埋场综合整治的其他方式

整治方式	技术描述	优　点	缺　点
原位封场	① 通过工程阻隔措施将填埋场区与外部环境阻隔并进行景观生态建设,可分为垂向阻隔和水平阻隔;② 垂向阻隔是在填埋场区边界建设人工隔水帷幕,将填埋场区与外部环境的水力联系隔断,控制填埋场渗滤液对地下水的污染;③ 水平阻隔是在填埋场区的顶部铺设天然或合成材料,并建设相应的排水系统,以减少自然降水渗入垃圾填埋堆体,减少渗滤液的产生量	具有操作简单、施工工期短、见效快、费用可控,场地通过生态化改造措施可实现二次开发利用等优点。适合于垃圾存量大、挖运费用过高的非正规垃圾填埋场的治理	污染和危害未完全消除,投资强度与客观条件的制约将决定治理后对污染控制的效果,从长远看依然存在环境污染风险。若填埋场尚未稳定,则需要较长周期的运行维护,包括渗滤液处理、填埋气体导排等,因此通常与好氧加速稳定化技术同时使用
异地搬迁	将生活垃圾清运至标准的填埋场进行卫生填埋,以达到彻底消除污染的目的	能彻底解决非正规填埋场的污染问题,原场址可再次开发利用	清运及处理成本高,运输过程中可能造成二次污染,需要再占用新的土地资源,若需要新建填埋场,选址困难

4. 填埋场综合整治案例

填埋场综合整治典型案例的工艺及技术经济指标如表 7.22 所示[16]。从技术模式的选择角度来看,除了城市开发需求的决定性因素,整治体量也是影响技术选择的核心因素。整治体量相对较大的均选择了原位整治模式,而整治体量相对较小的最终选择了异位整治模式,治理技术的成本显著影响了修复技术的最终选择。在原位整治模式下,通过原位阻隔、好氧加速稳定化、原位封场等工艺组合,可最大程度降低远期污染风险、缩短治理整治周期、降低长期运行维护成本,因此应用较普遍。对于不同的异位整治模式,近年来主要采用异位筛分综合利用技术,该技术可实现固体废物的减量化、无害化及资源化,符合国家发展循环经济的政策导向,是建设资源节约型和环境友好型城市的重要举措。

表 7.22　填埋场综合整治典型案例

项　目	工程量/10^4 m³			主体工艺	投资/万元	综合成本/(元·米⁻³)
	生活垃圾	渗滤液	污染土壤			
武汉市金口简易垃圾填埋场	502.46	—	—	好氧加速稳定化＋原位封场	19 000.00	38
重庆市长生桥垃圾填埋场	1400.00	—	—	原位封场生态化治理	66 700.00	48
武汉市北洋桥生活垃圾简易填埋场	401.68	106.00	—	污染阻隔＋好氧加速稳定化＋封场生态化治理	27 800.00	69
温州市卧旗山垃圾填埋场	76.10	5.67	—	填埋气体导排＋垃圾筛分综合利用	29 712.00	390

续表

项　目	工程量/10^4 m^3			主体工艺	投资/万元	综合成本/(元·米$^{-3}$)
	生活垃圾	渗滤液	污染土壤			
广州市增城区棠厦垃圾填埋场	174.02	—	—	好氧堆肥＋筛分＋衍生燃料生产	42 198.00	242
贵阳市浪风关非正规垃圾填埋场	200.00	26.93	34.70	好氧加速稳定化＋筛分综合利用＋土壤生物修复	44 614.81	223
北京市南海子郊野公园非正规垃圾填埋场	88.00	—	—	垃圾筛分综合利用（轻质物规范化填埋）	46 884.18	533
大田县鸭蛋山非正规垃圾填埋场	97.70	13.60	5.80	垃圾筛分综合利用＋渗滤液蒸发浓缩＋土壤生物修复	政府与社会资本合作（PPP）模式	垃圾处理费127.6元·吨$^{-1}$，污染土壤修复费201.5元·吨$^{-1}$

7.6.3　填埋场土壤与地下水污染调查及修复

1. 场地污染调查与评价

（1）填埋场土壤与地下水污染途径

填埋场设置了大量的防护措施，在正常情况下，填埋场在运营期、封场期、服务期满后的各个时期，渗滤液一般不会进入土壤或地下水中。但在填埋区或渗滤液调节池的防渗结构损坏的情况下，可能导致渗滤液渗漏进入土壤和地下水中。此外，受污染的地表径流外排、填埋场污染物的大气沉降也都会增加填埋场周围土壤和地下水中污染指标的种类及数量。

（2）污染调查方法

填埋场场地污染调查根据其污染程度和场地利用程度，分为场地初步调查和场地环境调查两个工作阶段。填埋场场地初步调查的工作内容应包括资料收集与分析、人员访谈、现场踏勘3个方面，人员访谈包括资料收集和现场踏勘所涉及的疑问，以及信息的补充和已有资料的考证。调查内容详见7.5.2小节。

在实际开展填埋场生态修复工作之前，需要对填埋场场地的基本情况进行初步调查。结合初步调查收集资料和实地踏勘内容，做出合理的污染风险评价，初步判断填埋场场地的污染程度、治理优先性和治理重点。若判断有污染，需要结合详细调查和实验分析，更加深入、全面调查填埋场场地的实际情况和污染程度，随后制订可行的治理方案，为生态修复提供依据。填埋场场地污染调查的工作程序照固体废物堆存场所土壤风险评价工作程序，如图7.22所示。

第一阶段土壤污染状况调查是以资料收集与分析、现场踏勘、人员访谈为主的阶段，原则上不进行现场采样分析。若第一阶段土壤污染状况调查确认堆场已按相关规定实施规范化管理，当前和历史上均无可能对周边土壤造成潜在污染，则认为堆场对周边土壤污染风险可以接受，调查活动即可结束。

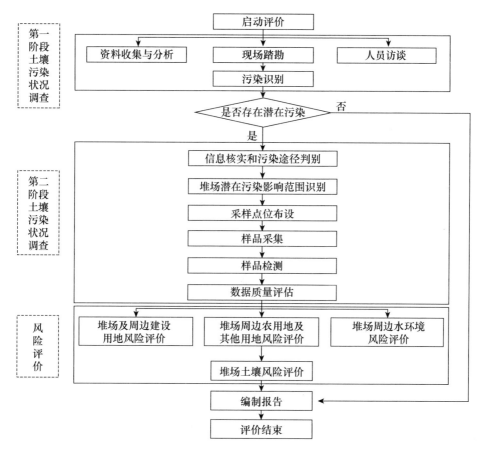

图 7.22　固体废物堆存场所土壤风险评价工作程序

第二阶段土壤污染状况调查是以采样与分析为主的污染证实阶段。若第一阶段土壤污染状况调查阶段表明堆场对周边土壤、地下水等存在可能的污染风险时,需要进行第二阶段土壤污染状况调查,确定污染途径、潜在污染范围、污染物种类和污染浓度(程度)。第二阶段土壤污染状况调查包括信息核实和污染途径判别、堆场潜在污染影响范围识别、采样点位布设、样品采集、样品监测、质量保证和质量控制、数据质量评估等。

风险评价采用对标法对第二阶段土壤污染状况调查的土壤、地下水和地表水进行环境质量评价。结合环境质量评价结果,采用单要素和综合评分相结合的方法开展堆场土壤风险评价,根据土壤风险评价结果提出土壤污染防治对策建议。

(3)场地环境质量评价

土壤和地下水环境质量评价方法主要有标准指数法、内梅罗指数法、评分法、累计污染负荷比法等。污染评价标准参考《土壤环境质量　建设用地土壤污染风险管控标准(试行)》(GB 36600—2018)、《地下水质量标准》(GB/T 14848—2017)及其他相关标准。

2. 场地污染修复技术

目前,常用的场地土壤和地下水污染修复技术如附录 2 所示。典型的填埋场场地污染修复技术包括植物修复技术、可渗透性反应墙(PRB)技术和地下水监控自然衰减(MNA)技术等。

（1）植物修复技术

① 原理：植物修复技术主要原理为通过植物的吸收、挥发、根滤、降解、稳定等作用，降低土壤中的重金属浓度，在去除污染物的同时兼具一定景观效果。植物修复技术主要包括植物吸收、植物提取、植物挥发和植物稳定等过程，其修复原理如图 7.23 所示。

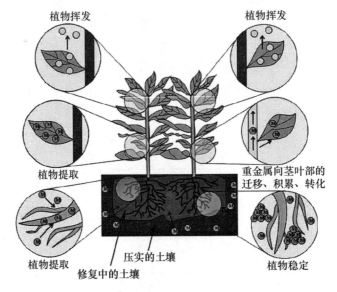

图 7.23　植物修复原理示意

② 适用范围：该技术适用的介质为污染土壤，适用的污染物为重金属（如砷、镉、铅、镍、铜、锌、钴、锰、铬、汞等），以及特定的有机污染物（如石油烃、五氯酚、多环芳烃等）。不适用于未找到修复植物的重金属，也不适用于部分有机污染物（如六氯环己烷、DDT 等）污染土壤修复。植物生长受气候、土壤等条件影响，污染物浓度过高或土壤理化性质严重破坏不适合修复植物生长的土壤亦不适用该技术。

③ 系统构成和主要设备：主要由植物育苗、植物种植、管理与刈割系统、处理处置系统与再利用系统组成。富集植物育苗设施、种植需要的农业机具（翻耕设备、灌溉设备、施肥器械）、焚烧并回收重金属需要的焚烧炉、尾气处理设备、重金属回收设备等。

④ 关键技术参数或指标：包括污染物类型、污染物初始浓度、修复植物选择、土壤 pH、土壤通气性、土壤养分含量、土壤含水率、气温条件、植物对重金属的年富集率及生物量、尾气处理系统污染物排放浓度、重金属提取效率等。

（a）污染物初始浓度：采用该技术修复时，土壤中污染物的初始浓度不能过高，必要时采用清洁土壤或低浓度污染土壤对其进行稀释，否则修复植物难以生存，处理效果受到影响。

（b）土壤 pH：通常土壤 pH 适合于大多数植物生长，但适宜不同植物生长的 pH 不一定相同。

（c）土壤养分含量：土壤中有机质或肥力应能维持植物较好生长，以满足植物的生长繁殖和获取最大生物量以及污染物的富集效果。

（d）土壤含水率：为确保植物生长过程中的水分需求，一般情况下土壤的水分含量应控制在确保植物较好生长的土壤田间持水量。

（e）气温条件：低温条件下植物生长会受到抑制。在气候寒冷地区，需要通过地膜或冷棚等工程措施确保植物生长。

（f）植物对金属的富集率及生物量：由于主要以植物富集为主，对于生物量大且有可供选择的超富集植物的重金属（如砷、铅、镉、锌、铜等），植物修复技术的处理效果往往较好。但是，对于难以找到富集率高或植物生物量小的重金属污染土壤，植物修复技术对污染重金属的处理效果有限。

⑤ 技术应用基础和前期准备：修复前应进行相应的可行性试验，目的在于评估该技术是否适合于特定场地的修复以及为修复工程设计提供基础参数。试验参数包括土壤中污染物初始浓度、气候条件、土壤肥力等，并根据已有的研究成果确定修复植物生长情况、植物对重金属的年富集率及生物量等。

⑥ 主要实施过程：对污染土壤进行调查与评价（包括污染土壤中重金属的含量与分布、土壤 pH、土壤有机质及养分含量、土壤含水率、土壤孔隙度、土壤颗粒均匀性等）；提出修复目标，制订修复计划；为了缩短修复周期，可采用洁净土稀释污染严重的土壤或将其转移至污染较轻地方进行混合；选取合适的修复植物并育苗；污染场地田间整理、植物栽种、管理与刈割，管理时须根据土壤具体情况进行灌溉、施肥和添加金属释放剂；植物安全焚烧。

⑦ 运行维护和监测：该技术田间管理相对简单，仅需要对植物生长过程进行相应的灌溉和施肥等农业措施。为掌握污染土壤中污染物的年去除率，运行过程中需要定期对污染土壤中污染物浓度等相关指标进行监测。同时为避免二次污染，应对焚烧炉、尾气处理设施和重金属提取效果进行定期监测，以便及时采取相应的应对措施。

综上所述，植物修复技术是一种原位修复技术，其成本低、二次污染易于控制，植被形成后具有保护表土、减少侵蚀和水土流失的功效，可大面积应用于重金属污染的矿山、填埋场等污染场地的重金属污染修复。植物修复技术中常用的修复植物类型及其修复效果[18-25]如表 7.23 所示。

表 7.23　植物修复技术中常用的修复植物类型及其修复效果

修复植物类型	重金属	修复效果
香椿	Ni	Ni 富集浓度为 19 100 mg·kg^{-1}
东南景天	Cd	Cd 富集浓度为 100 mg·kg^{-1} 时，在根、茎和叶中富集浓度分别为 5646 mg·kg^{-1}、533 mg·kg^{-1}、935 mg·kg^{-1}
	Zn	Zn 富集浓度为 80 mg·kg^{-1}，地上部分 Zn 富集浓度为 19 674 mg·kg^{-1}
凤尾蕨	As、Cr	As、Cr 富集浓度分别达 23 000 mg·kg^{-1}、20 675 mg·kg^{-1}
绿豆幼苗	Cr	Cr 富集浓度为 100 mg·kg^{-1} 时，地上部分对 Cr 的富集浓度达到 1898.07 mg·kg^{-1}
碎米荠	Cd	Cd 富集浓度为 80 mg·kg^{-1} 时，地上部分 Cd 富集浓度达到 550 mg·kg^{-1}
伴矿景天	Cd、Zn	地上部分 Cd 和 Zn 的富集浓度分别为 119 mg·kg^{-1}、7716 mg·kg^{-1}
香根草	Cd、Pb	Cd 和 Pb 富集浓度最高分别达到 14.51 mg·kg^{-1}、365.27 mg·kg^{-1}

（2）PRB 技术

① 原理：在自然水力梯度下，地下水污染羽渗流通过反应介质，污染物与介质发生物理、化学或生物作用得到阻截或去除，处理后的地下水从 PRB 的另一侧流出。PRB 技术原理如图 7.24 和表 7.24 所示。

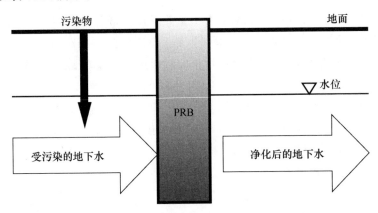

图 7.24　PRB 技术原理示意

表 7.24　常见的 PRB 形式与原理

去除原理	污染物	反应墙类型
微生物还原	氯代脂肪烃、氯代芳香烃、硝酸盐、硫酸盐	厌氧生物反应墙、草皮或有机肥生物反应墙
化学还原	氯代脂肪烃、氯代芳香烃、硝酸盐、硫酸盐	铁反应墙
厌氧微生物降解	BTEX	厌氧生物反应墙
微生物氧化（矿化）	苯类、苯乙烯、少量多环芳烃、少量废油	厌氧生物反应墙或压缩气体反应墙
金属物质的沉淀和还原	金属类	厌氧生物反应墙、铁反应墙
吸附	几乎所有污染物	活性炭、草皮或有机肥生物反应墙

② 适用范围：该技术适用的介质为污染地下水，适用的污染物为碳氢化合物[如 BTEX（苯、甲苯、乙苯、二甲苯）、石油烃]、氯代脂肪烃、氯代芳香烃、金属、非金属、硝酸盐、硫酸盐、放射性物质等。不适用于承压含水层，不宜用于含水层深度超过 10 m 的非承压含水层，对反应墙中沉淀和反应介质的更换、维护、监测要求较高。

③ 系统构成和主要设备：目前投入应用的 PRB 可分为单处理系统和多单元处理系统。单处理系统的基本结构类型包括连续墙式和漏斗-导水门式，还有一些改进构型，如墙帘式、注入式、虹吸式以及隔水墙-原位反应器等，适用于污染物比较单一、污染浓度较低、羽状体规模较小的场地。多单元处理系统则适用于污染物种类较多、情况复杂的场地。多单元处理系统又可分为串联处理系统和并联处理系统两种结构。串联处理系统多用于污染组分比较复杂的场地，对于不同的污染组分，串联处理系统中的每个处理单元可以装填不同的活性填料，以实现将多种污染物同时去除的目的。实际场地中应用的串联处理系统有沟箱式、多

个连续沟壕平行式等。并联处理系统多用于系统污染羽较宽、污染组分相对单一的情况。常用的并联结构有漏斗-多通道构型、多漏斗-多导水门构型或多漏斗-通道构型。主要设备有沟槽构建设备(双轮槽机、链式挖掘机等)、阻隔幕墙构建设备(大型螺旋钻、打桩机等)、监测系统(氢气、氧化还原电位、pH、水文地质情况、污染物、反应墙渗透性能的变幅和变化情况等在线监测系统)等。

④ 关键技术参数或指标：包括 PRB 安装位置的选择、结构的选择、规模、水力停留时间、走向、反应墙的渗透系数、活性材料的选择及其配比。

(a) 安装位置的选择：第一步，通过土壤和地下水体取样、实验室测试研究、现有数据整理，圈定污染区域，其范围应大于污染物羽流，防止污染物随水流从 PRB 的两侧漏过去，建立污染物三维空间模型，然后选择计算范围，进而建立污染物浓度分布图。第二步，通过现场水文地质勘查，绘出地下水流场，了解地下水大体流向。第三步，根据地下水动力学，探讨污染物的迁移扩散方式和范围，在污染物可能扩散圈的前端划定 PRB 的安装位置。第四步，在初定位置的可能范围进行地面调查。

(b) 结构的选择：对于比较深的承压层，采用灌注处理式 PRB 比较合适；而对于浅层潜水，可采用的 PRB 形式多种多样。此外，还应考虑反应材料的经济成本问题，若能用高成本的反应材料，可采用材料消耗较少的漏斗-导水门式结构；若使用便宜的反应原料，宜选用连续墙式。

(c) 规模：根据欧美国家多个 PRB 工程的现场经验可知，PRB 的底端嵌入不透水层至少 0.60 m，PRB 的顶端须高于地下水最高水位；PRB 的宽度主要由污染物羽流的尺寸决定，一般是污染物羽流宽度的 1.2～1.5 倍，漏斗-导水门式结构同时取决于隔水漏斗与导水门的比率及导水门的数量。考虑到工程成本因素，当污染物羽流分布过大时，可采用漏斗-导水门式结构的并联方式，设计若干个导水门，以节省经济成本和减少对地下水流场的干扰。

(d) 水力停留时间：污染物羽流在反应墙的停留时间主要由污染物的半衰期和流入反应墙时的初始浓度决定。污染物的半衰期由室内柱式试验确定。

(e) 走向：一般来说，反应墙的走向垂直于地下水流向，以便最大限度截获污染物羽流。在实际工程设计中，一般根据以下两点确定反应墙的走向：根据长期的地下水水文资料，确定地下水流向随季节变化的规律；建立考虑时间的地下水动力学模型，根据近乎垂直原理，确定反应墙的走向。

(f) 反应墙的渗透系数：一般来说，反应墙的渗透系数宜为含水层渗透系数的 2 倍以上，对于漏斗-导水门 PRB 甚至是 10 倍以上。

(g) 活性材料的选择及其配比：反应介质的选择主要考虑稳定性、环境友好性、水力性能、反应速率、经济性和粒度均匀性等因素。PRB 处理污染地下水使用的反应材料，最常见的是零价铁，其他还有活性炭、沸石、石灰石、离子交换树脂、铁的氧化物和氢氧化物、磷酸盐以及有机材料(城市堆肥物料、木屑)等[26-32]，部分材料详见表 7.25。

表 7.25　PRB 材料在地下水修复中的应用

填　料	污染物	去除率/%	优　点	缺　点
膨润土、活性炭	COD	77.3	材料便宜有效；能源及维护成本低；可处理多种污染物；不影响污染地块地上部分的使用；避免地下水流失	只能处理沿屏障方向流动的污染物；场地水文特征调查较烦琐，需要准确定位污染羽；适用于污染羽不低于地下 20 m；地下结构可能出现问题；移除或更换反应介质较烦琐；可能需要长期监测
斜发沸石	氨氮	96.0		
改性 nZVI-AC(零价铁活性焦)	硝酸盐	95.0		
钢渣、沸石、无烟煤复合材料	总磷	96.1		
沙、沸石、零价铁	锰	86.2		
膨润土、蛭石	Cr	78.2		
零价铁、零价铝	Cd	99.2		
浮石、珍珠岩、石灰	Pb	99.9		

⑤ 技术应用基础和前期准备：PRB 系统的设计施工比较复杂，加上 PRB 修复污染物的过程涉及物理、化学、生物等多学科领域，在设计 PRB 时需要综合考虑很多因素。只有经过前期可行性调研、水文地质勘察，获得一些参数后才能进行设计。需要调研的参数主要包括：污染物特征，如非饱和土壤和含水层污染物的种类、浓度、三维空间分布、迁移方式及转化条件；当地的地理地质概况和水文气象、地下水的埋深、运移参数、季节性变化；含水层的厚度及其渗透系数、孔隙度、颗粒粒径和级配、地下水的地球化学特性(如 pH，溶解氧，温度，电导率、Ca^{2+}、Mg^{2+}、NO_3^-、SO_4^{2-} 等离子含量，等等)；现场微生物活性和群落；现场施工环境条件、对周围环境的影响；治理周期、效益、成本、监测；工程项目经费。然后在试验室进行批量试验和柱式试验，确定活性反应介质并测试其修复效果和反应动力学参数，建立水动力学模型。根据这些参数计算确定 PRB 的结构、安装位置、方位及尺寸、使用期限、监测方案，并估算总投资费用。

⑥ 主要实施过程：对于深度不超过 10 m 的浅层 PRB，在污染羽流向的垂向位置，使用连续挖沟机进行挖掘，并回填活性材料，同时设置监测井、排水管、水位控制孔等，最后在墙体上覆盖土层。也可采用板桩、地沟箱、螺旋钻孔等挖掘方式。对于深度大于 10 m 的 PRB，有多种方式进行开挖和回填。由于深度较大，回填时常采用生物泥浆运送反应材料，通常是采用瓜尔豆胶，并在混合物中添加酶，可以使瓜尔豆胶在几天内降解，留下空隙，形成高渗透性的结构。采用该胶时，安装前先测试地下水的化学性质是否与反应材料和生物泥浆的混合物相适合，以确定生物泥浆能否在合适的时间内得到降解。采用深层土壤混合法时，一般采用螺旋钻机进行钻挖和回填，随着螺旋钻在土壤中缓慢推进，将生物泥浆和反应材料的混合物注入并与土壤混合。在松散的沉积层中可将反应材料放置到地表下近 50 m 处。采用旋喷注入法时，将喷注工具推进到需要的深度，通过管口高压注射反应材料和生物泥浆，连续喷注一系列的钻孔形成 PRB。垂直水力压裂法是将专用工具放入钻孔中来定向垂直裂缝，利用低速高压水流，将材料注入土壤层，形成裂缝，由一系列并排邻近的钻孔水力压裂形成渗透反应墙。

⑦ 运行维护和监测：PRB 建好后，须进行长期观测、运行和管理。其运行维护相对简单，运行过程中仅需要在长期监测的基础上对反应介质进行定期更换。为了精确测量监测效果，需要在 PRB 上下游及 PRB 内布置监测井观测水位深度变化，并周期性地监测相关的水文地质化学参数、流速等。监测井的布置要保证能够捕获污染羽流的运动方向，因此应在

浓度较高或接近反应墙的位置集中布置监测井。常用的监测指标有目标污染物、降解中间产物、氧化还原电位、pH、Eh、BOD_5、COD 等。

（3）MNA 技术

① 原理：MNA 技术是通过实施有计划的监控策略，依据场地自然发生的物理、化学及生物作用，包含生物降解、扩散、吸附、稀释、挥发、放射性衰减以及化学性或生物性稳定等，使得地下水和土壤中污染物的数量、毒性、移动性降低到风险可接受水平。

② 适用范围：适用的介质为污染地下水，适用的污染物类型为碳氢化合物（如 BTEX、石油烃、多环芳烃、甲基叔丁基醚）、氯代烃、硝基芳香烃、重金属类、非金属类（砷、硒）、含氧阴离子（如硝酸盐、过氯酸）等。该技术在证明具备适当环境条件时才能使用，不适用于对修复时间要求较短的情况，对自然衰减过程中的长期监测、管理要求高。

③ 系统构成和主要设备：由监测井网系统、监测计划、自然衰减性能评估系统和紧急备用方案 4 部分组成。主要设备包括取样设备和监测设备等。

（a）监测井网系统：用于确定地下水中污染物在纵向和垂向的分布范围，确定污染羽是否呈现稳定、缩小或扩大状态，确定自然衰减速率是否为常数，对于敏感的受体所造成的影响有预警作用。监测井设置密度（位置与数量）须根据场地地质条件、水文条件、污染羽范围、污染羽在空间与时间上的分布而定，且能够满足统计分析上可信度要求所需要的数量。建立监测井网系统所需要的设备包括建井钻机、水井井管等。

（b）监测计划：主要监测分析项目须集中在污染物及其降解产物上。在监测初期，所有监测区域均需要分析污染物、污染物的降解产物及完整的地球化学参数，以充分了解整个场地的水文地质特性与污染分布。后续监测过程中，则可以依据不同的监测区域与目的，做适当的调整。地下水监测频率在开始的前 2 年至少每季度监测一次，以确认污染物随着季节性变化的情形，但有些场地可能监测时间需要更长（大于 2 年）以建立起长期性的变化趋势；对于地下水文条件变化差异性大，或是易随着季节有明显变化的地区，则需要更密集的监测频率，以掌握长期性变化趋势；而在监测 2 年之后，监测的频率可以依据污染物移动时间以及场地其他特性做适当的调整。

④ MNA 性能评估：评估监测分析数据结果，判定 MNA 程序是否如预期方向进行，并评估 MNA 对污染改善的成效。MNA 性能评估依据主要来源于监测过程中所得到的检测分析结果，主要根据监测数据与前一次（或历史资料）的分析结果做比对。主要包括：自然衰减是否如预期发生；是否能监测到任何降低自然衰减效果的环境状况改变，包括水文地质、地球化学、微生物族群或其他的改变；能判定潜在或具有毒性或移动性的降解产物；能够证实污染羽正持续衰减；能证实对于下游潜在受体不会有无法接受的影响；能够监测出新的污染物释放到环境中，且可能会影响到 MNA 修复的效果；能够证实可以达到修复目标。

⑤ 紧急备用方案：紧急备用方案是在 MNA 修复法无法达到预期目标，或是当场地内污染有恶化情形，污染羽有持续扩散的趋势时，采用其他土壤或地下水污染修复工程，而不是仅以原有的自然衰减机制来进行场地的修复工作。当地下水中出现下列情况时，须启动紧急备案：地下水中污染物浓度大幅度增加或监测井中出现新的污染物；污染源附近采样结果显示污染物浓度有大幅增加情形，表示可能有新的污染源释放出来；在原来污染羽边界以外的监测井发现污染物；影响下游地区潜在的受体；污染物浓度下降速率不足以达到修复

目标;地球化学参数的浓度改变,导致生物降解能力下降;因土地或地下水使用改变,造成污染暴露途径。

⑥ 关键技术参数或指标：包括场地特征污染物、污染源及受体的暴露位置、地下水水流及溶质运移参数、污染物衰减速率。

(a) 场地特征污染物：自然衰减的机制有生物性和非生物性作用,需要根据污染物的特性评估自然衰减是否存在。不同污染物的自然衰减机制和评估需要的参数包括地质与含水层特性、污染物化学性质、原生污染物浓度、TOC、氧化还原反应条件、pH 与有效性铁氢氧化物浓度、场地特征参数(如微生物特征、缓冲容量等)。

(b) 污染源及受体的暴露位置：开展监控自然衰减修复技术时,须确认场地内的污染源、高污染核心区域、污染羽范围及邻近可能的受体所在位置,包含平行及垂直地下水流向上任何可能的受体暴露点,并确认这些潜在受体与污染羽之间的距离。

(c) 地下水水流及溶质运移参数：在确认场地有足够的条件发生自然衰减后,须利用水力坡度、渗透系数、土壤质地和孔隙率等参数,模拟地下水水流及溶质运移模型,估计污染羽的变化与移动趋势。

(d) 污染物衰减速率：多数常见的污染物的生物衰减是依据一阶反应进行,在此条件下最佳的方式是沿着污染羽中心线(沿着平行地下水流方向),在距离污染源不同的点位进行采样分析,以获取不同时间及不同距离的污染物浓度来计算一阶反应常数。重金属类污染物可以通过同位素分析方法获取自然衰减速率,对同一点位的不同时间进行多次采样分析,并由此判断自然衰减是否足以有效控制污染带扩散。通过重金属的存在形态,判定自然衰减的发生和主要过程。若无法获取当前数据也可以参考文献报告数据获取污染物衰减速率。

⑦ 技术应用基础和前期准备：在利用 MNA 技术进行场地修复前,应进行相应的场地特征详细调查,以评估该技术是否适用,并为监测井网设计提供基础参数。场地特征详细调查主要确认信息包括污染物特性、水文地质条件及暴露途径和潜在受体。调查结果必须能够提供完整的场地特征描述,包括污染物分布情况与场地的水文地质条件,以及其他进行 MNA 可行性评估所需要的信息。取得相关的地质、生物、地球化学、水文学、气候学与污染分析数据后,可以利用二维或三维可视化模型展示场地内污染物分布情形、高污染源区附近地下环境、下游未受污染地区的状态、地下水流场以及污染传输系统等,即建立场地特征概念模型。

取得场地数据后,利用污染传输模式或是自然衰减模式进行模拟,并与实际场地特征调查结果进行验证,修正先前所建立的场地概念模型。如果场地差异性较大时,可以适当修正模型所有的相关参数,并重新进行模拟。在后续执行 MNA 过程中,如取得最新的监测数据资料,也应随时修正场地概念模型,以便精确评估及预测 MNA 修复效果。

在完成初步评估、污染迁移与归趋模拟之后,需要进行可能受体暴露途径分析,界定出可能潜在的人体与生物受体或是其他自然资源,结合现有与未来的土地和地下水使用功能,分析场地可能产生的危害风险。通过对场地的风险评估,明确健康风险。如果暴露途径的分析结果表明,场地对于人体健康及自然环境并不会有危害的风险,且能够在合理的时间内达到修复目的,则开始设计长期性的监测方案,完成 MNA 可行性评估,具体实施 MNA 技术。

⑧ 主要实施过程：初步评价监控自然衰减的可行性；构建地下水监测系统；制订监测计划；详细评价监控自然衰减的效果；提供进一步的标准来确认是否监控自然衰减可能是有效的；制订应急方案。其中，完成效果评估后，需要审查监控数据、污染物的化学和物理参数及现场条件，确定场地组成特征。在监控过程中若发现在合理时间框架下 MNA 无效时，则需要执行应急方案。

⑨ 运行维护和监测：场地特征调查需要的时间较长，由于存在经自然衰减后产生毒性或移动性更大的物质的可能，需要对修复过程采取严密的监测和管制措施；密切观测污染物的迁移、转化过程，适时评估动态结果，及时调整监测和管制策略。

7.7　可持续填埋场及信息化作业

7.7.1　生物反应器填埋场技术

1. 填埋场发展趋势

目前我国大量填埋场使用期限将至，填埋封场形势严峻。填埋的生活垃圾绝大部分为混合垃圾，导致资源利用率低；因设计、施工和运行管理不规范，导致填埋场周边水和土壤环境受渗滤液污染严重，产生的臭气扰民问题突出，土地资源浪费严重。此外，还存在如下问题：渗滤液水量、水质波动大，污染强度高，处理费用居高不下；生活垃圾稳定速率慢，封场后维护监管期长，风险大，费用高，不利于场地及时复用；产气期滞后且历时较长，产气量小，不利于回收利用。

因此，可持续的生活垃圾处理与处置技术亟须持续探索。生物反应器填埋场是通过有目的的控制手段强化微生物作用过程，从而加速生活垃圾中易降解和中等易降解有机组分转化和稳定的一种填埋场。这些控制手段包括液体（水、渗滤液）注入、改良覆盖层、添加营养物、调节 pH、调节温度和供氧等，核心是渗滤液回灌。根据操作运行方式不同，生物反应器填埋场又可分为厌氧型、好氧型、准好氧型和联合型生物反应器填埋场。生物反应器填埋场能促进填埋场的快速稳定，具有较好的社会、环境、经济效益，将成为生活垃圾卫生填埋场可持续应用的主要发展方向之一。

由于厌氧型生物反应器填埋场容易出现有机酸积累而抑制生活垃圾水解，并延长快速产甲烷阶段的启动时间，因此，可通过串联其他类型的生物反应器，发展联合型生物反应器填埋场，即通过不同类型生物反应器填埋场（厌氧型、好氧型和准好氧型）在时间、空间上的组合，或通过生物反应器填埋场与场外渗滤液处理系统的组合来促进生活垃圾的快速降解和填埋场的稳定化进程。当前的研究主要分为厌氧-厌氧联合型和厌氧-好氧联合型，也有厌氧-厌氧-好氧联合型。联合型生物反应器主要优势表现为：生活垃圾降解快、产甲烷快、甲烷产量大且利于回收利用；加快渗滤液水质（特别是含氮污染物浓度）的改善，大大减轻其后续人工处理的困难及压力；能够充分利用各种生物反应器的优势，适应能力强[33]。

2. 厌氧-准好氧联合型生物反应器填埋场

厌氧-准好氧联合型生物反应器填埋场是将厌氧型与准好氧型生物反应器填埋单元相结合的一种组合方式，其中准好氧型生物反应器单元可以是准好氧矿化垃圾单元，也可以是准好氧生活垃圾填埋单元（图 7.25）。

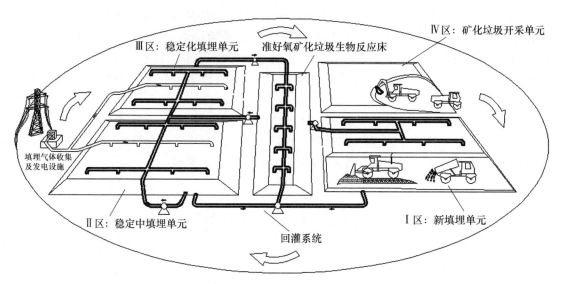

图 7.25　厌氧-准好氧联合型生物反应器填埋场的运行思路

首先,生活垃圾填埋进入Ⅰ区新填埋单元,其渗滤液与Ⅱ区和Ⅲ区的渗滤液一起进入准好氧生物矿化垃圾生物反应床进行处理,出水再分别回灌进入各填埋单元;其次,Ⅰ区填埋单元封场后,进入稳定的Ⅱ区和Ⅲ区厌氧发酵阶段,此阶段产生的填埋气体用于发电,实现填埋气体的资源化利用;再次,当填埋单元基本实现稳定后,厌氧发酵阶段结束,进入Ⅳ区矿化垃圾开采单元;最后,可利用的矿化垃圾进行资源化利用,同时产生新的填埋空间,再次进入新填埋单元,如此循环运行,实现生活垃圾填埋场的可持续应用[4]。

厌氧-准好氧联合型生物反应器填埋场能够极大缩短稳定化时间,这为填埋场综合利用和循环运行提供了基础。填埋场稳定化后,可实施矿化垃圾的开采和综合利用,这充分贯彻了减量化、资源化、无害化的原则以及循环经济思想。填埋气体中的甲烷和二氧化碳可以产生很强的温室效应,可以通过不同的填埋气体综合利用方式减少碳排放,主要包括利用燃气发动机发电、通过甲烷浓缩生产汽车燃料或燃气等方式,具有较好的温室气体减排效益以及更好的经济效益[34]。

7.7.2　填埋场运行监管

填埋场监管的内容包括填埋场运行全过程、污染防治设施运行效果、安全生产与劳动保护、场内监测及资料管理等。其中填埋场运行的重点监管内容包括:垃圾入场计量与检验,填埋作业及封场,雨污分流及地表水、地下水导排设施,渗滤液收集与处理,臭气污染控制措施,场界大气污染物,填埋气体收集与处理,安全生产,材料消耗。一般性监管内容包括:填埋作业机械运行维护、地表水、地下水、场界噪声、环境卫生、劳动保护、监测管理、相关档案与资料、直观感受。

1. 垃圾入场计量与检验监管

核查垃圾来源,包括进场垃圾车辆与规定服务区域符合性、进场垃圾种类与国家相关要求的符合性等;核实垃圾计量,对所有进场垃圾称重计量和登记,登记内容包括进场垃圾的来源、种类(生活垃圾、建筑渣土、污泥等)、质量、运输车辆牌号、运输单位、进场日期及时间、离场时间等,定期对称重计量设施进行鉴定;核实垃圾性质与检验,定期对进场垃圾成分、含水率等指标进行检测并登记。

2. 填埋作业及封场监管

检查填埋作业的卸料、摊铺厚度、压实遍数及压实度、作业分区分单元、日覆盖及中间覆盖方式与效果、堆体变化或库容利用情况、堆体边坡侧向变形、灭蝇、防飞散措施等;检查封场措施,包括阶段性和最终封场覆盖、封场时间和封场效果等。

3. 污染物收集与处理监管

填埋气体收集与处理监管应检查填埋气体产量、组分、性质等的检测与记录,填埋气体导排设施维护、填埋堆体内填埋气体压力的检测与记录,填埋气体预处理或利用效果、安全措施、碳减排指标。

雨污分流及地表水、地下水导排监管应检查雨污分流系统的完整性、分流效果与记录,对地表水、地下水导排设施运行维护及记录。

渗滤液收集与处理监管应核实渗滤液产量、污染物指标的检测及记录,检查渗滤液导排设施及设备运行维护、库区渗滤液水位的变化及记录,渗滤液处理主要工艺环节进出水量及指标、最终出水量及排放指标的达标与记录。

此外,还应检查臭气污染控制措施和消杀作业的效果,填埋场地衡、作业机械的使用及维护情况,核实生产作业过程的水、电、油、药剂等材料消耗。

7.7.3　卫生填埋信息化作业

生活垃圾卫生填埋场信息化系统主要包括场级监控系统(supervisory information system,简称 SIS)和管理信息系统(management information system,简称 MIS)两大主要子系统。

1. 填埋场 SIS

SIS 是为填埋场全场实时生产过程综合优化服务的场级监控管理信息系统。作为面向生产过程的信息系统,SIS 与填埋场分布式控制系统以及其他控制系统联网,以实现全场生产过程信息共享、生产过程的统一管理,提高安全、经济运行的水平。它可完成包括数据实时采集、过程监视、运行参数趋势分析、数据归类统计、自动报表、报警管理、数据回放、运行考核等功能。填埋场分布式控制系统主要包括如下子系统:

(1)进出场计量监控子系统。对所有进出场填埋场作业车辆进行双向称重计量,计量数据实时传输到监控中心,便于政府部门的经费核算,保证垃圾质量数据的准确性。

(2)安全监控子系统。对填埋场内重点作业区域实现实时视频监控,包括进出场区大门、上山公路、填埋区、渗滤液处理站等现有视频数据的采集及展现,可实时播放现场视频监控点的视频图像,可单窗口播放,也可多窗口同时播放不同监控点的视频图像,同时系统支持对视频进行录像和图片抓拍,并在需要时查阅回放。

(3)库容管理子系统。判断填埋场填埋量趋势,评估填埋密度,预测堆体库容。

(4)臭气管理子系统。收集场界臭气检测数据、气象数据,系统架设臭气影响模型,对臭气的影响范围、程度进行智能评价;选择点位,结合监测点位臭气情况与气象信息,系统智能分析给出相关点位的臭气评价结果。

(5)填埋气体监测与处理控制子系统。对收集的填埋气体的甲烷浓度、氧气浓度、管道压力、气体温度、管道流量等数据进行实时监控,从而评估填埋气体处理规模;对填埋气体焚烧发电系统的运行参数,包括气体总流量、温度、氧含量、甲烷浓度、总管负压、总功率、发电量、发电机组运行参数等进行实时监控与预警。

(6)作业面控制子系统。通过手持终端 GPS 定位并上传到系统,系统根据定位信息智能分析测算作业面的面积;根据当天的垃圾量,测算出面量比,让管理者根据数据提前判断决策下一步的堆体走向;日常对作业面覆盖情况通过手持端拍照并上传数据到系统,同时复核人员可以对当天的覆盖情况进行抽查复核,有效提高日常监管力度;通过苍蝇密度、渗滤液的日常化管理,可以轻松追溯日常的作业生产情况。

(7)渗滤液处理监控子系统。实现对渗滤液水质情况的实时监管,包括对温度、pH 等参数实现在线监控;实现对渗滤液水量情况的实时监管,包括对进水量和出水量 2 个参数实现在线监控;实现对渗滤液处理厂其他运行指标进行管理,包括调节池液位、反应池等参数,通过数据实时采集方式实现对厂区综合运行情况的直观掌控。

(8)地下水监测子系统。对填埋场地下水监测井的水位、水温、水质等基本数据进行实时监控;对自动洗井和采样进行远程控制,实现对填埋场渗漏污染地下水的及时发现与预警。

2. 填埋场 MIS

MIS 是以经营管理和生产管理为中心的综合管理系统,全面实现成本控制,提高经济效益,实现现代化管理。它为企业提供辅助决策信息,实现企业的生产、物资、人员、资金的优化管路,达到安全经济生产的预期目标。

(1)生产管理系统。该系统以设备为主线的管理系统,其围绕设备台账,以设备编码为标识,以工单为主线,采用成熟的设备点检定修策略和检修成本控制体系,对设备的基础数据、备品备件、设备检修和维护成本等进行综合管理,帮助填埋场建立可持续改进的设备管理知识库,确保填埋气体发电设备安全可靠地运行,主要包括设备管理、缺陷管理、定期工作、运行日志、两票管理、检修工单管理、项目管理、安全管理等。

(2)运行日志。运行日志主要记录各班次工作内容,包括:上级生产调度命令及执行情况,便于各值班人员及时了解上级命令,明确责任;值班内的设备运行状况,如运行、故障、检修等;值班内的指标情况。集中规范管理各个运行岗位的值班记录,供企业管理人员查询了解填埋场各个环境的运行情况,辅助运行管理人员进行运行技术分析。

(3)定期工作管理。班组在生产过程中,需要对设备进行的定期试验、切换和定期操作。定期工作按照设定周期(班次、日、周、月、季度等)自动生成定期工作内容,由班组值班人员填写试验、切换或操作记录。定期工作执行后形成对应的定期工作台账,便于问题跟踪。

(4)两票管理。为了规范两票三制,对操作票和工作票进行管理。与检修管理、设备管理和缺陷管理集成,建立标准票种库,根据标准票实现两票的自动开票和实现两票的自动流转。根据两票的流程状态进行分类统计,作为班组考核的一项指标,为运行操作的正确性、保障人身及设备安全、防止事故发生提供有效帮助。

(5)项目管理。企业为科学、合理地组织实施设备的维护、大修、小修、基建、技改等生产工程,建立项目信息,并对项目进行分解和标准化管理,严格控制项目的质量、进度和费用,确保工作整体质量,降低费用,帮助企业在完整的项目生命周期中有效地管理和维护项目。

（6）安全管理。通过安全规程管理、安全事故管理（人身事故、设备事故、交通安全）、安全检查管理、安全教育培训、"两措"管理功能等功能模板,对各种事故进行调查分析、记录、审核、制表,并将统计结果、分析报告在主管领导核准后形成安全管理报告;拟定安全技术措施、反事故措施,组织进行安全规程的教育培训,实现对基层单位的安全工作行为和实施进行监督检查,有效地预防意外事故的发生,降低意外事故的发生率,降低因事故引起的减产、停产率和意外损失。

参 考 文 献

[1] 赵由才,牛冬杰,柴晓利,等.固体废物处理与资源化[M].北京:化学工业出版社,2019.

[2] 李红.农村生活垃圾厌氧准好氧生物反应器填埋场稳定化研究[D].西南交通大学,2017.

[3] 李洁.日喀则地区昂仁县生活垃圾卫生填埋场设计[D].西南交通大学,2012.

[4] 韩智勇.厌氧准好氧联合型生物反应器填埋场稳定化规律及运行策略研究[D].西南交通大学,2011.

[5] 韩智勇,刘静,廖兵,等.环境工程专业实习指导书[M].北京:化学工业出版社,2020.

[6] 钱程.日本优化生活垃圾分类体系的路径探索[J].城市管理与科技,2019,21(5):86-89.

[7] 蒋建国.固体废物处理处置工程[M].北京:化学工业出版社,2005.

[8] 李颖,郭爱军.城市生活垃圾卫生填埋场设计指南[M].北京:中国环境科学出版社,2005.

[9] 聂永丰,金宜英,刘富强.固体废物处理工程技术手册[M].北京:化学工业出版社,2013.

[10] 刘意立.生活垃圾填埋场渗滤液导排系统堵塞机理及控制方法研究[D].清华大学,2018.

[11] 黄进刚.不同填埋龄垃圾渗滤液膜滤浓缩液处理方法的试验研究[D].青岛理工大学,2009.

[12] 姜薇.北京市生活垃圾渗滤液及浓缩液处理技术路线研究[D].北京工业大学,2013.

[13] 张皓贞,张超杰,张莹,等.垃圾渗滤液膜过滤浓缩液处理的研究进展[J].工业水处理,2015,35(11):9-13.

[14] 张全胜,王新骄.基于南方CASS软件的土方量计算方法[J].水运工程,2020,A1:195-198.

[15] 张昊旻.废弃生活垃圾填埋场土地再利用研究[D].西南大学,2015.

[16] 缪周伟.土壤污染防治背景下的非正规垃圾填埋场治理——市场、技术发展趋势及典型案例分析[J].环境卫生工程,2019,27(2):36-40+44.

[17] 刘亚峰,龙胜桥,邵树勋.碎米荠对硒、镉超富集特性研究[J].地球与环境,2018,46(2):173-178.

[18] 王朝阳,马婷婷,周通,等.不同浓度及不同来源纳米银对伴矿景天生长及重金属吸收的影响研究[J].农业环境科学学报,2017,36(2):250-256.

[19] 熊愈辉,杨肖娥,叶正钱,等.东南景天对镉、铅的生长反应与积累特性比较[J].西北农林科技大学学报(自然科学版),2004(6):101-106.

[20] 杨肖娥,龙新宪,倪吾钟,等.古老铅锌矿山生态型东南景天对锌耐性及超积累特性的研究[J].植物生态学报,2001(6):665-672.

[21] Bani A,Plavlova D K,Echevarria G,et al.Nickel hyperaccumulation by the species of Alyssum and Thlaspi (Brassicaceae) from the ultramafic soils of the Balkans[J].Botanica Serbica,2010,34(1):3-14.

[22] Dong R,Elide F,Carmen L,et al.Molecular cloning and characterization of a phytochelatinsynthase

gene,PvPCS1,from Pteris vittate L[J]. Journal of Industrial Microbiology and Biotechnology,2005 (32):382.

[23] Hu S,Gu H,Cui C,et al. Toxicity of combined chromium(Ⅵ) and phenanthrene pollution on the seed germination, stem lengths, and fresh weights of higher plants[J]. Environmental Science & Pollution Research, 2016, 23(15): 15227-15235.

[24] Itusha A, Osborne W J, Vaithilingam M. Enhanced uptake of Cd by biofilm forming Cd resistant plant growth promoting bacteria bioaugmented to the rhizosphere of Vetiveria zizanioides [J]. International journal of phytoremediation,2019,21(5): 487-495.

[25] Kalve S,Sarangi B K,Pandey R,et al. Arsenic and chromium hyperaccumulation by an ecotype of Pteris vittata-Prospective for phytoextraction from contaminated water and soil[J]. Current Science,2011, 3 (6): 888-894.

[26] 狄军贞,江富,马龙,等. PRB强化垂直流人工湿地系统处理煤矿废水[J]. 环境工程学报,2013,7(6): 2033-2037.

[27] 焦金朋,狄军贞.废旧胶粒PRB活性材料对污染地下水吸附适应性研究[J].水资源与水工程学报, 2016,27(4): 66-69.

[28] 宋永会,钱锋,弓爱君,等.钙型天然斜发沸石去除猪场废水中营养物的实验研究[J].环境工程学报, 2011,5(8): 1701-1706.

[29] Han W J, Fu F L, Cheng Z H, et al. Studies on the optimum conditions using acidwashed zero-valent iron/aluminum mixtures in permeable reactive barriers for the removal of different heavy metal ions from wastewater[J]. Journal of Hazardous Materials,2015,302:437-446.

[30] Ji H,Xia L J,Wang F,et al. Adsorption efficiency of modified bentonites for landfill leachate[J]. Chinese Journal of Environmental Engineering, 2012,6 (3): 848-854.

[31] Ranjbar E, Ghiassi R, Akbary Z. Lead removal from groundwater by granular mixtures of pumice, perlite and lime using permeable reactive barriers: Lead removal from groundwater[J]. Water & Environment Journal,2017,31 (1): 39-46.

[32] Silva B,Tuuguu E,Costa F,et al. Permeable biosorbent barrier for wastewater remediation[J]. Environmental Processes,2017,4 (1): 195-206.

[33] 韩智勇,刘丹.农村生活垃圾特性与全过程管理[M].北京:科学出版社,2019.

[34] Shi R,Han Z Y,Li H,et al. Carbon emission and energy potential of a novel spatiotemporally anaerobic/semi-aerobic bioreactor for domestic waste treatment[J]. Waste Management,2020,114: 115-123.

附录 1 国内外填埋场的土地利用案例

国家或地区		填埋场名称	改造后用途
国外	美国	纽约清泉垃圾填埋场	纽约清泉公园
		加利福尼亚州拜斯比垃圾填埋场	加利福尼亚州拜斯比公园
		伯克利亚垃圾填埋场	加利福尼亚州凯撒-查维兹公园
		布法罗某垃圾填埋场	蒂夫特自然保护区
		弗吉尼亚某垃圾填埋场	弗吉尼亚垃圾山公园
	英国	埃塞克斯某垃圾填埋场	苏洛克-塔米赛德自然公园
	加拿大	圣米歇尔垃圾填埋场	蒙特利尔圣米歇尔环保中心
		大不列颠垃圾填埋场	布拉本高尔夫球场
	韩国	兰芝岛垃圾填埋场	兰芝岛世界公园
	西班牙	拉维琼垃圾填埋场	拉维琼农场
	以色列	郝利亚垃圾填埋场	沙龙国家公园核心区
国内	香港	西草湾生活垃圾填埋场	西草湾游乐园
	大连	某生活垃圾填埋场	梭鱼湾公园
	杭州	天子岭生活垃圾填埋场填埋库区 1 区	天子岭生态公园
	太原	山庄头生活垃圾填埋场	东山生态园
	哈尔滨	香坊区生活垃圾填埋场	丘地林园
	深圳	玉龙坑生活垃圾填埋场	玉龙坑高尔夫精英练球场
	广州	李坑生活垃圾填埋场	环保教育基地
	济南	第一生活垃圾处理厂填埋场	生态公园
	浙江	武义垃圾填埋场	博来工具有限公司
	厦门	东孚生活垃圾填埋场	城市环保主题公园
	长春	三道生活垃圾填埋场	生态公园
	北京	北神树生活垃圾填埋场	生态公园
	合肥	龙泉山垃圾填埋场	生态公园
	昆明	东郊生活垃圾填埋场	生态公园
	武汉	金口生活垃圾填埋场	园博园荆山景区

附录2 常用场地土壤和地下水污染修复技术比较

序号	名称	适用性	原理	修复周期及参考成本	成熟程度
1	异位固化/稳定化技术	适用于污染土壤。可处理金属类、石棉、放射性物质、腐蚀性无机物、氧化物以及砷化合物等无机物；农药/除草剂、石油、多环芳烃类、多氯联苯类以及二噁英等有机化合物。不适用于挥发性有机化合物和以污染物总量为验收目标的项目。当需要添加较多的固化剂/稳定化剂时，对土壤的增容效应较大，会显著增加后续土壤处置费用	向污染土壤中添加固化剂/稳定化剂，经充分混合，使其与污染介质、污染物发生物理、化学作用，将污染土壤固封为结构完整的具有低渗透系数的固化体，或将污染物转化成化学性质不活泼形态，降低污染物在环境中的迁移和扩散	日处理能力通常为100~1200 m³。据美国环境保护局数据，小型场地（约合765 m³）处理成本约为160~245美元·米⁻³，大型场地（约合38 228 m³）处理成本为90~190美元·米⁻³；国内处理成本一般为500~1500元·米⁻³	国外应用广泛。据美国环境保护局统计，1982—2008年已有200余项超级基金项目应用该技术。国内有较多工程应用
2	异位化学氧化/异位化学还原技术	适用于污染土壤。其中，化学氧化可处理石油烃、BTEX、含氯有机溶剂、多环芳烃、农药等大部分有机物；异位化学还原可处理重金属类（如六价铬）和氯代有机物等。异位化学氧化、异位化学还原适用于修复土壤吸附性强、水溶性差的有机污染物，脱附性差的有机污染物必要时采用异位化学氧化/还原方式。异位化学还原原不适用于石油烃类污染的处理	向污染土壤添加氧化剂或还原剂，通过氧化或还原作用，使土壤中的污染物转化为无毒或毒性较小的物质。常见的氧化剂包括高锰酸盐、过硫酸盐、芬顿试剂、过硫酸盐和臭氧。常见的还原剂包括二价铁、硫酸亚铁、亚硫酸氢钠、硫酸亚铁、多硫化钙、二价铁、零价铁等	处理周期较短，一般为数周到数月。国外处理成本为200~660美元·米⁻³；国内处理成本一般为500~1500元·米⁻³	国外已经形成了较完善的技术体系，应用广泛。国内发展较快，已有工程应用

续表

序号	名称	适用性	原理	修复周期及参考成本	成熟程度
3	异位热脱附技术	适用于污染土壤。可处理挥发及半挥发性有机污染物（如石油烃、农药、多氯联苯和汞。不适用于无机物污染土壤（汞除外），也不适用于腐蚀性有机物、活性氧化剂和还原剂含量较高的土壤	通过直接或间接加热，将污染土壤加热至目标污染物的沸点以上，通过控制系统温度和物料停留时间有选择地促使污染物气化挥发，使目标污染物与土壤颗粒分离、去除	处理周期为数周到数年。国外中小型场地（2×10^4 t以下，约26 800 m³）处理成本为100～300美元·米$^{-3}$，大型场地（大于2×10^4 t，约26 800 m³）处理成本约为50美元·米$^{-3}$；国内处理成本为600～2000元·吨$^{-1}$	国外已广泛应用于工程实践。1982—2004约有70个美国超级基金项目采用该技术。国内已有少量工程应用
4	异位土壤洗脱技术	适用于污染土壤。可处理重金属及半挥发性有机污染物，不宜用于挥发性有机污染物，不宜用于土壤细粒（黏粒/粉粒）含量高于25%的土壤	采用物理分离或增效洗脱等手段，通过添加水或合适的增效剂，分离重金属或使污染物从土壤相转移到液相，并有效地减少污染土壤的处理量，实现减量化。洗脱系统废水应处理污染物后回用或达标排放	处理周期为3～12个月。美国处理成本为53～420美元·米$^{-3}$；欧洲处理成本为15～456欧元·米$^{-3}$，平均为116欧元·米$^{-3}$；国内处理成本为600～3000元·米$^{-3}$	美国、加拿大、欧洲及日本等已有较多的应用案例。国内已有工程案例
5	水泥窑协同处置技术	适用于污染土壤。可处理有机污染物及重金属，不宜用于汞、砷、铅等重金属污染的土壤，由于水泥生产对进料中氯、硫等元素的含量有限值要求，在使用该技术时须慎重确定污染物的添加量	利用水泥回转窑内的高温、气体停留时间长、热容量大、热稳定性好、碱性环境、无废渣排放等特点，在生产水泥熟料的同时，焚烧固化处理污染土壤	处理周期与水泥生产线的生产能力相关，添加土壤处理量一般低于污染土壤添加量相关，添加量一般低于水泥熟料量的4%；国内的应用成本为800～1000元·米$^{-3}$	国外发展较成熟，广泛应用于危险废物处理，但应用于污染土壤处理相对较少。国内已有工程应用
6	原位固化/稳定化技术	适用于污染土壤。可处理重金属类、石棉、放射性物质、腐蚀性无机物、氰化物及砷化合物等无机物；农药/除草剂、石油或多环芳烃类、多氯联苯类以及二噁英等有机化合物，不宜用于挥发性有机化合物，不适用于以修复为验收目标的项目	通过一定的机械力在原位向污染介质的基础上添加固化剂/稳定剂，使其与污染介质混合，发生物理、化学作用，将污染物固封为结构完整的具有低渗透系数的固化体，或将污染物转化成化学性质不活泼形态，降低污染物在环境中的迁移和扩散	处理周期一般为3～6个月。根据美国环境保护局数据，应用于浅层污染介质处理成本为50～80美元·米$^{-3}$，应用于深层处理成本为195～330美元·米$^{-3}$	国外已经形成了较完善的技术体系，应用广泛。据美国环保署统计，2005—2008年应用该技术的案例占修复工程案例的7%。国内处于中试阶段

续表

序号	名称	适用性	原理	修复周期及参考成本	成熟程度
7	原位化学氧化/原位化学还原技术	适用于污染土壤和地下水。其中,化学氧化可处理石油烃、BTEX、酚类、甲基叔丁基醚、多环芳烃、农药等大部分有机物;化学还原可处理重金属类(如六价铬)和氯代有机物等。受腐殖酸含量、还原性金属含量、pH变化、土壤渗透性、影响较大	通过向土壤或地下水的污染区域注入氧化剂或还原剂,使土壤或地下水中的污染物转化为无毒或毒性较小的物质。常见的氧化剂包括高锰酸盐、过氧化氢、芬顿试剂、过硫酸盐和臭氧。常见的还原剂包括硫化氢、连二亚硫酸钠、亚硫酸氢钠、硫酸亚铁、多硫化钙、二价铁、零价铁等	清理污染源区的速度相对较快。通常需要3~24个月的时间,使用该技术修复地下水污染羽流区通常需要更长的时间。美国使用该技术修复地下水处理的时间相同。成本约为123美元·米$^{-3}$	国外已经形成了较完善的技术体系,应用广泛。据美国环境保护局统计,2005~2008年应用该技术工程案例中地下水污染修复的案例占修复工程案例总数的4%。国内发展较快,已有工程应用
8	土壤植物修复技术	适用于污染土壤,可处理重金属(如砷、镉、铅、铜、镍、铬、锰、钴、锌等)以及特定的有机污染物(如石油烃、五氯酚、多环芳烃等)	利用植物进行提取、根际滤除、挥发和固定等方式移除、转变和破坏土壤中的污染物质,使污染土壤恢复其正常功能	处理周期需要3~8年。美国应用的成本为25~100美元·吨$^{-1}$,国内应用的工程成本为100~400元·吨$^{-1}$	国外应用广泛。国内已有工程应用,常用于重金属污染土壤修复
9	土壤阻隔填埋技术	适用于重金属、有机物及重金属有机物复合污染土壤的阻隔填埋。不宜用于污染物水溶性强或渗透率高、地质结构复杂、地下水位较高的地区	将污染土壤或经过治理后的土壤置于防渗阻隔填埋场内,或通过设置阻隔层阻断土壤中污染物迁移扩散的途径,使污染物与四周环境隔离,避免污染物随土壤迁移进而对人体和周围环境造成危害	处理周期较短。国内处理成本为300~800元·米$^{-3}$	国外应用广泛,技术成熟。国内已有较多工程应用
10	生物堆技术	适用于污染土壤,可处理石油烃等易生物降解的有机物,不适用于重金属、难降解有机污染物及黏土类污染土壤的修复,对修复的频繁活动复杂土壤修复效果较差	对污染土壤堆体采取人工强化措施,促进土壤中具备特定污染物降解能力的土著微生物或外源微生物的生长,降解土壤中的污染物	处理周期一般为1~6个月。在美国应用的成本为130~260美元·米$^{-3}$,国内的工程应用成本为300~400元·米$^{-3}$	国外已广泛应用于石油烃等污染土壤生物修复,技术成熟。国内已有用于处理石油烃污染土壤及油泥的工程应用案例

续表

序号	名称	适用性	原理	修复周期及参考成本	成熟程度
11	地下水抽出处理技术	适用于污染地下水，可处理多种污染物，不宜用于吸附能力较强的污染物，以及渗透性较差或存在非水相液体的含水层	根据地下水污染范围，在污染场地布设一定数量的抽水井，通过水泵和水井将污染地下水抽取至地面进行处理	处理周期一般较长。美国处理成本为 15~215 美元·米$^{-3}$	国外已经形成了较完善的技术体系，应用广泛。据美国环境保护局统计，1982—2008 年，在美国超级基金计划完成的地下水修复工程中，涉及抽出处理和其他技术组合处理的项目 798 个。国内已有工程应用
12	地下水修复可渗透反应墙技术	适用于污染地下水，可处理 BTEX、石油烃、氯代烃、多环芳烃、甲基叔丁基醚、氯代苯、硝基芳香烃、含金属离子（砷、硒）、重金属、非金属等，放射性物质等。不适用于含水层承压超过 10 m 的非承压含水层，对反应墙中沉淀和反应介质的更换、维护、监测要求较高	在地下安装透水的活性材料墙体拦截污染物羽状体。当污染物在可渗透通过反应墙时，污染物在墙内发生沉淀、氧化还原、生物降解等作用得以去除或转化，从而实现地下水净化的目的	处理周期较长，一般需要数年时间。根据国外应用情况，处理成本为 1.5~37.0 美元·米$^{-3}$	在国外应用较为广泛。2005—2008 年约有 8 个美国超级基金项目采用该技术。国内尚处于小试和中试阶段
13	地下水监控自然衰减技术	适用于污染地下水，可处理 BTEX、石油烃、多环芳烃、甲基叔丁基、氯代烃、硝基苯类、含氯酸盐、过氯酸盐、重金属类（如硝酸盐、过氯酸）等。在证明具备适当环境条件时才使用。不适用于对自然衰减时间要求较短的情况，对自然衰减过程中的长期监测、管理要求高	通过实施有计划的监控策略，依据场地自然发生的物理、化学及生物作用，包含生物降解、扩散、吸附、稀释、挥发、放射性衰减以及化学性生或生物性稳定等，使得地下水和土壤中污染物的数量、移动性、毒性、接受水平到风险可接受水平	处理周期较长，一般需要数年或更长时间。根据美国实施的 20 个案例统计，单个项目费用为 14 万~44 万美元	在美国应用较为广泛，美国 2005—2008 年涉及该技术的地下水修复项目有 100 余项。国内尚无完整工程应用案例

序号	名称	适用性	原理	修复周期及参考成本	成熟程度
14	多相抽提技术	适用于污染土壤和地下水,可处理易挥发、易流动的非水相液体(如汽油、柴油、有机溶剂等),不宜用于渗透性差或者地下水水位变动较大的场地	通过真空提取手段,抽取地下污染区域的土壤气体、地下水和浮油等到地面进行相分离及处理	清理污染源区域的速度相对较快,通常需要 1~24 个月的时间。国外处理成本为 35 美元·米$^{-3}$水,国内修复成本约为 400 元·千克$^{-1}$非水相液体	技术成熟,在国外应用广泛;国内已有少量工程应用
15	原位生物通风技术	适用于非饱和带污染土壤,可处理挥发性、半挥发性有机物,不适合于重金属、难降解有机物污染土壤的修复,不宜用于黏土等渗透系数较小的污染土壤修复	向土壤中通空气或氧气,依靠微生物好氧活动,促进污染物降解;利用土壤中的压力梯度促使挥发性有机物及降解产物流向抽气井,被抽提去除。注入热空气、营养液,外源高效降解菌剂可对污染物去除效果进行强化	处理周期为 6~24 个月。根据国外处理经验,处理成本为 13~27 美元·米$^{-3}$	国外应用广泛;国内尚处于中试阶段

附录 3　堆体挖方量、填方量计算步骤

填埋场堆体挖方量、填方量的计算采用网格法（以土方工程量软件南方 cass10.1 为例），具体计算方法如附表 1 所示。

附表 1　网格法计算公式

项目	图示	计算公式
零线计算		$F_1 = a \times \dfrac{h_1}{h_1 + h_3}$ $F_2 = a \times \dfrac{h_3}{h_1 + h_3}$
四个角点全填方（或全挖方）		$V = \dfrac{a^2}{4}(h_1 + h_2 + h_3 + h_4)$
二点为挖方，二点为填方		$V_+ = \dfrac{a^2(h_1 + h_2)^2}{4(h_1 + h_2 + h_3 + h_4)}$ $V_- = \dfrac{a^2(h_3 + h_4)^2}{4(h_1 + h_2 + h_3 + h_4)}$
一个角点填方（或挖方）		$V_+ = \dfrac{a^2(2h_2 + 2h_3 - h_4 - h_1)}{6} + V_-$ $V_- = \dfrac{a^2 h_1^3}{6(h_1 + h_2)(h_1 + h_3)}$
相对两点为填方，其余两点为挖方		$V_- = \dfrac{a^2(2h_2 + 2h_3 - h_4 - h_1)}{6} + V_{1+} + V_{2+}$ $V_{1+} = \dfrac{a^2 h_1^3}{6(h_1 + h_2)(h_1 + h_3)}$ $V_{2+} = \dfrac{a^2 h_4^3}{6(h_4 + h_2)(h_4 + h_3)}$

注：a 为网格边长，单位 m；h_1、h_2、h_3、h_4 为网格四角点的施工高程，单位 m，用绝对值代入；V 为挖方或填方体积，单位 m³；F_1、F_2 为网格一角至零点距离，单位 m。

1. 确定计算范围

输入命令"pl"，使用多段线勾画需要计算的填埋库区边界，同时确保多段线保持闭合，具体效果见附图 1。

附彩图 1

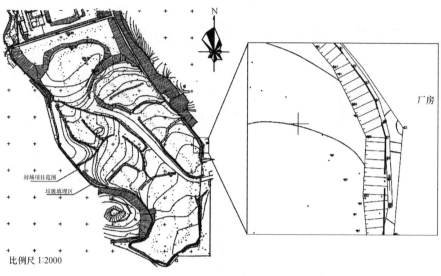

附图 1　确定计算范围

2. 原始面高程数据准备

按照"工程应用"—"高程点生产数据文件"—"有编码高程点"的顺序，提取需要计算的范围内堆体原始面的高程点并以".dat"格式输出至指定文件夹保存。具体效果如附表 2 所示，表中仅表示部分高程点数据。

附表 2　原始面高程点数据

序　号	x 坐标	y 坐标	z 高程
1	512 313.417	3 277 853.433	344.293
2	512 343.530	3 277 861.936	345.328
3	512 355.514	3 277 837.903	346.601
4	512 387.891	3 277 754.789	355.021
5	512 380.013	3 277 752.395	355.968
6	512 373.298	3 277 753.030	355.429
7	512 362.093	3 277 754.750	355.064
8	512 354.471	3 277 754.427	354.64
9	512 344.175	3 277 750.160	354.543
10	512 335.396	3 277 745.394	354.586
11	512 326.591	3 277 740.147	354.549
⋮	⋮	⋮	⋮
702	512 485.372	3 277 544.049	364.599
703	512 466.215	3 277 556.982	363.993
704	512 442.365	3 277 546.711	363.748
705	512 431.962	3 277 532.890	363.707
706	512 376.537	3 277 429.461	364.5

3. 边坡设计面绘制

按照 1 : 3 的边坡坡比设计,在原始地形图上进行堆体边坡设计面的绘制,结果如附图 2 所示。

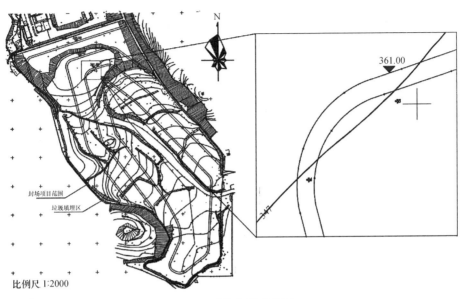

附彩图 2

附图 2　边坡设计面绘制

4. 设计面高程数据生成

使用工具"交互展点"在设计面上按照边坡设计高程插入设计高程点,并将插入的高程点以".dat"格式生成数据文件并保存至指定文件夹,如附图 3 所示。

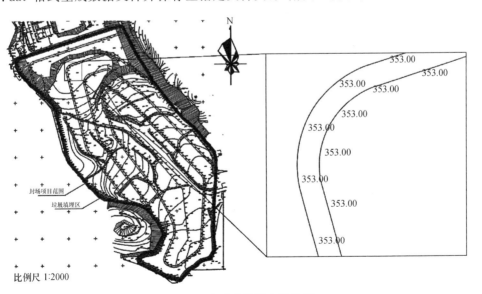

附彩图 3

附图 3　生成设计面高程数据

5．设计面三角网生成

按照"等高线"—"建立三角网"顺序，使用设计面高程点数据生成三角网，并将边界外多余的三角网线删除，效果如附图 4 所示。三角网生成后，按照"等高线"—"三角网存取"—"写入文件"的顺序，将三角网生成的数据以".sjw"格式输出至指定文件夹。

附彩图 4

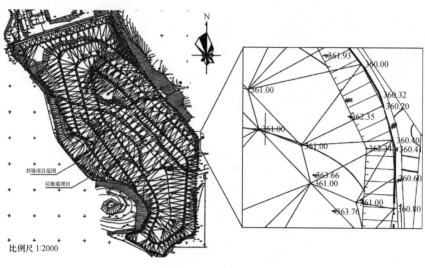

附图 4　构建三角网

6．土方(填方量、挖方量)计算

按照"工程应用"—"方格网法"—"方格网法土方计算"的顺序，选取土方计算边界线进行土方计算，其中土方计算方式选择"由数据文件生成"并将之前保存的原始面高程数据导入；设计面选择"三角网文件"并将三角网设计面数据导入；方格宽度设置不大于 20 m，最后确定计算结果数据文件的保存路径并进行土方计算。

7．土方计算图

如附图 5 所示，通过方格网法计算闭合边界得到堆体整形的填方量、挖方量数据。

附彩图 5

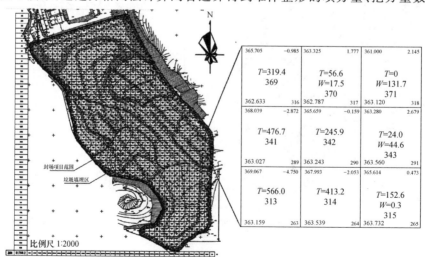

附图 5　土方计算结果

项 目 致 谢

1. 2019 年天津大学"研究生创新人才培养项目"：《固体废物处理与处置》示范教材建设(YCX19061)

2. 2020 年天津大学新工科新形态教学资源项目：《固体废物处理与污染控制》新工科立体化教学资源

3. 2021 年四川省普通本科高等学校环境科学与工程类专业教学指导委员会教育教学研究与改革重点项目,基于地学优势的固体废物处理处置与资源化课程教学探索与课程思政改革实践(CHJZW202105)

4. 2021—2023 年成都理工大学高等教育人才培养质量和教学改革重点项目：基于地学特色与课程思政内涵研究的固体废物处理处置与资源化一流课程建设(JG212022)

5. 2023 年度海南省高等学校教育教学改革研究重点项目(Hnjg2023ZD-1)/海南大学教育教学改革研究项目(hdjy2310)：跨校共建固废学科交叉虚拟教研室

编 写 成 员

第 1 章：马文超,崔纪翠,薛镒贤,施娅俊,曾思璇

第 2 章：纪娜

第 3 章：纪娜

第 4 章：吕学斌,张蕊

第 5 章：马文超,胡利华,马文臣,刘旭,黄卓识,崔纪翠,楚楚

第 6 章：陈冠益,颜蓓蓓,程占军,马文超,纪娜

第 7 章：韩智勇